高职高专公共数学教材

高等应用数学（三校生版）

主　编：李庆芹　雷　燕
副主编：冯素芬　杨　蛟

云南大学出版社

前　言

《高等应用数学》（三校生版）是高职院校工科专业学生必修的一门重要的基础理论课。本书是根据《高等数学课程教学基本要求》，结合编者多年的教学实践，以培养学生的专业素质为目的，充分吸收国内外教学改革成果编写而成的。全书内容编写由浅入深、循序渐进，注重数学知识的应用，结构合理，易教易学，有丰富的例子和习题，以培养学生的数学素质、创新意识及运用数学工具解决实际问题的能力，全书内容编写系统、新颖，充分体现如下特点：

一、强调特色，体现高职高专的特点。本书特别适合"三校生"数学基础比较薄弱层次的学生使用，编写符合高职高专基础课教学的实际要求。

二、以学生为本。注重培养学生的自学能力和扩展、发展知识的能力，为学生今后持续创造性的学习打好基础。

三、突出"以应用为目的，以必需、够用为度"的教学原则，构建新的课程体系，加强对学生数学应用能力的培养，培养学生用数学的原理和方法去消化吸收工程概念、工程原理的能力和消化吸收专业知识的能力。

四、特别注意与实际应用联系较多的基础知识、基本方法和基本技能的训练，但不追求过分复杂的计算和变换。

五、注重体现素质教育与创新能力的培养，突出应用数学能力的培养，体现数学建模思想，将工程问题转化为数学问题的思想贯穿各教学模块。

六、对书中内容进一步锤炼和调整，对教材的深度和广度进行了适度的调整以适合学生的知识程度，使学习本课程的学生都能达到合格的要求，并设置部分带 * 号的内容以适应分层次教学的需要。

本书适合高职高专数学教学，参考学时共为 90—120 学时。供两年制、叁年制高职高专学生学习使用。本教材共九章，内容包括：极限与连续、导数与微分、导数的应用、不定积分、定积分及应用、常微分方程、行列式与矩阵、概率论、统计知识。带"＊"号内容为选讲内容，可根据教学实际选讲其中部分内容。

参加本书编写的院校有：昆明冶金高等专科学校、北京工业职业技术学院。

本书主编：李庆芹、雷燕；副主编：冯素芬、杨蛟；全书由李庆芹、雷燕统稿。参加编写的人员有：雷燕（第一章至第五章），李庆芹（第六章至第九章），冯素芬（第六章），丁青（第九章），杨蛟（第一章），涂国栋（第八章），陈玉姝（第五章）。

由于时间比较仓促，书中难免有不妥之处，我们衷心地希望得到专家、同行和读者的批评指正，使本书在教学实践中不断完善。在编写过程中得到各方面的大力支持，在此深表感谢。

编　者

2011.7.11

目 录

第一章　极限与连续

极限是高等应用数学中一个重要的基本概念，是学习微积分学的理论基础，研究函数的方法是极限方法，微积分的重要概念几乎都是通过极限定义的。本章将讨论函数的极限和函数的连续性等问题，为学习微积分打下基础。

第一节　初等数学与函数

一、初等代数

（一）一元二次方程

1. 因式分解法

因式分解法的步骤是：将一元二次方程变形为右边是0，而左边是两个一次因式乘积的形式。然后令每一个因式等于0，得到两个一元一次方程。最后解这两个一元一次方程，从而得到原方程的解。

例1　用因式分解法解方程 $x^2 - 5x + 5 = 1$

解：移项，将原方程变形为 $x^2 - 5x + 4 = 0$

将左端分解因式得 $(x - 4)(x - 1) = 0$

即 $(x - 4) = 0$ 或 $(x - 1) = 0$

从而得原方程的两个根 $x_1 = 4$，$x_2 = 1$

2. 一元二次方程的求根公式

（1）当 $\Delta = b^2 - 4ac > 0$ 时，方程有两个不相等的实数根：

$$x_1 = \frac{-b + \sqrt{b^2 - 4ac}}{2a} \quad , \quad x_2 = \frac{-b - \sqrt{b^2 - 4ac}}{2a}$$

（2）$\Delta = b^2 - 4ac = 0$ 时，方程有两个相等的实数根：$x_1 = x_2 = -\dfrac{b}{2a}$

（3）$\Delta = b^2 - 4ac < 0$ 时，方程没有实数根

例2　当 m 在什么范围内取值时，一元二次方程 $x^2 + 2(m-1)x + 3m^2 - 11 = 0$

（1）有实数根？　　　　　　　　（2）没有实数根？

分析　运用一元二次方程的判别式进行求解。

解：一元二次方程 $x^2 + 2(m-1)x + 3m^2 - 11 = 0$ 的判别式

$\Delta = [2(m-1)]^2 - 4 \times 1 \times (3m^2 - 11) = -8(m+3)(m-2)$

（1）当 $\Delta \geq 0$，即 $-8(m+3)(m-2) \geq 0$，$-3 \leq m \leq 2$ 时，方程有实数根；

（2）当 $\Delta < 0$，即 $-8(m+3)(m-2) < 0, m < -3$ 或 $m > 2$ 时，方程没有实数根。

（二）指数与对数

1. 指数运算主要公式

（1）$a^m a^n = a^{m+n}$　　　　（2）$(a^m)^n = a^{m \times n}$　　　　（3）$\dfrac{a^m}{a^n} = a^{m-n}$

（4）$(ab)^m = a^m b^m$　　　　（5）$a^{\frac{m}{n}} = \sqrt[n]{a^m}$　　　　（6）$a^{-\frac{m}{n}} = \dfrac{1}{\sqrt[n]{a^m}}$

例3 计算 （1）$\sqrt[3]{3} \times \sqrt[4]{3} \times \sqrt[4]{27}$；（2）$\sqrt[3]{\dfrac{3y}{x}} \times \sqrt{\dfrac{3x^2}{y}}$

解 （1）原式 $= 3^{\frac{1}{3}} \times 3^{\frac{1}{4}} \times 3^{\frac{3}{4}} = 3^{\frac{1}{3}+\frac{1}{4}+\frac{3}{4}} = 3^{\frac{4}{3}}$

（2）原式 $= 3^{\frac{1}{3}} y^{\frac{1}{3}} x^{-\frac{1}{3}} \times 3^{\frac{1}{2}} x^1 y^{-\frac{1}{2}}$

$= 3^{\frac{1}{3}+\frac{1}{2}} x^{-\frac{1}{3}+1} y^{\frac{1}{3}-\frac{1}{2}} = 3^{\frac{5}{6}} x^{\frac{2}{3}} y^{-\frac{1}{6}}$

2. 对数运算主要公式

（1）$\log_a(MN) = \log_a M + \log_a N$　　　　（2）$\log_a \dfrac{M}{N} = \log_a M - \log_a N$

（3）$\log_a M^n = n \log_a M$　　　　（4）$\log_b N = \dfrac{\log_a N}{\log_a b}$

（5）$a^{\log_a b} = b$　　　　（6）$\log_a a^b = b$

1 的对数为 0，即 $\log_a 1 = 0$；底的对数为 1，即 $\log_a a = 1$；零和负数没有对数，以 e 为底的对数叫做自然对数，记作 $\log_e N = \ln N$，其中 $e = 2.718281828\cdots\cdots$ 以 10 为底的对数叫做常用对数，$\log_{10} N = \lg N$

例4 求值 $\lg \dfrac{300}{7} + \lg \dfrac{700}{3} + \lg 100$

解：原式 $= \lg 300 - \lg 7 + \lg 700 - \lg 3 + \lg 100$

$\qquad = \lg 3 + \lg 100 - \lg 7 + \lg 7 + \lg 100 - \lg 3 + \lg 100$

$\qquad = 3 \lg 100$

$\qquad = 3 \lg 10^2 = 3 \times 2 = 6$

例5 已知 $\log_{18} 9 = a$，$18^b = 5$，求 $\log_{36} 45$

分析 本题主要考察指、对数互化及对数性质和运算公式，换底公式。

解：因 $\log_{18} 9 = a$，$18^b = 5$，则 $\log_{18} 5 = b$

于是 $\log_{36} 45 = \dfrac{\log_{18}(9 \times 5)}{\log_{18}(18 \times 2)} = \dfrac{\log_{18} 9 + \log_{18} 5}{1 + \log_{18} 2} = \dfrac{a+b}{1+\log_{18} \frac{18}{9}} = \dfrac{a+b}{2-a}$

例6 某工厂转换机制，在两年内生产的月增长率都是 a，问这两年内第二年某月比第一年相应月的产值增长率是多少?

分析 增长率公式 $y = N(1 + p)^x$

解：设去年 2 月份产值是 b，则三月的产值是 $b(1 + a)$，4 月份的产值是 $b(1 + a)^2$，以此类推，到今年 2 月份是去年 2 月份后的第十二个月，即一个时间间隔是一个月，而这里跨过了 12 个月，故今年 2 月份产值是 $b(1 + a)^{12}$，又由增长率的概念知，这两年内的第二年某月比第一年相应月的产值的增长率为

$$\frac{b(1 + a)^{12} - b}{b} = (1 + a)^{12} - 1$$

（三）不等式

1. 一元一次不等式

含有一个未知数，并且未知数的最高次幂是一次的不等式叫做一元一次不等式，形如：

$ax + b > 0$ 或 $ax + b < 0(a \neq 0)$

对于一元一次不等式，$ax + b > 0$，经过同解变形可化为 $ax > -b(a \neq 0)$

若 $a > 0$，则它的解集是 $\left\{ x \mid x > -\frac{b}{a} \right\}$

若 $a < 0$，则它的解集是 $\left\{ x \mid x < -\frac{b}{a} \right\}$

2. 一元二次不等式

含有一个未知数，并且未知数最高次数是二次的不等式叫做一元二次不等式。它的一般形式是

$ax^2 + bx + c > 0$ 或 $ax^2 + bx + c < 0(a \neq 0)$

一元二次不等式的解法通常采用数轴标根法。下面讨论 $a > 0$ 时，$ax^2 + bx + c > 0$ 或 $ax^2 + bx + c < 0(a \neq 0)$ 的解法。

首先将不等式的左端分解为两个一次因式的乘积，将每一个一次因式的根由小到大的标在数轴上，根据 a 的符号，画出通过一次因式根点的二次曲线示意图。则不等式 $ax^2 + bx + c > 0$ 的解集就找曲线在 x 轴上方部分对应的区间，不等式 $ax^2 + bx + c < 0$ 的解集就找曲线 x 轴下方部分对应的区间。

例 7 求不等式 $x^2 - x - 12 > 0$ 的解

解：原不等式可化为 $(x - 4)(x + 3) > 0$

所以 $x = 4$，$x = -3$ 为方程 $(x - 4)(x + 3) = 0$ 的两个根，依次标在数轴上，x 轴上方区间为 $(-\infty, -3) \cup (4, +\infty)$（图 1 - 1）

即原不等式 $x^2 - x - 12 > 0$ 的解集为 $(-\infty, -3) \cup (4, +\infty)$

一元二次不等式也可与一元二次方程结合在一起，讨论它的解法（见图 1 - 1）

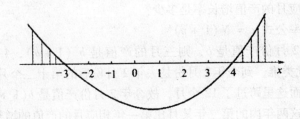

图 1-1

表 1-1 一元二次不等式求解

不等式	$\Delta > 0$	$\Delta = 0$	$\Delta < 0$
$ax^2 + bx + c = 0$	有两个不等实根 x_1，$x_2(x_1 < x_2)$	有两个相等实根 $x_1 = x_2 = -\dfrac{b}{2a}$	无实根
$ax^2 + bx + c > 0(a > 0)$	$x < x_1$ 或 $x > x_2$	$x \neq -\dfrac{b}{2a}$ 的全体实数	$\mathbf{R}$
$ax^2 + bx + c < 0(a > 0)$	$x_1 < x < x_2$	ϕ	ϕ

（四）区间与邻域

1. 开区间

设 $\mathbf{R}$ 为实数集合，且 $a < b$，将满足不等式 $a < x < b$ 的所有实数 x 的集合叫做以 a, b 为端点的开区间，记作 (a, b)，即

$$(a, b) = \{x \mid a < x < b\}$$

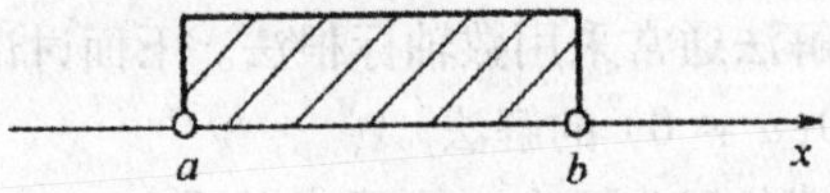

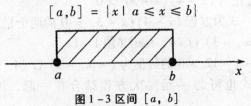

图 1-2 区间 (a, b)

在数轴上表示，以 a，b 为端点，但不包含端点 a 和 b 的线段，如图 1-2

2. 闭区间

将满足不等式 $a \leqslant x \leqslant b$ 的所有实数 x 的集合叫做以 a，b 为端点的闭区间，记作 $[a, b]$，即如图 1-3。即

$$[a, b] = \{x \mid a \leqslant x \leqslant b\}$$

图 1-3 区间 $[a, b]$

3. 半开半闭区间

将满足不等式 $a < x \leqslant b$（或 $a \leqslant x < b$）的所有实数 x 的集合，叫做以 a，b 为

端点的半开半闭区间，记作 $(a,b]$ 或 $[a,b)$，即如图 1-4，图 1-5。即

$$(a,b] = \{x \mid a < x \leqslant b\}. \quad [a,b) = \{x \mid a \leqslant x < b\}$$

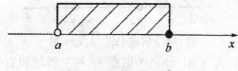

图 1-4 区间 $(a, b]$

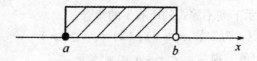

图 1-5 区间 $[a, b)$

在数轴上，$(a,b]$ 表示以 a，b 为端点且包含右端点而不包含左端点的线段。$[a,b)$ 表示以 a，b 为端点，包含左端点而不包含右端点的线段。

4. 除上述三种有限区间外，还有以下五种无穷区间

（1）$(a, +\infty) = \{x \mid x > a\}$，表示满足不等式 $x > a$ 的全体实数，在数轴上表示以 a 为左端点，但不包含 a 的一条射线（如图 1-6）。

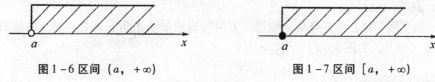

图 1-6 区间 $(a, +\infty)$　　　　　　　　图 1-7 区间 $[a, +\infty)$

（2）$[a, +\infty) \doteq \{x \mid x \geqslant a\}$，表示满足不等式 $x \geqslant a$ 的全体实数，在数轴上表示以 a 为左端点且包含 a 的一条射线（如图 1-7）。

（3）$(-\infty, a) = \{x \mid x < a\}$，表示满足不等式 $x < a$ 的全体实数，在数轴上表示以 a 为右端点，但不包含 a 的一条射线（如图 1-7）。

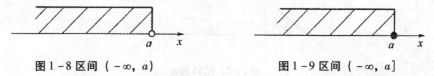

图 1-8 区间 $(-\infty, a)$　　　　　　　　图 1-9 区间 $(-\infty, a]$

（4）$(-\infty, a] = \{x \mid x \leqslant a\}$，表示满足不等式 $x \leqslant a$ 的全体实数，在数轴上表示以 a 为右端点且包含 a 的一条射线（如图 1-9）。

（5）$(-\infty, +\infty) = \{x \mid -\infty < x < +\infty\}$，表示全体实数，对应于整个数轴。其中 "$+\infty$" 读作 "正无穷大"，"$-\infty$" 读作 "负无穷大"。

5. 邻域的概念

所谓 x_0 的 δ 邻域是指以 x_0 为中心，以 δ 为半径的开区间 $(x_0 - \delta, x_0 + \delta)$。也就是说 x_0 和 δ 为两个实数，其中 $\delta > 0$，则满足不等式 $|x - x_0| < \delta$ 的全体实数称为 x_0 的 δ 邻域。点 x_0 称为该邻域的中心，δ 为该邻域的半径。其中 δ 是个很小的正数，

邻域 $(x_0 - \delta, x_0 + \delta)$ 的长度是 2δ，在数轴上表示如图 1-10 所示。

图 1-10 区间 $(x_0 - \delta, x_0 + \delta)$

$(x_0 - \delta, x_0)$ 和 $(x_0, x_0 + \delta)$ 分别叫做点 x_0 的左邻域和右邻域，$(x_0 - \delta, x_0) \cup (x_0, x_0 + \delta)$ 叫做点 x_0 的去心邻域。

例 8 用区间表示下列不等式的所有 x 的集合：

(1) $|x - a| < \varepsilon$（a 为常数，$\varepsilon > 0$）；(2) $|x - 2| \geq 1$

解：(1) 去绝对值，得 $-\varepsilon < x - a < \varepsilon$

$a - \varepsilon < x < a + \varepsilon$。用区间表示为开区间 $(a - \varepsilon, a + \varepsilon)$

(2) 去绝对值，得 $x - 2 \geq 1$ 或 $x - 2 \leq -1$

即 $x \geq 3$ 或 $x \leq 1$，用区间表示为无穷区间 $(-\infty, 1] \cup [3, +\infty)$

二、平面解析几何

（一）直线

1. 直线的倾斜角

一条直线 l 向上的方向与 x 轴的正方向所成的最小正角 α 叫做直线 l 的倾斜角（$0 \leq \alpha < \pi$），如图 1-11 所示。

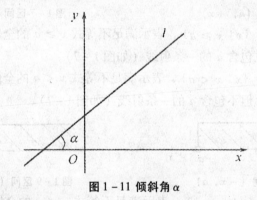

图 1-11 倾斜角 α

倾斜角 α（$\alpha \neq \dfrac{\pi}{2}$）的正切值叫做直线 l 的斜率。斜率一般用 k 表示，即

$$k = \tan\alpha \left(\alpha \neq \frac{\pi}{2}\right)。$$

由斜率的定义可知，当 $k > 0$ 时，倾斜角为锐角；当 $k < 0$ 时，倾斜角为钝角；当 $k = 0$ 时，倾斜角为 0，直线与 x 轴平行；当 k 无定义时，倾斜角为 $\dfrac{\pi}{2}$，直线与 x 轴垂直。

2. 直线的方程

(1) 点斜式

如果已知直线 l 的斜率是 k 和直线 l 上一点 $A(x_1,y_1)$，则直线 l 的方程可以写成

$$y - y_1 = k(x - x_1)$$

称为直线 l 的点斜式方程。

(2) 两点式

如果已知直线 l 上两点 $P_1(x_1,y_1)$，$P_2(x_2,y_2)$ 时，直线方程可表示为

$$\frac{y - y_1}{y_2 - y_1} = \frac{x - x_1}{x_2 - x_1}(x_1 \neq x_2)$$

此方程形式称为直线的两点式方程。

(3) 斜截式

如果已知直线 l 的斜率 k 和直线 l 在 y 轴上截距为 b 时，直线 l 的方程可以表示为

$$y = kx + b$$

此方程称为直线 l 的点斜式方程。

(4) 截距式

如果已知直线 l 在 x 轴上的截距为 a，在 y 轴上的截距为 b，则可得直线 l 的方程为

$$\frac{x}{a} + \frac{y}{b} = 1$$

此方程称为直线 l 的截距式方程。

(5) 一般式

形如 $Ax + By + C = 0$ 的直线方程叫做直线方程的一般式。其中 A,B 不能同时为零。

当 $A = 0, B \neq 0$ 时，$y = -\dfrac{C}{B}$ 表示平行于 x 轴的直线

当 $B = 0, A \neq 0$ 时，$y = -\dfrac{C}{A}$ 表示垂直于 x 轴的直线

3. 两直线位置关系

设两直线分别为

$$l_1 : A_1 x + B_1 y + C = 0$$
$$l_2 : A_2 x + B_2 y + C = 0$$

当 $\dfrac{A_1}{A_2} = \dfrac{B_1}{B_2} \neq \dfrac{C_1}{C_2}$ 时，称 l_1 平行于 l_2，记作 $l_1 /\!/ l_2$，即斜率相等的两条直线平行。

当 $A_1 A_2 + B_1 B_2 = 0$ 时，称 l_1 垂直于 l_2，即斜率互为负倒数的两直线垂直。

4. 点到直线的距离

建立平面直角坐标系 xoy，设点 $P(x_0, y_0)$ 和直线 $l: Ax + By + C = 0$，则点 P 到直线 l 的距离为

$$d = \frac{|Ax_0 + By_0 + C|}{\sqrt{A^2 + B^2}}$$

（二）两点间距离公式

在平面直角坐标系 xoy 中，已知两点 $A(x_1, y_1), B(x_2, y_2)$，则两点间距离

$$d = |AB| = \sqrt{(x_1 - x_2)^2 + (y_1 - y_2)^2}$$

例 1 已知两点 $A(a, b)$ 和点 $A'(b, a)$，求证线段 AA' 的垂直平分线是 $y = x$

证 在直线 $y = x$ 上任取一点 P，设 $P(x, x)$，见图 1-12，于是由两点间距离公式得 $|PA| = \sqrt{(x-a)^2 + (x-b)^2}$，$|PA'| = \sqrt{(x-b)^2 + (x-a)^2}$，则 $|PA| = |PA'|$，直线即 $y = x$ 是线段 AA' 的垂直平分线。

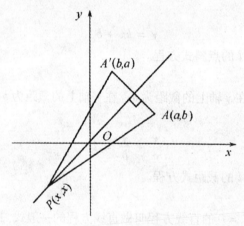

图 1-12

（三）二次曲线

1. 圆的方程

半径为 r 的圆的标准方程为 $(x-a)^2 + (y-b)^2 = r^2$

特别是，圆心在坐标原点时，圆的标准方程为 $x^2 + y^2 = r^2$

形如 $x^2 + y^2 + Dx + Ey + F = 0$ 的方程称为**圆的一般方程**。其中 D, E, F 为常数。$D^2 + E^2 + 4F > 0$，圆心坐标为 $(-\frac{D}{2}, -\frac{E}{2})$，半径为 $\frac{\sqrt{D^2 + E^2 - 4F}}{2}$

例 2 求过点 $(0, 1)$ 和点 $(0, 3)$，半径为 1 的圆的标准方程，并化为一般式。

解：设圆心坐标为 (a, b)，则圆的方程为 $(x-a)^2 + (y-b)^2 = 1$，又过圆 $(0, 1)$ 和 $(0, 3)$ 两点，则

$$\begin{cases} a^2 + (1-b)^2 = 1 \\ a^2 + (3-b)^2 = 1 \end{cases} \quad \text{解得 } a = 0, b = 2$$

即所求圆的标准方程为 $x^2 + (y - 2)^2 = 1$ 化为一般方程为 $x^2 + y^2 - 4y + 3 = 0$

2. 椭圆的方程

形如 $\dfrac{x^2}{a^2} + \dfrac{y^2}{b^2} = 1$ 的方程称为**椭圆的标准方程**。如图 1 – 13，其中 $a > b > 0$，a

为**长半轴**，b 为**短半轴**。$c = \sqrt{a^2 - b^2}$，称点 $(\pm c, 0)$ 为椭圆的两个焦点。

将焦点在 x 轴的椭圆按照逆时针方向旋转 $90°$，就得到焦点在 y 轴上的椭圆。（如图 1 – 14）其标准方程为

$$\frac{y^2}{a^2} + \frac{x^2}{b^2} = 1 \quad (a > b > 0)$$

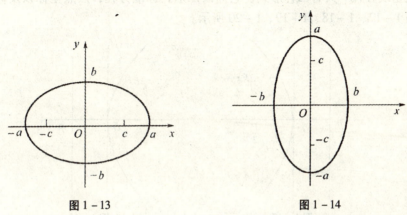

图 1 – 13　　　　　　　　　　图 1 – 14

$e = \dfrac{c}{a}$ 叫做椭圆的离心率，其中 $0 < e < 1$，$x = \pm \dfrac{a^2}{c}$ 叫做椭圆的两条准线。

3. 双曲线的方程

形如 $\dfrac{x^2}{a^2} - \dfrac{y^2}{b^2} = 1$ 的方程称为**双曲线的标准方程**。（如图 1 – 15）其中 a 叫做**实**

半轴，b 叫做**虚半轴**。$c = \sqrt{a^2 + b^2}$，点 $(\pm c, 0)$ 叫做双曲线的**焦点**。

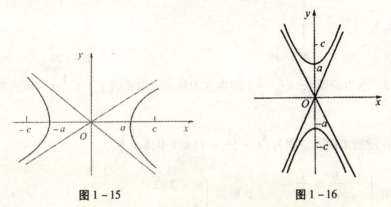

图 1 – 15　　　　　　　　　　图 1 – 16

将焦点在 x 轴的双曲线沿逆时针方向旋转 $90°$，就得到焦点在 y 轴上的双曲

线，其标准方程为 $\dfrac{y^2}{a^2} - \dfrac{x^2}{b^2} = 1$（如图 1 - 16）

直线 $y = \pm \dfrac{b}{a}x$ 称为双曲线 $\dfrac{x^2}{a^2} - \dfrac{y^2}{b^2} = 1$ 的两条**渐近线**，直线 $y = \pm \dfrac{a}{b}x$ 称为双曲线 $\dfrac{y^2}{a^2} - \dfrac{x^2}{b^2} = 1$ 的两条渐近线。

$x = \pm \dfrac{a^2}{c}$ 叫做形如 $\dfrac{x^2}{a^2} - \dfrac{y^2}{b^2} = 1$ 的双曲线的两条**准线**。

4. 抛物线方程

抛物线方程一共有四种形式，它们的图形，标准方程，焦点坐标以及标准方程如图 1 - 17、1 - 18、1 - 19、1 - 20 所示。

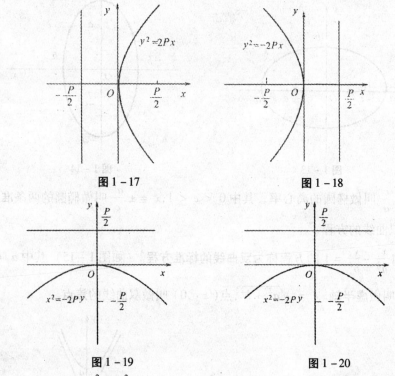

图 1 - 17　　　　　　　　　　图 1 - 18

图 1 - 19　　　　　　　　　　图 1 - 20

例 3　求以椭圆 $\dfrac{x^2}{13} + \dfrac{y^2}{3} = 1$ 的焦点为焦点，以直线 $y = \pm \dfrac{1}{2}x$ 为渐近线的双曲线方程。

解：设所求曲线方程为 $\dfrac{x^2}{a^2} - \dfrac{y^2}{b^2} = 1(a > 0, b > 0)$

则有 $\begin{cases} \dfrac{b}{a} = \dfrac{1}{2} \\ a^2 + b^2 = 13 - 3 \end{cases}$，解得 $\begin{cases} a = 2\sqrt{2} \\ b = \sqrt{2} \end{cases}$

即所求双曲线方程为 $\dfrac{x^2}{8} - \dfrac{y^2}{2} = 1$

例4 某抛物线拱形桥跨度是20m，拱高4m，在建桥时每隔4m需用一支柱支撑，求其中最长的支柱的长。

分析 本题考察解析几何的基本方法——坐标法、抛物线的标准方程和待定系数法。

解： 以拱顶为原点，水平线为 x 轴建立如图1-21所示的坐标系。

由题意得 $|AB| = 20$，$|OM| = 4$，A，B坐标分别是 $(-10, -4)$，$(10, -4)$，设抛物线方程为 $x^2 = -2py$，代入得 $100 = -2P(-4)$，解得 $P = 12.5$，于是抛物线方程为

$$x^2 = -25y \qquad ①$$

C、D、E、F 是 AB 的五等分点，E 点坐标应为 $(2, -4)$。E' 横坐标也是2，代入①得 $y = -0.16$，则 $|EE'| = (-0.16) - (-4) = 3.84$（m）

故最长的支柱长应为3.84米。

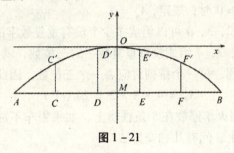

图1-21

三、排列与组合

（一）加法原理和乘法原理

1. 加法原理

如果完成一件事，有 k 类互不关联的方法，且第 i 类（$i = 1, 2, \cdots, k$）方法中又有 n_i 种不同的具体方法去完成这件事情，那么完成这件事情的不同方法数共有

$$n_1 + n_2 + \cdots + n_k（种）$$

2. 乘法原理

如果完成一件事，有 k 个互相关联的步骤，只有依次完成这 k 个步骤，这件事情才能完成；且完成第 i 个（$i = 1, 2, \cdots, k$）步骤又有 n_i 种不同方法，那么完成这件事情的不同的方法数是共有

$$n_1 n_2 n_3 \cdots n_k（种）$$

加法原理是把完成一件事情的方法分成几类，每一类都能独立完成这件事情；而乘法原理是把完成一件事情划分为连续的几个步骤，每个步骤都不能独立完成

这件事情。

（二）排列

1. 定义1

从 n 个不同的元素中，不重复的任取 m （$m \leqslant n$）个元素，按照一定的顺序排成一列，称为从 n 个不同元素中取出 m 个元素的一个**排列**。所得到的所有不同的排列个数，称为从 n 个不同元素中取出 m 个元素的**排列数**，记作 A_n^m

当 $m < n$ 时，所得的排列称为**选排列**；

当 $m = n$ 时，所得的排列称为**全排列**。

$$A_n^m = n(n-1)(n-2)\cdots(n-m+1)$$

$m = n$ 时，全排列种数记为 A_n，有 $A_n = n(n-1)(n-2)\cdots 3 \times 2 \times 1 = n!$（$n$ 的阶乘）。

于是，

$$A_n^m = n(n-1)(n-2)\cdots(n-m+1) = \frac{n!}{(n-m)!}$$

规定，$0! = 1$；$n \geqslant 0$ 时；规定，$A_n^0 = 1$

例1 用数字 1，2，3，4 可以组成多少个没有重复数字的三位数？

解： 用数字 1，2，3，4 组成没有重复数字的三位数，就是从这四个数字中每次取三个数字的选排列，每一个排列对应着一个三位数。因此，三位数的个数为

$$A_4^3 = 4 \times 3 \times 2 = 24 \text{（个）}$$

例2 今安排 5 列火车停放在 5 条铁轨上，如果甲车不能停放在第一轨道上，乙车不能停在第 5 道上，问有几种安排法？

解： 我们把这 5 列车的安排方法分为两类，第一类是，甲车被安排在第 5 道上的安排法。此时，4 列火车的排放不受限制，因此有 A_4 种排法；第二类是，甲车未被安排在第 5 道上的安排法。此时，甲车只能停在第 2，3，4 道中的某一道上；乙车不能停在第 5 道上，也只有 3 个道线供选择，因此有排放法：$A_3^1 A_3^1 A_3$

于是，这 5 列火车的停放法有

$$A_4 + A_3^1 A_3^1 A_3 = 78 \text{（种）}$$

2. 重复排列

从 n 个不同的元素中，任取可以重复的 m 个元素，按照一定的顺序排成的一列，称为从 n 个不同元素中取出 m 个元素的**可重复排列**（简称**重复排列**）。这样得到的重复排列的个数，称为 m 元**重复排列数**，记作 R_n^m，有公式：

$$R_n^m = n^m$$

例3 某城市电话号码为 7 位数，问该城市中前四位号码为 5、6、6、8 的电话号码最多有多少个？

解： 电话号码中的数字是允许重复的，且每一个电话号码，对应着 7 个可重复数字的一个排列，于是，符合要求的电话号码最多有

$$R_{10}^3 = 10^3 = 1000 \text{（个）}$$

（三）组合

1. 定义2

从 n 个不同元素中，任取 m（$m \leqslant n$）个不同的元素，不考虑顺序的并成一组，称为从 n 个不同元素中取出 m 个元素的**组合**，所得到的所有不同的组合个数，称为从 n 个不同元素中取出 m 个元素组合的**组合数**，记作：C_n^m。

从 n 个不同元素中每次取出 m 个元素的组合与元素的排列顺序无关，所以可以把从 n 个不同的元素中每次取出 m 个元素的排列，看成由两步形成，第一步，先从 n 个不同元素中每次取出 m 个元素进行组合；第二步，再对每一组的 m 个元素进行全排列，于是由乘法原理有

$$A_n^m = C_n^m A_m$$

于是，有组合数计算公式

$$C_n^m = \frac{A_n^m}{m!} = \frac{n!}{m!(n-m)!}$$

例4 某50件商品中含2件次品，其余为正品，从中任取3件

（1）3件都是正品，有多少种不同的取法？

（2）3件中恰有一件次品，有多少种不同的取法？

（3）3件中最多有一件次品，有多少种不同的取法？

（4）3件中至少有一件次品，有多少种不同的取法？

解：（1）"3件都是正品"，应从 $50-2$ 件正品中取3件，且不考虑顺序，因此有取法

$$C_{48}^3 = \frac{48 \times 47 \times 46}{3 \times 2 \times 1} = 17296 \text{（种）}$$

（2）"恰有一件次品"，分两步取，第一步从2件次品中取一件，共有 C_2^1 种取法；第二步从48件正品中取2件，共有 C_{48}^2 种取法，因此，有取法

$$C_2^1 C_{48}^2 = 2 \times \frac{48 \times 47}{2 \times 1} = 2256 \text{（种）}$$

（3）"3件中最多有一件次品"，分两类，一类是无次品，一类是恰有一件次品，因此有取法

$$C_{48}^3 + C_2^1 C_{48}^2 = 19552 \text{（种）}$$

（4）"3件中至少有一件次品"，分两类，一类是恰有一件次品，一类是有2件次品，因此有取法

$$C_2^1 C_{48}^2 + C_2^2 C_{48}^1 = 2304 \text{（种）}$$

2. 组合数的性质

性质1：$C_n^m = C_n^{n-m}$

性质2：$C_{n+1}^m = C_n^m + C_n^{m-1}$

四、函数

引例：设正方形的边长为 a，面积为 S，它们之间的关系为 $S = a^2$，当边长 a 取定某一定值时，正方形面积 S 就有一个确定的数与之相对应，即面积 S 与边长 a 有关。

由以上例子可看出，两个变量 S 与 a 相互依赖，并存在确定的对应关系，概括其特点，抽象为数学概念就是函数。

定义 1.1.1 设 x 和 y 是两个变量，D 是一个非空实数集，如果对于数集 D 中的每一个数 x，按照一定的对应法则 f 都有唯一确定的实数 y 与之对应，则称 y 是定义在数集 D 上的 x 的函数，记作 $y = f(x), x \in D$，其中 D 称为函数的**定义域**，x 称为自变量，y 称为 x 的**函数**（或因变量）。

如果对于确定的 $x_0 \in D$，通过对应法则 f，函数 y 有唯一确定的值 y_0 相对应，则称 y_0 为 $y = f(x), x \in D$ 在 x_0 处的函数值，记作：$y_0 = y \big|_{x = x_0} = f(x_0)$

反函数：设函数 $y = f(x)$ 的值域为 Y，如果对于 Y 中任一 y 值，都可以从 $y = f(x)$ 中唯一确定 x 值，那么便得到一个定义在 Y 上的以 y 为自变量，x 为因变量的函数 $x = f^{-1}(y)$，则称此函数为函数 $y = f(x)$ 的**反函数**，相应的称 $y = f(x)$ 为**直接函数**。

习惯上用 x 表示自变量，用 y 表示因变量，则 $y = f(x)$ 的反函数 $x = f^{-1}(y)$ 可记作 $y = f^{-1}(x)$

基本初等函数表：

函数	表达形式	定义域
常数函数	$y = c$	**R**
幂函数	$y = x^a$（a 为常数）	随 a 的不同而不同
指数函数	$y = a^x$（$a > 0$，且 $a \neq 1$）	**R**
三角函数	$y = \sin x; y = \cos x$ $y = \tan x; y = \cot x$ ……	$y = \tan x, x \neq k\pi + \dfrac{\pi}{2}, x \in \mathbf{R}$ $y = \cot x, x \neq k\pi, x \in \mathbf{R}$
反三角函数	$y = \arcsin x; y = \arccos x$ $y = \arctan x; y = \text{arccot} x$	$y = \arcsin x; x \in [-1, 1]$ $y = \arccos x; x \in [-1, 1]$
对数函数	$y = \log_a x$（$a > 0$，且 $a \neq 1$）	$+\infty$

以上几种函数称为**基本初等函数**，在函数的对应法则中，若仅为上述单一基本初等函数构成的，为简单函数。例如：$y = x^3$ 为幂函数，是简单函数。

函数的几种特性：（1）单调性；（2）奇偶性；（3）周期性；（4）有界性

2. 复合函数 若 y 是 u 的函数 $y = f(u)$，u 是 x 的函数 $u = \varphi(x)$，当 x 在 $u = \varphi(x)$ 的定义域或其一部分取值时，$u = \varphi(x)$ 的值均在 $y = f(u)$ 的定义域

内，从而得到一个以 x 为自变量，y 为因变量的函数，这个函数称为由函数

$y = f(u)$ 和 $u = \varphi(x)$ 复合而成的复合函数，记为：$y = f[\varphi(x)]$，u 称为中间变量。例：$y = \cos e^x$ 为指数函数与三角函数复合而成的复合函数。

3. 初等函数 由常数及基本初等函数经过有限次四则运算和有限次的复合所构成并且可以用一个式子表示的函数，称为初等函数。

4. 分段函数 在定义域内的不同区间由不同的解析式表示的函数称为**分段函数**。

例1 求下列函数的定义域

(1) $y = \dfrac{1}{4 - x^2} + \sqrt{x + 2}$ 　　　　(2) $y = \lg \dfrac{x}{x - 1}$

(3) $y = \arcsin(x - 3)$ 　　　　(4) $y = \dfrac{1}{x} - \sqrt{1 - x^2}$

(5) $y = \sqrt{3 - x} + \arctan \dfrac{1}{x}$

解： (1) 因为 $\begin{cases} 4 - x^2 \neq 0 \\ x + 2 \geq 0 \end{cases}$，所以 $x \neq \pm 2$ 且 $x \geq -2$

所以 函数的定义域为 $(-2, 2) \cup (2, +\infty)$

(2) 因为 $\dfrac{x}{x - 1} > 0$，所以 $x > 1$ 或 $x < 0$

故 函数的定义域为 $(-\infty, 0) \cup (1, +\infty)$

(3) 因为 $|x - 3| \leq 1, 2 \leq x \leq 4$

所以函数的定义域为 $[2, 4]$

(4) 因为 $\dfrac{1}{x}$ 的定义域为 $x \neq 0$，$\sqrt{1 - x^2}$ 的定义域为 $1 - x^2 \geq 0$

即 $-1 \leq x \leq 1$

所以函数的定义域为 $[-1, 0) \cup (0, 1]$

(5) $\sqrt{3 - x}$ 的定义域为 $x \leq 3$，$\arctan \dfrac{1}{x}$ 的定义域为 $x \neq 0$，

所以，函数的定义域为 $(-\infty, 0) \cup (0, 3]$

例2 指出下列各复合函数的复合过程和定义域

(1) $y = \sqrt{1 + x^2}$ 　　　(2) $y = \lg(1 - x)$

解： (1) $y = \sqrt{1 + x^2}$ 是由 $y = \sqrt{u}$ 与 $u = 1 + x^2$ 复合而成，它的定义域与 $u = 1 + x^2$ 的定义域一样，都是 $x \in \mathbf{R}$。

(2) $y = \lg(1 - x)$ 是由 $y = \lg u$ 与 $u = 1 - x$ 复合而成，它的定义域是 $x < 1$，只是 $u = 1 - x$ 的定义域 $\mathbf{R}$ 的一部分。

从上面的例子不难看出，符合函数 $y = f[\varphi(x)]$ 的定义域与函数 $u = \varphi(x)$ 的

定义域不一定相同，有时只是 $u = \varphi(x)$ 的一部分。

必须注意，并不是任何两个函数都可以复合成一个复合函数。例如，$y = \arcsin u$ 及 $u = 2 + x^2$ 就不能复合成一个复合函数。因为对于 $u = 2 + x^2$ 的定义域 $(-\infty, +\infty)$ 中任何 x 值所对应的 u 都大于或等于2，它们都不能使 $y = \arcsin u$ 有意义。

也可以由两个以上的函数经过复合构成一个函数。例如，设 $y = \sin u$，$u = \sqrt{v}$，$v = 1 - x^2$，则 $y = \sin \sqrt{1 - x^2}$，这里的 u, v 都是中间变量。

例3 求下列函数的反函数

(1) $y = \sqrt[3]{x + 1}$ (2) $y = 1 + \ln(x + 2)$

(3) $y = \dfrac{2^x}{2^x + 1}$

解：（1）由 $y = \sqrt[3]{x + 1}$ 解得 $x = y^3 - 1$，所以反函数为 $y = x^3 - 1$

（2）由 $y = 1 + \ln(x + 2)$，得 $y = e^{x-1} - 2$

（3）由 $y = \dfrac{2^x}{2^x + 1}$ 得 $y = \log_2 \dfrac{x}{1 - x}$

例4 设 $f(x)$ 的定义域 $D = [0, 1]$，求下列各函数的定义域

(1) $f(x^2)$ (2) $f(\sin x)$

解：（1）因为 $0 \leqslant x^2 \leqslant 1$，$|x| \leqslant 1$，所以函数 $f(x^2)$ 的定义域为 $x \in [-1, 1]$

（2）因为 $0 \leqslant x \leqslant 1$，所以函数 $f(\sin x)$ 的定义域为 $x \in [2n\pi, (2n+1)\pi]$，$n \in \mathbf{Z}$

习题 1 - 1

一、计算下列各题

(1) $\sqrt[3]{a^{\frac{9}{2}} \sqrt{a^{-3}}} \div \sqrt{\sqrt[3]{a^{-7}} \sqrt[3]{a^{13}}}$ (2) $e^{-2\ln 2} - e^{\frac{1}{2}\ln 9} + 2\ln e^2 - 3\ln 1$

二、解下列不等式

(1) $x^2 < 9$ (2) $|x - 4| < 7$

(3) $0 < (x - 2)^2 \leqslant 4$ (4) $|x + 1| > 2$

三、当 m 为何值时，方程 $x^2 - (m + 2)x + 4 = 0$ 有实根。

四、已知 $y_1 = \log_a(x^2 + 1)$，$y_2 = \log_a 2x$，问当 x 为何值时，

(1) $y_1 = y_2$；

(2) $y_1 > y_2$；

(3) $y_1 < y_2$

五、用适当的符号填空

(1) 0 __N；   (2) N __Z；   (3) 0 __ϕ；   (4) Z __R

六、一个口袋内装了5个小球，另一个口袋内装有4个小球，所有小球的颜色都不同

（1）从两个口袋内任取两个小球，有多少种取法？

（2）从两个口袋内各取两个小球，有多少种取法？

七、五个人站成一排照相，如果

（1）某人必须站在中间；

（2）某两个人必须站在中间；

（3）某人不站在中间也不站在两边；

（4）某两个人必须站在一起。

试问有多少种不同的站法？

八、乒乓球锦标赛共 20 个队参加

（1）采用单循环赛，共需比赛多少场？

（2）比赛时把 20 个队分成三组，各组队数分别是 7，6，7 队，各组采用单循环赛决出第一名，三个小组的第一名再用单循环赛决出冠军，共需赛多少场？

九、求下列函数的定义域

（1）$y = \sqrt{x^2 - 1}$　　　　　　（2）$y = \dfrac{1}{x^2 - 3x + 2}$

（3）$y = \dfrac{\sqrt{16 - x^2}}{\lg(3 - x)}$　　　　　（4）$y = \arccos \dfrac{2x}{1 + x}$

十、指出下列各复合函数的复合过程。

（1）$y = (1 + x)^4$　　　　　　（2）$y = \sqrt{1 + x^3}$

（3）$y = e^{x+1}$　　　　　　　（4）$y = \cos^2(3x + 1)$

（5）$s = (1 + \ln \sqrt{1 + t})^2$　　　（6）$y = [\arccos(1 - x^2)]^3$

11. 设 $f(x) = \begin{cases} \sqrt{3 - x} & -3 < x < -1 \\ 0 & -1 \leq x \leq 1 \\ x^2 - 1 & 1 < x < 3 \end{cases}$

求 $f(-2)$、$f(1)$、$f(2)$

第二节　极限的概念

一、数列极限

引例　数列举例

（1）$\left\{\dfrac{n-1}{n}\right\}$：$0, \dfrac{1}{2}, \dfrac{2}{3}, \cdots, \dfrac{n-1}{n}, \cdots$；

（2）$\left\{\dfrac{1}{2^n}\right\}$：$\dfrac{1}{2}, \dfrac{1}{4}, \dfrac{1}{8}, \cdots, \dfrac{1}{2^n}, \cdots$；

（3）$\{3^n\}$：$3^1, 3^2, 3^3, \cdots, 3^n, \cdots$；

(4) $\left\{(-1)^{n-1}\dfrac{1}{n}\right\}:1,-\dfrac{1}{2},\dfrac{1}{3},-\dfrac{1}{4},\cdots,(-1)^{n-1}\dfrac{1}{n},\cdots$ 等都是数列。

从以上引例可以看到，在 n 无限增大时数列 $\left\{(-1)^{n-1}\dfrac{1}{n}\right\}$ 无限接近于 0；数列 $\left\{\dfrac{n-1}{n}\right\}$ 从右边无限接近于常数 1；$\left\{\dfrac{1}{2^n}\right\}$ 从右边无限接近于常数 0；而数列 $\{3^n\}$ 随着 n 的增大，数列中的项也越来越大，但不会靠近一个确定的常数。

定义 1.2.1 数列 $\{x_n\}$ 当 n 无限增大时，x_n 的值无限接近于一个确定的常数 A，那么 A 就叫做数列 $\{x_n\}$ 当 $n\rightarrow\infty$ 时的极限，记作

$$\lim_{n\rightarrow\infty}x_n = A \text{ 或 } n\rightarrow\infty\text{ 时},x_n\rightarrow A$$

例 1 观察下列数列的通项的变化趋势，写出它们的极限

(1) $x_n = \dfrac{1}{n}$ (2) $x_n = 3-\dfrac{1}{n^2}$

解： 当 n 取值为

	1	2	3	4	$\cdots$	$\rightarrow\infty$
(1) $x_n=\dfrac{1}{n}$ 为	1	$\dfrac{1}{2}$	$\dfrac{1}{3}$	$\dfrac{1}{4}$	$\cdots$	$\rightarrow 0$
(2) $x_n=3-\dfrac{1}{n^2}$ 为	$3-1$	$3-\dfrac{1}{4}$	$3-\dfrac{1}{9}$	$3-\dfrac{1}{16}$	$\cdots$	$\rightarrow 3$

可看出：

(1) $\lim\limits_{n\rightarrow\infty}x_n = \lim\limits_{n\rightarrow\infty}\dfrac{1}{n} = 0$

(2) $\lim\limits_{n\rightarrow\infty}x_n = \lim\limits_{n\rightarrow\infty}\left(3-\dfrac{1}{n^2}\right) = 3$

任何一个常数列的极限是这个常数本身。

可以推出以下结论：

(1) $\lim\limits_{n\rightarrow\infty}\dfrac{1}{n^a} = 0 \quad (a>0)$

(2) $\lim\limits_{n\rightarrow\infty}q^n = 0 \quad (|q|<1)$

(3) $\lim\limits_{n\rightarrow\infty}c = c(c\text{ 为常数})$

二、函数的极限

函数的极限我们主要讨论以下两种情形：

当 $x\rightarrow\infty$，即自变量 x 的绝对值无限增大，如果 x 从某一刻起只取正值且无限增大，记作 $x\rightarrow+\infty$；如果 x 从某一刻起只取负值而其绝对值无限增大，则记为 $x\rightarrow-\infty$

当 $x\rightarrow x_0$，即自变量 x 无限趋近于定值 x_0，但不等于 x_0，如果 x 只取比 x_0 大的值且趋向于 x_0，记作 $x\rightarrow x_0+0$；如果 x 只取比 x_0 小的值且趋向于 x_0，记作 $x\rightarrow x_0-0$

1. 当 $x \to \infty$ 时，函数 $f(x)$ 的极限

定义 1.2.2 如果当 $x \to +\infty$（或 $x \to -\infty$）时，函数 $f(x)$ 无限接近于一个确定的常数 A，那么称 A 为函数 $f(x)$ 当 $x \to +\infty$（或 $x \to -\infty$）时的极限，记作

$$\lim_{x \to +\infty} f(x) = A, \text{ 简记当 } x \to +\infty, f(x) \to A$$

（或 $\lim_{x \to -\infty} f(x) = A$，简记当 $x \to -\infty, f(x) \to A$）

定义 1.2.3 如果当 x 的绝对值无限增大（即 $x \to \infty$）时，函数 $f(x)$ 无限接近于一个确定的常数 A，那么称 A 为函数 $f(x)$ 当 $x \to \infty$ 时的极限，记作

$$\lim_{x \to \infty} f(x) = A, \text{ 简记当 } x \to \infty \text{ 时}, f(x) \to A$$

例2　求 $\lim\limits_{x \to -\infty} e^x$ 和 $\lim\limits_{x \to +\infty} e^{-x}$

解：由图 1—22 可知 $\lim\limits_{x \to -\infty} e^x = 0$，$\lim\limits_{x \to +\infty} e^{-x} = 0$

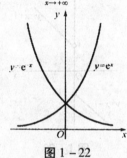

图 1 – 22

2. 当 $x \to x_0$ 时，函数 $f(x)$ 的极限

定义 1.2.4 设函数 $f(x)$ 在点 x_0 的左右近旁有定义（点 x_0 可除外），如果当 $x \to x_0$ 时，函数 $f(x)$ 无限接近一个确定的常数 A，那么 A 就叫作函数 $f(x)$ 当 $x \to x_0$ 时的极限，记作

$$\lim_{x \to x_0} f(x) = A \text{ 或当 } x \to x_0 \text{ 时}, f(x) \to A$$

左极限与右极限

当 $x \to x_0$ 时函数的极限中，x 既从 x_0 的左侧无限趋近于 x_0（记 $x \to x_0 - 0$，或者 $x \to x_0^-$），也从 x_0 的右侧无限趋近于 x_0（记 $x \to x_0 + 0$ 或者 $x \to x_0^+$），当 x 从单侧无限趋近于 x_0 时有如下定义：

定义 1.2.5 当自变量 $x \to x_0 - 0$ 时，函数 $f(x)$ 无限接近于一个确定的常数 A，则称 A 为函数 $f(x)$ 当 $x \to x_0$ 时的左极限，记为

$$\lim_{x \to x_0 - 0} f(x) = A \text{ 或 } f(x_0 - 0) = A$$

如果当自变量 $x \to x_0 + 0$ 时，函数 $f(x)$ 无限接近一个确定的常数 A，则称 A 为函数 $f(x)$ 当 $x \to x_0$ 时的右极限，记为

$$\lim_{x \to x_0 + 0} f(x) = A \text{ 或 } f(x_0 + 0) = A$$

$f(x)$ 当 $x \to x_0$ 时，极限存在的充分必要条件是它的左极限和右极限都存在并且相等。即

$$f(x_0 - 0) = f(x_0 + 0) = A \Leftrightarrow \lim_{x \to x_0} f(x) = A$$

例3 讨论函数 $f(x) = \begin{cases} x-2, & x < 0 \\ 0, & x = 0 \\ x+2, & x > 0 \end{cases}$ 求当 $x \to 0$ 时的极限并作出图像

解： 作此分段函数的图像，由图1—23可知，函数 $f(x)$ 当 $x \to 0$ 时

右极限为 $f(0+0) = \lim_{x \to 0+0} f(x) = \lim_{x \to 0+0} (x+2) = 2$

左极限为 $f(0-0) = \lim_{x \to 0-0} f(x) = \lim_{x \to 0-0} (x-2) = -2$

因为当 $x \to 0$ 时函数 $f(x)$ 的左、右极限虽存在但不相等，所以 $\lim_{x \to 0} f(x)$ 不

存在。

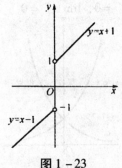

图 1-23

例4 判定函数 $f(x) = e^{\frac{1}{x}}$，当 $x \to 0$ 时的极限是否存在？

分析： ∵ 当 $x \to 0$ 时是指 $x \to 0^+$ 和 $x \to 0^-$，

∴ 应分别计算当 $x \to 0$ 时 $f(x)$ 的左右极限。

解： ∵ 当 $x \to 0^-$ 时，$\lim_{x \to 0^-} \frac{1}{x} = -\infty$，∴ $e^{\frac{1}{x}} \to 0$

当 $x \to 0^+$ 时，$\lim_{x \to 0^+} \frac{1}{x} = +\infty$，则 $e^{\frac{1}{x}} \to +\infty$

故当 $x \to 0$ 时，函数 $f(x) = e^{\frac{1}{x}}$ 的极限不存在

习题 1-2

一、观察一般项 x_n 如下的数列 $\{x_n\}$ 的变化趋势，并写出它们的极限

(1) $x_n = \frac{1}{2^n}$

(2) $x_n = 2 + \frac{1}{n^2}$

(3) $x_n = \frac{n-1}{n+1}$

(4) $x_n = (-1)^n \frac{1}{n}$

二、用观察法求下列极限

(1) $\lim_{x \to 1} \frac{x^2 - 2x + 1}{x^2 - 1} = \underline{\qquad}$

(2) $\lim_{x \to \infty} (5 + \frac{1}{x^2}) = \underline{\qquad}$

(3) $\lim\limits_{x \to 0+0} e^x$ _____ (4) $\lim\limits_{x \to \infty} \arctan x = $ _____

(5) $\lim\limits_{x \to \infty} \dfrac{1}{4} = $ _____ (6) $\lim\limits_{n \to \infty} \dfrac{1}{n^3} = $ _____

(7) $\lim\limits_{x \to +\infty} 3^{-x} = $ _____ (8) $\lim\limits_{x \to \frac{\pi}{2}^-} \tan x = $ _____

(9) $\lim\limits_{x \to +\infty} \ln x = $ _____ (10) $\lim\limits_{n \to \infty} (-1)^{n+1} = $ _____

三、选择题

(1) 数列 $\left(\dfrac{1 + (-1)^n}{2} \right)$ 当 $n \to \infty$ 时的极限是（　　）

A. -1　　　　　　B. 1　　　　　　C. 0　　　　　　D. 无极限

(2) 数列 $\left(5 - \dfrac{1}{n^2} \right)$ 当 $n \to \infty$ 时的极限是（　　）

A. 0　　　　　　B. ∞　　　　　　C. 5　　　　　　D. 无极限

(3) 函数 $y = f(x)$ 在点 x_0 处有定义是 $\lim\limits_{x \to x_0} f(x)$ 存在的（　　）

A. 充要条件　　　　　　　　B. 无关条件

C. 必要但不充分条件　　　　D. 充分但不必要条件

(4) $\lim\limits_{x \to \infty} \dfrac{1}{x^2}$ 的极限是（　　）

A. ∞　　　　　　B. 0　　　　　　C. 1　　　　　　D. 无极限

(5) 设 $f(x) = \begin{cases} x^2 & x < 0 \\ \sin x & x \geqslant 0 \end{cases}$ 求当 $x \to 0$ 时 $f(x)$ 的极限（　　）

A. 1　　　　　　B. 0　　　　　　C. ∞　　　　　　D. 不存在

(6) 下列极限存在的是（　　）

A. $\lim\limits_{x \to +\infty} \sqrt{\dfrac{x^2 + 1}{x}}$　　　　　　B. $\lim\limits_{x \to \infty} \dfrac{|x| \cdot (x + 1)}{x^2}$

C. $\lim\limits_{x \to +\infty} \dfrac{1}{2^x - 1}$　　　　　　D. $\lim\limits_{x \to \infty} \ln(1 + x^2)$

(7) 设 $f(x) = \begin{cases} x^2 & x > -1 \\ x + a & x < -1 \end{cases}$ 要使 $\lim\limits_{x \to -1} f(x)$ 存在,则 $a = $ （　　）

A. -2　　　　B. 2　　　　C. 0　　　　D. 1

四、求 $f(x) = \begin{cases} x^2, & 0 \leqslant x \leqslant 1 \\ 2 - x, & 1 < x \leqslant 2 \end{cases}$ 当 $x \to 1$ 时的左右极限并说明极限是否存在,并画出函数的图形。

五、设函数 $f(x) = \begin{cases} -x, & x \leqslant 0 \\ 1, & x > 0 \end{cases}$ 求当 $x \to 0$ 时的左极限 $f(0 - 0)$ 和右极限 $f(0 + 0)$,并作出图像。

六、讨论函数 $f(x) = \begin{cases} x - 1, & x < 0 \\ 0, & x = 0 \\ x + 1, & x > 0 \end{cases}$ 求当 $x \to 0$ 时的极限并作出图像。

第三节　极限的运算

1. 极限的运算法则

设 $\lim\limits_{x \to x_0} f(x) = A, \lim\limits_{x \to x_0} g(x) = B$ 则

（1）$\lim\limits_{x \to x_0}[f(x) \pm g(x)] = \lim\limits_{x \to x_0} f(x) \pm \lim\limits_{x \to x_0} g(x) = A \pm B$

（2）$\lim\limits_{x \to x_0}[f(x)g(x)] = \lim\limits_{x \to x_0} f(x) \lim\limits_{x \to x_0} g(x) = AB$

特别有：$\lim\limits_{x \to x_0} cf(x) = c \lim\limits_{x \to x_0} f(x) = cA$（$c$ 为常数）

（3）$\lim\limits_{x \to x_0} \dfrac{f(x)}{g(x)} = \dfrac{\lim\limits_{x \to x_0} f(x)}{\lim\limits_{x \to x_0} g(x)} = \dfrac{A}{B}$　　（$B \neq 0$）

（4）$\lim\limits_{x \to x_0}[f(x)]^n = [\lim\limits_{x \to x_0} f(x)]^n = A^n$

上述法则亦适于 $x \to \infty$ 时的情形、还可推广到有限个具有极限的函数情形。

2. 极限的运算举例

例1　求 $\lim\limits_{x \to 1}(x^2 + 5x + 1)$

解：$\lim\limits_{x \to x_0}(x^2 + 5x + 1) = \lim\limits_{x \to 1} x^2 + \lim\limits_{x \to 1} 5x + \lim\limits_{x \to 1} 1 = 1 + 5 + 1 = 7$

例2　求 $\lim\limits_{x \to 2} \dfrac{x - 2}{x^2 - 4}$

解：当 $x \to 2$ 时，分母的极限为 0，不能直接应用运算法则，但在 $x \to 2$ 过程中，由于 $x \neq 2$，即 $x - 2 \neq 0$，而 $x - 2$ 又是分子分母的公因子，故可先约去分式中的不为零的公因子。

所以　$\lim\limits_{x \to 2} \dfrac{x - 2}{x^2 - 4} = \lim\limits_{x \to 2} \dfrac{1}{x + 2} = \dfrac{1}{3 + 2} = \dfrac{1}{5}$

例3　求 $\lim\limits_{x \to \infty} \dfrac{x^3 - 6x^2 + 2}{3x^3 + 5x^2 - 1}$

解：因为当 $x \to \infty$ 时，分子，分母的绝对值都无限增大，所以不能直接应用商的极限运算法则，所以，先用 x^3 同除分子及分母，使分母极限存在且不为零，然后利用极限运算法则求极限，得

$$\lim_{x \to \infty} \dfrac{x^3 - 6x^2 + 2}{3x^3 + 5x^2 - 1} = \lim_{x \to \infty} \dfrac{1 - \dfrac{6}{x} + \dfrac{2}{x^3}}{3 + \dfrac{5}{x} - \dfrac{1}{x^3}}$$

$$= \frac{\lim\limits_{x\to\infty}1 - \lim\limits_{x\to\infty}\dfrac{6}{x} + \lim\limits_{x\to\infty}\dfrac{2}{x^3}}{\lim\limits_{x\to\infty}3 + \lim\limits_{x\to\infty}\dfrac{5}{x} - \lim\limits_{x\to\infty}\dfrac{1}{x^3}}$$

$$= \frac{1 - 0 + 0}{3 + 0 - 0} = \frac{1}{3}$$

例 4　求 $\lim\limits_{x\to-2}\left(\dfrac{1}{x+2} - \dfrac{12}{x^3+8}\right)$

解：$\dfrac{1}{x+2} - \dfrac{12}{x^3+8} = \dfrac{(x^2-2x+4)-12}{(x+2)(x^2-2x+4)}$

$$= \frac{(x+2)(x-4)}{(x+2)(x^2-2x+4)}$$

$$= \frac{x-4}{x^2-2x+4}$$

则 $\lim\limits_{x\to-2}\left(\dfrac{1}{x+2} - \dfrac{12}{x^3+8}\right) = \lim\limits_{x\to-2}\dfrac{x-4}{x^2-2x+4} = -\dfrac{1}{2}$

例 5　求下列函数的极限

(1) $\lim\limits_{x\to\infty}\dfrac{x^2+x}{x^4-3x^2+1}$

(2) $\lim\limits_{n\to\infty}\left(1 + \dfrac{1}{2} + \dfrac{1}{4} + \cdots + \dfrac{1}{2^n}\right)$

(3) $\lim\limits_{n\to\infty}\dfrac{(n+1)(n+2)(n+3)}{5n^3}$

解：(1) $\lim\limits_{x\to\infty}\dfrac{x^2+x}{x^4-3x^2+1} = \lim\limits_{x\to\infty}\dfrac{\dfrac{1}{x^2}+\dfrac{1}{x^3}}{1-\dfrac{3}{x^2}+\dfrac{1}{x^4}} = 0$

(2) $\lim\limits_{n\to\infty}\left(1 + \dfrac{1}{2} + \dfrac{1}{4} + \cdots + \dfrac{1}{2^n}\right) = \lim\limits_{n\to\infty}\dfrac{1-\dfrac{1}{2^{n+1}}}{1-\dfrac{1}{2}} = 2$

(3) $\lim\limits_{n\to\infty}\dfrac{(n+1)(n+2)(n+3)}{5n^3} = \lim\limits_{n\to\infty}\dfrac{\left(1+\dfrac{1}{n}\right)\left(1+\dfrac{2}{n}\right)\left(1+\dfrac{3}{n}\right)}{5} = \dfrac{1}{5}$

一般地，设 $R(x)$ 是有理分式，

$$R(x) = \frac{P_n(x)}{Q_n(x)} = \frac{a_nx^n + a_{n-1}x^{n-1} + \cdots + a_1x + a_0}{b_mx^m + b_{m-1}x^{m-1} + \cdots b_1x + b_0}$$

(1)　若 $Q_m(x_0) \neq 0$，则 $\lim\limits_{x\to x_0}R(x) = \dfrac{P_n(x_0)}{Q_m(x_0)} = R(x_0)$

（2）若 $Q_m(x_0) = 0$ ，而 $P_n(x_0) \neq 0$ ，则 $\lim\limits_{x \to x_0} R(x) = \infty$

（3）若 $Q_m(x_0) = 0$ ，且 $P_n(x_0) = 0$ ，则 $Q_m(x)$ 与 $P_n(x)$ 一定有公因子 $(x - x_0)$ ，将 $Q_m(x)$, $P_n(x)$ 因式分解，约去公因子后，再计算极限。

$$\lim_{x \to \infty} R(x) = \begin{cases} 0, & \text{当 } m > n \text{ 时} \\ \dfrac{a_n}{b_m}, & \text{当 } m = n \text{ 时} (a_n \neq 0, b_m \neq 0) \\ \infty, & \text{当 } m < n \text{ 时} \end{cases}$$

例 6　$\lim\limits_{x \to 4} \dfrac{\sqrt{1 + 2x} - 3}{\sqrt{x} - 2}$

解： 分子，分母同时有理化得

$$\lim_{x \to 4} \frac{\sqrt{1 + 2x} - 3}{\sqrt{x} - 2} = \lim_{x \to 4} \frac{(\sqrt{1 + 2x} - 3)(\sqrt{1 + 2x} + 3)(\sqrt{x} + 2)}{(\sqrt{x} - 2)(\sqrt{x} + 2)(\sqrt{1 + 2x} + 3)}$$

$$= \lim_{x \to 4} \frac{(1 + 2x - 9)(\sqrt{x} + 2)}{(x - 4)(\sqrt{2x + 1} + 3)}$$

$$= \lim_{x \to 4} \frac{2(\sqrt{x} + 2)}{\sqrt{2x + 1} + 3} = \frac{4}{3}$$

习题 1 – 3

一、计算下列极限

（1）$\lim\limits_{x \to 1} \dfrac{x^2 - 2x + 1}{x^2 - 1} =$ ＿＿＿＿＿＿　　　（2）$\lim\limits_{x \to \infty} \left(2 - \dfrac{1}{x} + \dfrac{1}{x^2} \right) =$ ＿＿＿＿＿＿

（3）$\lim\limits_{x \to \infty} \dfrac{x^2 - 1}{2x^2 - x - 1} =$ ＿＿＿＿＿＿　　　（4）$\lim\limits_{x \to \infty} \dfrac{x^2 + x}{x^4 - 3x^2 + 1} =$ ＿＿＿＿＿＿

（5）$\lim\limits_{n \to \infty} \left(1 + \dfrac{1}{2} + \dfrac{1}{4} + \cdots + \dfrac{1}{2^n} \right) =$ ＿＿＿＿＿＿

（6）$\lim\limits_{n \to \infty} \dfrac{(n + 1)(n + 2)(n + 3)}{5n^3} =$ ＿＿＿＿＿＿

（7）$\lim\limits_{x \to \infty} \dfrac{3x^3 + 4x^2 - 2x}{3x^4 - x^3 - 3} =$ ＿＿＿＿＿＿　　　（8）$\lim\limits_{x \to 1} \dfrac{x^2 - 3x + 2}{x - 1} =$ ＿＿＿＿＿＿

（9）$\lim\limits_{x \to 1} \left(\dfrac{1}{1 - x} - \dfrac{3}{1 - x^3} \right) =$ ＿＿＿＿＿＿　　　（10）$\lim\limits_{x \to \frac{\pi}{6}} \ln(2\cos 2x) =$ ＿＿＿＿＿＿

二、选择题

（1）求极限 $\lim\limits_{x \to 1} (3x^2 - 2x + 1) = ($ 　　$)$

A. 3　　　　　　　B. 2　　　　　　　C. 0　　　　　　　D. 1

(2) 若 $\lim\limits_{x \to \infty} \dfrac{(x-1)(x-2)(x-3)(x-4)(x-5)}{(4x-1)^{\alpha}} = \beta$,则 $\alpha \,、\beta$ 值为（　　）

A. $\alpha = 1, \beta = \dfrac{1}{5}$ 　　　　　　　B. $\alpha = 1, \beta = \dfrac{1}{4}$

C. $\alpha = 5, \beta = \dfrac{1}{4^{5}}$ 　　　　　　D. $\alpha = 5, \beta = 4^{5}$

(3) 求极限 $\lim\limits_{x \to \infty} \left(2 - \dfrac{1}{x^{3}}\right)\left(1 + \dfrac{1}{x^{2}}\right) = $（　　）

A. 0 　　　　　B. $\dfrac{1}{2}$ 　　　　　C. 2 　　　　　D. -1

(4) 求极限 $\lim\limits_{x \to \infty} \dfrac{x^{3} + 3x^{2} + 4}{5x^{3} + 2x^{2} - 1} = $（　　）

A. $\dfrac{1}{5}$ 　　　　　B. 5 　　　　　C. $\dfrac{3}{5}$ 　　　　　D. 0

(5) 求极限 $\lim\limits_{x \to 4} \dfrac{x^{2} - 3x - 4}{x^{2} - x - 12} = $（　　）

A. $\dfrac{6}{7}$ 　　　　　B. $\dfrac{5}{7}$ 　　　　　C. 1 　　　　　D. $\dfrac{1}{3}$

(6) 求极限 $\lim\limits_{x \to 0} \dfrac{\sqrt{1+x} + \sqrt{1-x} - 2}{x^{2}} = $（　　）

A. 0 　　　　　B. -1 　　　　　C. 2 　　　　　D. 1

(7) 已知 $\lim\limits_{x \to \infty} \left(\dfrac{x^{2}}{1+x} - ax - b\right) = 0$，其中 a, b 是常数，则（　　）

A. $a = 1$, $b = 1$ 　　　　　　　　B. $a = -1$, $b = 1$

C. $a = 1$, $b = -1$ 　　　　　　　D. $a = -1$, $b = -1$

三、计算下列极限

(1) $\lim\limits_{x \to 1} \dfrac{\sqrt{5x-4} - \sqrt{x}}{x - 1}$ 　　　　　(2) $\lim\limits_{x \to +\infty} \left(\sqrt{x^{2}+x} - \sqrt{x^{2}-x}\right)$

(3) $\lim\limits_{x \to -2} \left(\dfrac{1}{x+2} - \dfrac{12}{x^{3}+8}\right)$ 　　　　　(4) $\lim\limits_{x \to +\infty} \left(\sqrt{x + \sqrt{x}} - \sqrt{x - \sqrt{x}}\right)$

(5) $\lim\limits_{n \to \infty} \dfrac{n(n+1)}{(n+2)(n+3)}$ 　　　　　(6) $\lim\limits_{n \to \infty} \left(\dfrac{1}{1 \times 2} + \dfrac{1}{2 \times 3} + \cdots + \dfrac{1}{n(n+1)}\right)$

(7) $\lim\limits_{x \to 4} \dfrac{3 - \sqrt{5+x}}{1 - \sqrt{5-x}}$ 　　　　　(8) $\lim\limits_{n \to \infty} \dfrac{\sqrt{n^{2} - 3n}}{2n + 1}$

(9) $\lim\limits_{n \to \infty} \left(\sqrt{1 + 2 + \cdots + n} - \sqrt{1 + 2 + \cdots + (n-1)}\right)$

(10) $\lim\limits_{x \to 1} \dfrac{\sqrt[3]{x} - 1}{\sqrt{x} - 1}$

四、设 $\lim\limits_{x\to\infty}(\dfrac{x^2+1}{x+1}-ax-b)=0$ ，求 a,b

五、$\lim\limits_{x\to 3}\dfrac{x^2-2x+k}{x-3}=4$ ，求 k 的值

六、已知 $\lim\limits_{x\to 2}\dfrac{x^3+2ax^2+b}{x-2}=8$ ，求 a,b 的值

第四节　无穷小与无穷大

一、无穷小

1. 概念

在自然界中，常会遇到这样一类问题，在变化过程中就其绝对值来说，将会逐渐变小而趋于零。例如：单摆由于机械摩擦力和空气阻力的作用，它的幅角的绝对值会随着时间的增加越变越小，而逐渐趋近于零。

定义 1.4.1 如果当 $x\to x_0$ 或 $(x\to\infty)$ 时，函数 $f(x)$ 的极限为零，则称 $f(x)$ 为当 $x\to x_0$ （或 $x\to\infty$ ）时的无穷小。

例如，因为 $\lim\limits_{x\to 1}(x^2-1)=0$ ，所以函数 $f(x)=x^2-1$ 是当 $x\to 1$ 时的无穷小。

应当注意：

（1）说一个函数 $f(x)$ 是无穷小，必须指明自变量 x 的变化趋势。

（2）无穷小是一个绝对值可以任意小的量，不等同于绝对值很小的量。

（3）常数中只有"0"可以看作无穷小。因为

$$\lim_{\substack{x\to x_0\\(x\to\infty)}}0=0$$

例 1　自变量 x 在怎样的变化过程中，下列函数为无穷小。

（1）$y=\dfrac{1}{x-1}$ 　　　　　（2）$y=4^x$

解：（1）因 $\lim\limits_{x\to\infty}\dfrac{1}{x-1}=0$ ，故当 $x\to\infty$ 时，$\dfrac{1}{x-1}$ 为无穷小。

（2）因 $\lim\limits_{x\to-\infty}4^x=0$ ，故当 $x\to-\infty$ 时，4^x 为无穷小。

2. 无穷小量的性质

（1）有限个无穷小的代数和仍然是无穷小；

（2）有限个无穷小之积仍然是无穷小；

（3）有界函数与无穷小的乘积是无穷小；

（4）常数与无穷小之积为无穷小。

3. 极限与无穷小的关系

定理 1.4.1　$\lim f(x)=A$ 的充要条件是 $f(x)=A+\alpha$ ，其中 α 是无穷小。（证

明略)

这就是说，如果 $f(x)$ 的极限为 A，则函数 $f(x)$ 可以表示成极限值 A 与无穷小 α 之和的形式；反之，若函数 $f(x)$ 等于常数 A 与无穷小 α 的和，这个常数 A 一定是函数的极限。

二、无穷大

定义 1.4.2　如果当 $x \to x_0$（或 $x \to \infty$）时，函数 $f(x)$ 的绝对值无限增大，则称函数 $f(x)$ 为当 $x \to x_0$（或 $x \to \infty$）时的无穷大量，简称无穷大。例如：当 $x \to 0$ 时，$y = \dfrac{1}{x}$ 的绝对值 $\left|\dfrac{1}{x}\right|$ 无限增大，即当 $x \to 0$ 时，$\dfrac{1}{x}$ 是无穷大，记作 $\lim\limits_{x \to 0}\dfrac{1}{x} = \infty$；当 $x \to +\infty$ 时，$y = \ln x$ 取正值且无限增大，记作 $\lim\limits_{x \to +\infty}\ln x = +\infty$。

如果函数 $f(x)$ 当 $x \to x_0$（或 $x \to \infty$）时为无穷大，那么它的极限是不存在的，但是为了便于描述函数的这种变化趋势，也可以说"函数的极限是无穷大"，并记为

$$\lim_{\substack{x \to x_0 \\ (x \to \infty)}} f(x) = \infty$$

应当注意：

（1）说一个函数 $f(x)$ 是无穷大，必须指明自变量 x 的变化趋势，例如：函数 $\dfrac{1}{x}$ 是当 $x \to 0$ 时的无穷大，当 $x \to \infty$ 时，它是无穷小。

（2）切不可把绝对值很大的常数认为是无穷大，因为这个常数在 $x \to x_0$（或 $x \to \infty$）时的极限为常数本身，并不是无穷大。

无穷小量与无穷大量并不是表达量的大小，而是描述在某个变化过程中量的变化趋势，除了零之外，其它任何数，即使是绝对值为很小的数都不能认为是无穷小量，同样的即使是绝对值为很大的数，也不能认为是无穷大量。

三、无穷小与无穷大的关系

当 $x \to \infty$ 时，x 是无穷大，而 $\dfrac{1}{x}$ 是无穷小，反之亦然。一般地，无穷大与无穷小之间有如下的倒数关系：在自变量的同一变化过程中，如果 $f(x)$ 为无穷大，则 $\dfrac{1}{f(x)}$ 是无穷小；反之，如果 $f(x)$ 是无穷小，且 $f(x) \neq 0$，则 $\dfrac{1}{f(x)}$ 是无穷大。

例 2　求极限 $\lim\limits_{x \to -1}\dfrac{1}{x^2 + 2x + 1}$

解：因 $x^2 + 2x + 1 \to 0 (x \to -1)$，则 $x^2 + 2x + 1$ 当 $x \to -1$ 时为无穷小，$\dfrac{1}{x^2 + 2x + 1}$ 是 $x \to -1$ 时的无穷大，即 $\lim\limits_{x \to -1}\dfrac{1}{x^2 + 2x + 1} = \infty$

例3　求 $\lim\limits_{x\to 0}x^2\sin\dfrac{1}{x}$

解： 因 $\lim\limits_{x\to 0}x^2=0$，所以，$x\to 0$ 时 x^2 为无穷小，又因为 $\left|\sin\dfrac{1}{x}\right|\leqslant 1$，所以

$\sin\dfrac{1}{x}$ 为有界函数，故由无穷小量的性质得：　　$\lim\limits_{x\to 0}x^2\sin\dfrac{1}{x}=0$。

第五节　无穷小的比较

由前面无穷小的性质知道，两个无穷小的和、差、积仍是无穷小，但两个无穷小的商却不一定是无穷小。例如，当 $x\to 0$ 时，$3x$、x^2、$\sin x$、$\sin 3x$ 都是无穷小，而 $\lim\limits_{x\to 0}\dfrac{x^2}{3x}=0,\lim\limits_{x\to 0}\dfrac{3x}{x^2}=\infty,\lim\limits_{x\to 0}\dfrac{\sin x}{3x}=\dfrac{1}{3},\lim\limits_{x\to 0}\dfrac{\sin 3x}{3x}=1$，以上出现了三种不同的结果：极限为常数，极限为无穷大，极限为零。原因在于无穷小在趋近于零的过程中速度有慢有快，由此我们给出以下定义：

定义1.5.1　设 $\alpha(\alpha\neq 0)$ 和 β 是同一变化过程中的无穷小，则

若 $\lim\dfrac{\beta}{\alpha}=0$，则称 β 是比 α 较高阶的无穷小，记作 $\beta=o(\alpha)$；

若 $\lim\dfrac{\beta}{\alpha}=\infty$，则称 β 是比 α 较低阶的无穷小；

若 $\lim\dfrac{\beta}{\alpha}=C$（$C$ 是不为零的常数），则称 β 与 α 是同阶无穷小；

若 $\lim\dfrac{\beta}{\alpha}=1$，则称 β 与 α 是等价无穷小，记作 $\beta\sim\alpha$。

由定义1.5.1知，当 $x\to 0$ 时，x^2 是比 $3x$ 高阶的无穷小；反之 $3x$ 是比 x^2 低阶无穷小；而 $3x$ 和 x 是同阶无穷小；$\sin 3x$ 和 $3x$ 是等价的无穷小，即

$\sin 3x\sim 3x(x\to 0)$。

关于等价无穷小有一个重要的性质：

定理1.5.1（无穷小替换定理）　在自变量的同一变化过程中，若 $\alpha\sim\alpha'$，$\beta\sim\beta'$，且 $\lim\dfrac{\beta'}{\alpha'}$ 存在，则 $\lim\dfrac{\beta}{\alpha}=\lim\dfrac{\beta'}{\alpha'}$。

证　　　　　　　　　　因 $\alpha\sim\alpha'$，$\beta\sim\beta'$，则

$$\lim\dfrac{\alpha}{\alpha'}=1,\lim\dfrac{\beta}{\beta'}=1,$$

所以，有

$$\lim\dfrac{\beta}{\alpha}=\lim\dfrac{\beta}{\beta'}\dfrac{\beta'}{\alpha'}\dfrac{\alpha'}{\alpha}=\lim\dfrac{\beta}{\beta'}\lim\dfrac{\beta'}{\alpha'}\lim\dfrac{\alpha'}{\alpha}=\lim\dfrac{\beta'}{\alpha'}$$

推论（无穷小传递性质）若 $\alpha\sim\gamma,\gamma\sim\beta$，则 $\alpha\sim\beta$。

证　因 $\alpha \sim \gamma, \gamma \sim \beta$，由定理则　$\lim \dfrac{\beta}{\alpha} = \lim \dfrac{\gamma}{\gamma} = 1.$

即 $\alpha \sim \beta$

当 $x \to 0$ 时，常用的等价无穷小有：

$$\sin x \sim x, \tan x \sim x, \arcsin x \sim x, \ln(1 + x) \sim x, e^x - 1 \sim x, 1 - \cos x \sim \dfrac{x^2}{2}$$

例1 比较下列无穷小的阶的高低

（1）当 $x \to -2$ 时，$x + 2$ 与 $x^2 + x - 2$

（2）当 $x \to 0$ 时，$2x^2$ 与 x

解：

（1）因为 $\lim\limits_{x \to -2} \dfrac{x + 2}{x^2 + x - 2} = \lim\limits_{x \to -2} \dfrac{1}{x - 1} = -\dfrac{1}{3}$

所以，当 $x \to -2$ 时，$x + 2$ 与 $x^2 + x - 2$ 是同阶无穷小。

（2）因为 $\lim\limits_{x \to 0} \dfrac{2x^2}{x} = 0$，所以当 $x \to 0$ 时，$2x^2$ 是比 x 较高阶的无穷小，反过来，当 $x \to 0$ 时，x 是比 $2x^2$ 较低阶的无穷小。

例2　$\lim\limits_{x \to 0} \dfrac{\tan x - \sin x}{x^3}$

解： 因为 $\tan x - \sin x = \dfrac{(1 - \cos x) \sin x}{\cos x}$，

当 $x \to 0$ 时，$\sin x \sim x$，　$1 - \cos x \sim \dfrac{x^2}{2}$，于是

$$\lim\limits_{x \to 0} \dfrac{\tan x - \sin x}{x^3} = \lim\limits_{x \to 0} \dfrac{(1 - \cos x) \sin x}{x^3 \cos x} = \lim\limits_{x \to 0} \dfrac{x \cdot \dfrac{x^2}{2}}{x^3 \cos x} = \dfrac{1}{2}$$

从例2中可以看出，在用等价无穷小代换时，一般在乘除运算时可施行，而在和差运算时不能运用。

例3　求 $\lim\limits_{x \to 0} \dfrac{\tan 3x}{\sin 7x}$

解： 因为当 $x \to 0$ 时，$\tan 3x$ 与 $3x$，$\sin 7x$ 与 $7x$ 都是等价无穷小即

$$\tan 3x \sim 3x, \sin 7x \sim 7x$$

所以 $\lim\limits_{x \to 0} \dfrac{\tan 3x}{\sin 7x} = \lim\limits_{x \to 0} \dfrac{3x}{7x} = \dfrac{3}{7}$

例4　证明：$x \to 0$ 时，有：$\sec x - 1 \sim \dfrac{x^2}{2}$

证明：

因为 $\lim\limits_{x \to 0} \dfrac{\sec x - 1}{\dfrac{x^2}{2}} = \lim\limits_{x \to 0} \dfrac{2(1 - \cos x)}{x^2 \cos x} = \lim\limits_{x \to 0} \dfrac{4 \sin^2 \dfrac{x}{2}}{x^2} = \lim\limits_{x \to 0} \left(\dfrac{\sin \dfrac{x}{2}}{\dfrac{x}{2}} \right)^2 = 1$

所以当 $x \to 0$ 时，$\sec x - 1 \sim \dfrac{x^2}{2}$

例 5 证明 $\sqrt[n]{1+x} - 1 \sim \dfrac{x}{n}$（$n$ 为正整数，$x \to 0$）

分析：只须证明 $\lim\limits_{x \to 0} \dfrac{\sqrt[n]{1+x} - 1}{\dfrac{x}{n}} = 1$ 即可

$\because$ 对 $\lim\limits_{x \to 0} \dfrac{\sqrt[n]{1+x} - 1}{\dfrac{x}{n}}$ 令 $\sqrt[n]{1+x} - 1 = t$ 则 $x = (t+1)^n - 1$

则上式左边 $= \lim\limits_{t \to 0} \dfrac{t}{\dfrac{1}{n}[(t+1)^n - 1]}$

$\qquad\qquad = \lim\limits_{t \to 0} \dfrac{t}{\dfrac{1}{n}[t^n + nt^{n-1} + \cdots + c_n^{n-2}t^2 + c_n^{n-1}t]}$

$\qquad\qquad = \lim\limits_{t \to 0} \dfrac{n}{t^{n-1} + nt^{n-2} + \cdots + c_n^{n-2}t + n}$

$\qquad\qquad = 1 = $ 右边

习题 1 - 4

一、选择题

(1) 下列变量在给定的变化过程中是无穷小量的有（　　　）

A. $2^{-x} - 1$（$x \to 0$）　　　　　　　B. $\dfrac{\sin x}{x}$（$x \to 0$）

C. $\dfrac{x^2}{\sqrt{x^3 - 3x + 1}}$（$x \to +\infty$）　　　D. $\dfrac{1}{e^x}$（$x \to \infty$）

E. $y = \dfrac{1}{x-1}$（$x \to +\infty$）　　　F. $y = 2^x$（$x \to -\infty$）

(2) 极限 $\lim\limits_{x \to -1} \dfrac{1}{x^2 + 2x + 1} = ($　　　$)$

A. 0　　　　　B. 1　　　　　C. ∞　　　　　D. 3

(3) 极限 $\lim\limits_{x \to 0} x \sin \dfrac{1}{x} = ($　　　$)$

A. 0　　　　　B. 1　　　　　C. ∞　　　　　D. 2

(4) 极限 $\lim\limits_{x \to 0} \dfrac{\tan 2x}{\sin 5x} = ($　　　$)$

A. 0　　　　　B. $\dfrac{2}{5}$　　　　　C. ∞　　　　　D. 2

(5) 极限 $\lim\limits_{x \to 1} \dfrac{3x}{x-1}$ = （　　）

A. 0　　　　　B. 3　　　　　C. ∞　　　　　D. -1

二、选择题

(1) 设当 $x \to 0$ 时，ax^2 与 $\tan\dfrac{x^2}{4}$ 为等阶无穷小量，则 a = （　　）

A. $\dfrac{1}{4}$　　　　　B. 4　　　　　C. 1　　　　　D. 2

(2) 当 $x \to \infty$ 时，$f(x)$ 与 $\dfrac{1}{x}$ 是等阶无穷小，则 $\lim\limits_{x \to \infty} 2xf(x)$ = （　　）

A. 2　　　　　B. $\dfrac{1}{2}$　　　　　C. 1　　　　　D. x

(3) $\lim\limits_{x \to \infty} x^2 \sin\dfrac{2}{x^2}$ = （　　）

A. 0　　　　　B. 1　　　　　C. 2　　　　　D. 3

(4) $\lim\limits_{x \to 0} \dfrac{\sqrt{1+x^3}-1}{(1-e^{x^2})\sin\dfrac{x}{2}}$ = （　　）

A. -1　　　　　B. 1　　　　　C. $\dfrac{1}{2}$　　　　　D. $-\dfrac{1}{2}$

(5) $\lim\limits_{x \to 0} \dfrac{x-\sin x}{x^2+x}$ = （　　）

A. 0　　　　　B. 1　　　　　C. -1　　　　　D. 2

(6) 当 $x \to 0$ 时，$\sqrt[4]{1+\sqrt[3]{x}}-1$ 与 x 相比是（　　）

A. 高阶无穷小　　　B. 低阶无穷小　　　C. 等阶无穷小　　　D. 同阶无穷小

三、利用等阶无穷小替换求下列极限

(1) $\lim\limits_{x \to 0} \dfrac{\ln(1+3x)}{\sin 2x}$

(2) $\lim\limits_{x \to 0} \dfrac{x\sin x}{1-\cos x}$

(3) $\lim\limits_{x \to 0} \dfrac{\sin x}{e^x-a}(\cos x - b) = 5$，求 a,b

(4) $\lim\limits_{x \to 0} \dfrac{\sin x^n}{\sin^m x}$（$n,m$ 为正整数）

(5) $\lim\limits_{x \to 0} \dfrac{\sqrt{1+x\sin x}-1}{\arctan x}$

(6) $\lim\limits_{x \to 0} \dfrac{\sqrt{1+\sin x}-1}{e^x-1}$

(7) $\lim\limits_{x \to 1} \dfrac{x^2-ax+4}{x-1} = -3$，求 a

(8) $\lim\limits_{x \to 0} \dfrac{x\ln(1+x^2)}{\sin^3 x}$

(9) $\lim\limits_{x \to 0} \dfrac{\sin(x^n)}{(\sin x)^m}$（$n$、$m$ 为正整数）

(10) $\lim\limits_{x \to 0} \dfrac{\tan x - \sin x}{\sin^3 x}$

四、证明：当 $x \to 0$ 时，

（1）$\tan x \sim x$ 　　　　　　（2）$1 - \cos x \sim \dfrac{x^2}{2}$ 　　　　　　（3）$\arcsin x \sim x$

五、比较下列无穷小的阶的高低

（1）当 $x \to 1$ 时，$1 - x^3$ 与 $1 - x^2$

（2）当 $x \to \infty$ 时，$2x - x^2$ 与 $x^2 - x^3$

（3）当 $x \to 0$ 时，$x^2 - 2x^3$ 与 x^2

第六节　两个重要的极限

一、极限： $\displaystyle \lim_{x \to 0} \dfrac{\sin x}{x} = 1$

列表观察当 $x \to 0$ 时，函数 $\dfrac{\sin x}{x}$ 的变化趋势：

x	$+\dfrac{\pi}{16}$ $-\dfrac{\pi}{16}$	$+\dfrac{\pi}{100}$ $-\dfrac{\pi}{100}$	$+\dfrac{\pi}{200}$ $-\dfrac{\pi}{200}$	$+\dfrac{\pi}{300}$ $-\dfrac{\pi}{300}$	$+\dfrac{\pi}{400}$ $-\dfrac{\pi}{400}$	$+\dfrac{\pi}{500}$ $-\dfrac{\pi}{500}$	$\cdots$	$\to 0$
$\dfrac{\sin x}{x}$	0.98331	0.999836	0.999959	0.999982	0.999990	0.999999	$\cdots$	$\to 1$

可看出，当 $x \to 0$ 时，$\dfrac{\sin x}{x} \to 1$（证明略）。即

$$\lim_{x \to 0} \dfrac{\sin x}{x} = 1$$

说明：该极限中的角度是用弧度量的，在公式中，所有含有自变量的表达式应该一致。即

$$\lim_{\varphi(x) \to 0} \dfrac{\sin \varphi(x)}{\varphi(x)} = 1 \text{ 或 } \lim_{\varphi(x) \to 0} \dfrac{\varphi(x)}{\sin \varphi(x)} = 1$$

例 1 求 $\displaystyle \lim_{x \to 0} \dfrac{\sin kx}{x}$（$k$ 为非零常数）

解法一： 设 $t = kx$，当 $x \to 0$ 时，$t \to 0$

所以，$\displaystyle \lim_{x \to 0} \dfrac{\sin kx}{x} = k \lim_{t \to 0} \dfrac{\sin t}{t} = k \times 1 = k$

解法二： $\displaystyle \lim_{x \to 0} \dfrac{\sin kx}{x} = \lim_{x \to 0} \dfrac{\sin kx}{kx} \times k = k \lim_{kx \to 0} \dfrac{\sin kx}{kx} = k$

做熟练以后变量就不需要代换了。

例 2 求 $\lim\limits_{x\to 0}\dfrac{1-\cos x}{x^2}$

解：$\lim\limits_{x\to 0}\dfrac{1-\cos x}{x^2}=\lim\limits_{x\to 0}\dfrac{1}{2}\dfrac{\sin^2\dfrac{x}{2}}{\left(\dfrac{x}{2}\right)^2}=\dfrac{1}{2}\lim\limits_{x\to 0}\dfrac{\sin^2\dfrac{x}{2}}{\left(\dfrac{x}{2}\right)^2}=\dfrac{1}{2}\left(\lim\limits_{x\to 0}\dfrac{\sin\dfrac{x}{2}}{\dfrac{x}{2}}\right)^2=\dfrac{1}{2}$

例 3 求极限 $\lim\limits_{x\to 0}\dfrac{\arcsin x}{x}$

解：令 $\arcsin x=t, x=\sin t$ ，当 $x\to 0$ 时，$t\to 0$

$$\lim\limits_{x\to 0}\dfrac{\arcsin x}{x}=\lim\limits_{t\to 0}\dfrac{t}{\sin t}=1$$

例 4 求极限 $\lim\limits_{x\to\infty}x\sin\dfrac{1}{x}$

解：当 $x\to\infty$ 时，x 无极限，但 $\lim\limits_{x\to\infty}\dfrac{1}{x}=0$ ，所以

$$\lim\limits_{x\to\infty}x\sin\dfrac{1}{x}=\lim\limits_{x\to\infty}\dfrac{\sin\dfrac{1}{x}}{\dfrac{1}{x}}=\lim\limits_{\frac{1}{x}\to 0}\dfrac{\sin\dfrac{1}{x}}{\dfrac{1}{x}}=1$$

例 5 求极限 $\lim\limits_{x\to 1}(1-x)\tan\dfrac{\pi x}{2}$

解：原式 $=\lim\limits_{x\to 1}\dfrac{(1-x)\sin\dfrac{\pi}{2}x}{\cos\dfrac{\pi}{2}x}$

$$=\lim\limits_{x\to 1}\sin\dfrac{\pi}{2}x\lim\limits_{x\to 1}\dfrac{\dfrac{\pi}{2}(1-x)}{\sin\left[\dfrac{\pi}{2}(1-x)\right]}\dfrac{2}{\pi}$$

$$=\dfrac{2}{\pi}$$

二、极限： $\lim\limits_{x\to\infty}\left(1+\dfrac{1}{x}\right)^x=e$

观察 $x\to+\infty$ 时，函数 $\left(1+\dfrac{1}{x}\right)^x$ 的变化趋势：

x	10	100	1000	10000	100000	$\cdots$	$x\to+\infty$
$\left(1+\dfrac{1}{x}\right)^x$	2.59	2.705	2.717	2.718	2.71827	$\cdots$	$\to$

观察 $x \to -\infty$ 时，函数 $\left(1 + \dfrac{1}{x}\right)^{x}$ 的变化趋势：

x	-10	-100	-1000	-10000	-100000	0	$x \to -\infty$
$\left(1+\dfrac{1}{x}\right)^{x}$	2.88	2.732	2.720	2.7183	2.71828	$\cdots$	$\to$

可看出，当 x 增大时，$\left(1 + \dfrac{1}{x}\right)^{x}$ 也增大，但增大的速度越来越慢。当 $x \to +\infty$ 或 $x \to -\infty$ 时，函数 $\left(1 + \dfrac{1}{x}\right)^{x}$ 无限趋近于一个常数 e（证明略）。即

$$\lim_{x \to \infty} \left(1 + \frac{1}{x}\right)^{x} = e \ (\ e = 2.7182818\cdots\cdots\ )$$

令 $u = \dfrac{1}{x}$，当 $x \to \infty$ 时，$u \to 0$

$$\lim_{x \to \infty} \left(1 + \frac{1}{x}\right)^{x} = \lim_{u \to 0} (1 + u)^{\frac{1}{u}} = e$$

求复杂函数的极限时，所有含有自变量的表达形式应该一致。即

$$\lim_{\varphi(x) \to \infty} \left(1 + \frac{1}{\varphi(x)}\right)^{\varphi(x)} = e \ 或 \lim_{\varphi(x) \to 0} (1 + \varphi(x))^{\frac{1}{\varphi(x)}} = e$$

用两个重要极限公式求极限时，最初是通过变量换元，将函数式化为公式的形式，待熟练后，可直接用推广变形后的公式。

常用公式：

(1) $\lim\limits_{x \to 0} \dfrac{\tan x}{x} = 1$；(2) $\lim\limits_{x \to 0} \dfrac{\ln(1 + x)}{x} = 1$；(3) $\lim\limits_{x \to 0} \dfrac{a^{x} - 1}{x} = \ln a (a > 0)$；

(4) $\lim\limits_{x \to 0} \dfrac{e^{x} - 1}{x} = 1$

例6 求极限 $\lim\limits_{x \to \infty} \left(1 - \dfrac{1}{x}\right)^{x}$

解： 令 $t = -x$，则 $x = -t$，当 $x \to \infty$ 时，$t \to \infty$，而从

$$\lim_{x \to +\infty} \left(1 - \frac{1}{x}\right)^{x} = \lim_{t \to +\infty} \left(1 + \frac{1}{t}\right)^{-t}$$

$$= \lim_{t \to \infty} \left[\left(1 + \frac{1}{t}\right)^{t}\right]^{-1} = \lim_{t \to \infty} \frac{1}{\left(1 + \dfrac{1}{t}\right)^{t}}$$

$$= \frac{1}{\lim\limits_{t \to \infty} \left(1 + \dfrac{1}{t}\right)^{t}} = \frac{1}{e}$$

例 7 求极限 $\lim\limits_{x \to 0} (1 - x)^{\frac{2}{x}}$

解: $\lim\limits_{x \to 0} (1 - x)^{\frac{2}{x}} = \lim\limits_{x \to 0} \left[1 + (-x) \right]^{-\frac{1}{x}(-2)} = \lim\limits_{-x \to 0} \left[1 + (-x) \right]^{-\frac{1}{x}(-2)}$

$\qquad\qquad = \left[\lim\limits_{-x \to 0} \left[1 + (-x) \right]^{-\frac{1}{x}} \right]^{-2} = \mathrm{e}^{-2} = \dfrac{1}{\mathrm{e}^2}$

例 8 设 $\lim\limits_{x \to \infty} \left(\dfrac{x + 2a}{x - a} \right)^x = 8$,求 a

解: $\because \lim\limits_{x \to \infty} \left(\dfrac{x + 2a}{x - a} \right)^x = \lim\limits_{x \to \infty} \dfrac{\left[\left(1 + \dfrac{2a}{x} \right)^{\frac{x}{2a}} \right]^{2a}}{\left[\left(1 - \dfrac{a}{x} \right)^{-\frac{x}{a}} \right]^{-a}} = \dfrac{\mathrm{e}^{2a}}{\mathrm{e}^{-a}} = \mathrm{e}^{3a}$

$\therefore \mathrm{e}^{3a} = 8 \quad \therefore a = \ln 2$

习题 1 - 5

一、计算下列极限:

(1) $\lim\limits_{x \to 0} \dfrac{\tan 3x}{\sin 2x} = $ _____

(2) $\lim\limits_{x \to 0} \dfrac{\tan 3x}{x} = $ _____

(3) $\lim\limits_{x \to 0} \dfrac{1 - \cos 2x}{x \sin x} = $ _____

(4) $\lim\limits_{x \to \infty} 2^n \sin \dfrac{x}{2^n} = $ _____

(5) $\lim\limits_{x \to 0} x \cot x = $ _____

(6) $\lim\limits_{x \to 1} \dfrac{\sin(x - 1)}{\sqrt{x + 3} - 2} = $ _____

(7) $\lim\limits_{x \to 0} (1 + 2x)^{\frac{1}{x}} = $ _____

(8) $\lim\limits_{x \to 0} (1 - x)^{\frac{1}{x}} = $ _____

二、选择题

(1) 已知 $\lim\limits_{x \to 0} (1 - kx)^{\frac{1}{x}} = \sqrt{\mathrm{e}}$,则常数 $k = ($ $)$

A. -2 \qquad\qquad B. $-\dfrac{1}{2}$ \qquad\qquad C. 2 \qquad\qquad D. $\dfrac{1}{2}$

(2) $\lim\limits_{x \to 0} \dfrac{\sin 3x}{x} = ($ $)$

A. 0 \qquad\qquad B. 1 \qquad\qquad C. 2 \qquad\qquad D. 3

(3) $\lim\limits_{x \to 0} x^2 \sin x \cos \dfrac{1}{x} = ($ $)$

A. 1 \qquad\qquad B. -1 \qquad\qquad C. 0 \qquad\qquad D. 2

(4) $\lim\limits_{x \to 0} \dfrac{\sin 7x}{\arcsin 5x} = ($ $)$

A. $\dfrac{5}{7}$ \qquad\qquad B. $\dfrac{7}{5}$ \qquad\qquad C. 1 \qquad\qquad D. 0

(5) $\lim\limits_{x \to \frac{\pi}{2}} (1 + \cos x)^{2\sec x} = ($ $)$

A. e 　　　　　　B. $\dfrac{1}{e}$ 　　　　　　C. e^2 　　　　　　D. $\dfrac{1}{e^2}$

（6）下列各式中正确的是（　　）

A. $\lim\limits_{x \to \infty}\left(1 - \dfrac{1}{x}\right)^x = e$ 　　　　　　B. $\lim\limits_{x \to \infty}(1 + x)^{\frac{1}{x}} = e$

C. $\lim\limits_{x \to 0}(1 + x)^{-\frac{1}{x}} = e$ 　　　　　　D. $\lim\limits_{x \to 0}(1 + x)^{\frac{1}{x}} = e$

三、计算下列极限

（1）$\lim\limits_{x \to \infty}\left(\dfrac{1 + x}{x}\right)^{3x}$ 　　　　　　（2）$\lim\limits_{x \to \infty}\left(1 - \dfrac{1}{x}\right)^{kx}$

（3）$\lim\limits_{x \to 0}\dfrac{\sqrt{1 + \sin x} - \sqrt{1 - \sin x}}{x}$ 　　　　　　（4）$\lim\limits_{x \to \infty}\left(1 + \dfrac{1}{x}\right)^{\frac{x}{2}}$

（5）$\lim\limits_{x \to 0}(1 + 3\tan^2 x)^{\cot^2 x}$ 　　　　　　（6）$\lim\limits_{x \to \infty}\left(\dfrac{3 + x}{6 + x}\right)^{\frac{x-1}{2}}$

（7）$\lim\limits_{x \to 0}\dfrac{2\sin x - \arctan x}{x + \arctan x}$ 　　　　　　（8）$\lim\limits_{x \to 0^+}\dfrac{x}{\sqrt{1 - \cos x}}$

第七节　函数的连续性

连续性是函数的重要性态之一。如空气的流动，气温的变化等都是随着时间在连续不断地变化着的，这些现象在数学中的反映，就是函数的连续性。

一、函数的增量

定义 1.7.1　设函数 $y = f(x)$ 在点 x_0 及其左右近旁有定义，当 x 从初值 x_0 变到终值 x 时，对应的函数值也由 $f(x_0)$ 变到 $f(x)$，则把自变量的终值与初值的差 $x - x_0$ 称为**自变量的增量**（或自变量的改变量），记为 Δx，即 $\Delta x = x - x_0$；而函数的终值与初值之差 $f(x) - f(x_0)$ 称为函数的增量（或函数的改变量），记为 Δy，

即 $\Delta y = f(x) - f(x_0)$

由于 $\Delta x = x - x_0$

所以自变量的终值可表示为

$x = x_0 + \Delta x$

函数的增量可表示为

$\Delta y = f(x_0 + \Delta x) - f(x_0)$

函数增量的几何意义如图 1 - 24 所示，当自变量的增量 Δx 变化

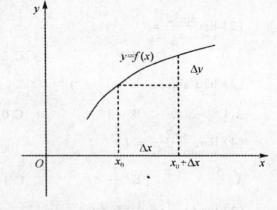

图 1 - 24

时，相应的函数的增量 Δy 也随之变化，且 Δx ，Δy 可正可负。

例 1 设 $y = 3x^2 - 1$，求适合下列条件的函数改变量：

（1）当 x 由 1 变至 1.5；

（2）当 x 由 1 变至 0.5；

（3）当 x 有任意改变量 Δx 时；

解：

$f(1) = 3 \times 1 - 1 = 2$

$f(1.5) = 3 \times 1.5^2 - 1 = 5.75$

$f(0.5) = 3 \times 0.5^2 - 1 = -0.25$

$(1)\Delta y = f(1.5) - f(1) = 3.75$

$(2)\Delta y = f(0.5) - f(1) = -0.25 - 2 = -2.25$

$(3)\Delta y = f(x + \Delta x) - f(x)$

$= [3(x + \Delta x)^2 - 1] - (3x^2 - 1)$

$= 6x\Delta x + 3(\Delta x)^2$

二、函数的连续的概念

1. 函数在点 x_0 的连续性

定义 1.7.2 设函数 $y = f(x)$ 在点 x_0 及其左右近旁有定义，如果当自变量 x 在点 x_0 处的增量 Δx 趋近于零时，函数 $y = f(x)$ 相应的增量 $\Delta y = f(x_0 + \Delta x) - f(x_0)$ 也趋近于零，

即　$\lim\limits_{\Delta x \to 0} \Delta y = \lim\limits_{\Delta x \to 0}[f(x_0 + \Delta x) - f(x_0)] = 0$

则称函数 $y = f(x)$ 在点 x_0 处连续，x_0 叫做函数的连续点。（如图 1—25）

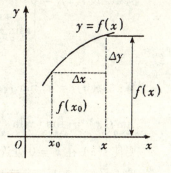

图 1 - 25

例 2　证明函数 $y = 3x^2 - 1$ 在点 $x = 1$ 处是连续的。

证：设自变量在点 $x = 1$ 处有改变量 Δx ，则函数有相应的改变量 Δy ，即

$$\Delta y = 6\Delta x + 3(\Delta x)^2$$

$$又 \lim\limits_{\Delta x \to 0} \Delta y = \lim\limits_{\Delta x \to 0}[6\Delta x + 3(\Delta x)^2]$$

$$= 6 \times 0 + 3 \times 0$$

$$= 0$$

所以，当 $\Delta x \to 0$ 时，$\Delta y \to 0$ 根据定义 1.7.2 即证明了函数 $y = 3x^2 - 1$ 在点 $x = 1$ 处是连续的。

定义 1.7.3 设函数 $y = f(x)$ 在点 x_0 及其左右近旁有定义，如果函数 $f(x)$ 当 $x \to x_0$ 时的极限存在，且等于它在点 x_0 处的函数值 $f(x_0)$ ，即若

$$\lim_{x \to x_0} f(x) = f(x_0)$$

那么，就称函数 $f(x)$ 在点 x_0 连续。

即函数 $y = f(x)$ 在点 x_0 连续要满足三个条件：

(1) 函数 $f(x)$ 在点 x_0 及其左右近旁有定义；

(2) $\lim\limits_{x \to x_0} f(x)$ 存在；

(3) $\lim\limits_{x \to x_0} f(x) = f(x_0)$。

例3 讨论函数 $f(x) = \begin{cases} 1 + x, & x \geq 1 \\ x - 1, & x < 1 \end{cases}$ 在点 $x = 1$ 的连续性。

解： 因为 $\lim\limits_{x \to 1-0} f(x) = \lim\limits_{x \to 1-0}(x - 1) = 10$，而 $f(1) = 1$，所以函数在点 $x = 1$ 左连续。

因为 $\lim\limits_{x \to 1+0} f(x) = \lim\limits_{x \to 1+0}(x + 1) = 2$，

左极限不等于右极限，所以 $\lim\limits_{x \to 1} f(x)$ 不存在，即函数 $f(x)$ 在 $x = 1$ 不连续。

一般地，如果函数 $f(x)$ 在某个区间上连续，则函数 $f(x)$ 的图像是一条连续不断的曲线，若函数不连续，我们称为间断。

例4 设 $f(x) = \begin{cases} \dfrac{1}{x}\sin x + b & x < 0 \\ a & x = 0 \\ x\sin\dfrac{1}{x} + 2 & x > 0 \end{cases}$ 问 a, b 取何值时，$f(x)$ 在 $x = 0$ 处连续。

解： $\because f(0) = a$，$\lim\limits_{x \to 0-0} f(x) = \lim\limits_{x \to 0-0}\left(\dfrac{1}{x}\sin x + b\right) = \lim\limits_{x \to 0-0}\dfrac{1}{x}\sin x + b = 1 + b$

$\lim\limits_{x \to 0+0} f(x) = \lim\limits_{x \to 0+0}\left(x\sin\dfrac{1}{x} + 2\right) = \lim\limits_{x \to 0+0}x\sin\dfrac{1}{x} + 2 = 2$

要使 $f(x)$ 在 $x = 0$ 处连续，必须有 $\lim\limits_{x \to 0-0} f(x) = \lim\limits_{x \to 0+0} f(x)$

即 $1 + b = 2, b = 1$ 且 $\lim\limits_{x \to 0} f(x) = 2$

又 $\because \lim\limits_{x \to 0} f(x) = f(0)$

$\therefore a = 2, b = 1$

例5 设 $f(x) = \begin{cases} \dfrac{a(1 - \cos x)}{x^2}, & x > 0 \\ 2, & x = 0 \\ (1 + bx)^{\frac{1}{x}}, & x < 0 \end{cases}$ 在 $x = 0$ 处连续，求常数 a、b

解： $\because f(x)$ 在 $x = 0$ 处连续，$\therefore \lim\limits_{x \to 0^+} f(x) = \lim\limits_{x \to 0^-} f(x) = f(0) = 2$

$\lim\limits_{x \to 0^+} f(x) = \lim\limits_{x \to 0^+}\dfrac{a(1 - \cos x)}{x^2} = \lim\limits_{x \to 0^+}\dfrac{2a\sin^2\dfrac{x}{2}}{x^2} = \dfrac{a}{2}$

$$\lim_{x\to 0^-} f(x) = \lim_{x\to 0^-} (1 + bx)^{\frac{1}{x}} = e^b,$$

则 $\frac{a}{2} = e^b = 2 \Rightarrow a = 4, b = \ln 2$

2. 函数 $f(x)$ 在区间 $[a,b]$ 内的连续性

设函数 $y = f(x)$ 在区间 $(a,b]$ 内有定义，如果左极限 $\lim_{x\to b^-} f(x)$ 存在且等于 $f(b)$，即 $\lim_{x\to b^-} f(x) = f(b)$，则称函数 $y = f(x)$ 在点 $x = b$ 处**左连续**。

设函数 $y = f(x)$ 在区间 $[a,b)$ 内有定义，如果右极限 $\lim_{x\to a^+} f(x)$ 存在且等于 $f(a)$，即 $\lim_{x\to a^+} f(x) = f(a)$，则称函数 $y = f(x)$ 在点 $x = a$ 处**右连续**。

定理 1.7.1 函数 $y = f(x)$ 在点 x_0 处连续的充分必要条件是

$$\lim_{x\to x_0^-} f(x) = \lim_{x\to x_0^+} f(x) = f(x_0)$$

定义 1.7.4 如果函数 $y = f(x)$ 在区间 (a,b) 内每一点都连续，则称 $f(x)$ 为区间 (a,b) 内的连续函数，区间 (a,b) 称为函数 $f(x)$ 的连续区间。如果函数 $y = f(x)$ 在区间 $[a,b]$ 上有定义，在 (a,b) 内连续，且 $f(x)$ 在左端点 a 处右连续，在右端点 b 处左连续，$\lim_{x\to a^+} f(x) = f(a)$，$\lim_{x\to b^-} f(x) = f(b)$，则称函数 $f(x)$ 在闭区间 $[a,b]$ 上连续。

3. 间断

根据上述讨论可知，函数 $y = f(x)$ 在某点 x_0 处连续的条件是：

(1) $f(x_0)$ 有意义，即 $f(x_0)$ 存在；

(2) $\lim_{x\to x_0} f(x)$ 存在，即 $\lim_{x\to x_0^-} f(x) = \lim_{x\to x_0^+} f(x)$；

(3) $\lim_{x\to x_0} f(x) = f(x_0)$，即极限值等于函数值。

当同时满足以上 3 条时，则函数 $f(x)$ 在点 x_0 处连续，若其中有任何一条不满足，则函数 $f(x)$ 在点 x_0 处就是间断的，称这样的点为函数的**间断点**。

例如：(1) $f(x) = \frac{x^2 - 1}{x - 1}$，因为在 $x = 1$ 处没有定义，即 $f(1)$ 不存在，所以这个函数在 $x = 1$ 处不连续。

(2) $f(x) = \begin{cases} x, & x \geqslant 1 \\ x - 1, & x < 1 \end{cases}$ 虽在 $x = 1$ 有定义，但由于 $\lim_{x\to 1} f(x)$ 不存在，所以 $f(x)$ 在 $x = 1$ 处不连续。

(3) $f(x) = \begin{cases} \dfrac{1}{x}, & x > 0 \\ x + 2, & x \leqslant 0 \end{cases}$ 虽在 $x = 0$ 有定义，但由于 $\lim_{x\to 0^-0} f(x) =$

$\lim_{x\to 0^-0} (x + 2) = 2$，$\lim_{x\to 0^+0} f(x) = \lim_{x\to 0^+0} \frac{1}{x} = +\infty$，所以 $\lim_{x\to 0} f(x)$ 不存在，则 $f(x)$ 在 $x = 0$ 处不连续。

4. 初等函数的连续性

定理 1.7.2 基本初等函数在其定义区间内都是连续的。

定理 1.7.3 单调连续函数的反函数是单调连续的。

定理 1.7.4 连续函数的和、差、积、商仍是连续函数。

定理 1.7.5 连续函数构成的复合函数仍是连续函数。

定理 1.7.6 一切初等函数在其定义域区间内都是连续的。

即初等函数的定义区间就是函数的连续区间。由定理可知，如果函数 $f(x)$ 在 x_0 点连续，那么，求极限 $\lim\limits_{x \to x_0} f(x)$ 的问题就简化为求 函数值 $f(x_0)$，并且**极限符号与函数可以互相交换**。即

$$\lim_{x \to x_0} f(x) = f(x_0) = f(\lim_{x \to x_0} x)$$

复合函数的求极限方法

设复合函数 $y = f[\varphi(x)]$，如果 $\lim\limits_{x \to x_0} \varphi(x) = a$，而函数 $f(u)$ 在 $u = a$ 点连续，则有 $\lim\limits_{x \to x_0} f[\varphi(x)] = f[\lim\limits_{x \to x_0} \varphi(x)]$，称该结论为**复合函数求极限的方法**。

例 6 求 $\lim\limits_{x \to \infty} x \ln(1 + \dfrac{1}{x})$

解：利用复合函数求极限的方法，有

$$\lim_{x \to \infty} x \ln(1 + \frac{1}{x}) = \ln \left[\lim_{x \to \infty} (1 + \frac{1}{x})^x \right] = \ln e = 1$$

例 7 求下列极限

(1) $\lim\limits_{x \to \frac{\pi}{6}} \ln(2\cos 2x)$　　　　(2) $\lim\limits_{x \to 1} \dfrac{\sqrt{5x - 4} - \sqrt{x}}{x - 1}$

(3) $\lim\limits_{x \to +\infty} (\sqrt{x^2 + x} - \sqrt{x^2 - x})$

解：(1) $\lim\limits_{x \to \frac{\pi}{6}} \ln(2\cos 2x) = \ln(2 \cdot \cos \dfrac{\pi}{3}) = \ln 1 = 0$

(2) $\lim\limits_{x \to 1} \dfrac{\sqrt{5x - 4} - \sqrt{x}}{x - 1} = \lim\limits_{x \to 1} \dfrac{4x - 4}{(x - 1)(\sqrt{5x - 4} + \sqrt{x})}$

$$= \lim_{x \to 1} \frac{4}{\sqrt{5x - 4} + \sqrt{x}} = 2$$

(3) $\lim\limits_{x \to +\infty} (\sqrt{x^2 + x} - \sqrt{x^2 - x}) = \lim\limits_{x \to +\infty} \dfrac{2x}{\sqrt{x^2 + x} + \sqrt{x^2 - x}}$

$$= \lim_{x \to +\infty} \frac{2}{\sqrt{1 + \dfrac{1}{x}} + \sqrt{1 - \dfrac{1}{x}}} = 1$$

四、闭区间上连续函数的性质

定理 1.7.7（最大值与最小值定理） 在闭区间上连续的函数，在该区间内至

少取得它的最大值和最小值各一次。（证明略）

从几何上看，如图 1—26 所示，一段有限长的连续曲线上，必有一点最高，也有一点最低。

例：$y = \sin x$ 在闭区间 $[0,2\pi]$ 上连续，在 $\xi_1 = \dfrac{\pi}{2}$ 和 $\xi_2 = \dfrac{3\pi}{2}$ 处，分别取得一次最大值 1 和最小值 -1。

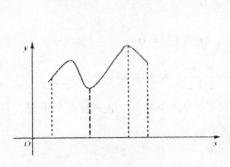

图 1 - 26　　　　　　　　　　　　　　图 1 - 27

注意：若 $f(x)$ 在开区间内连续或在闭区间上有间断点，则 $f(x)$ 不一定有最大值和最小值。

例如：$y = \dfrac{1}{x}$ 在开区间 $(0,2)$ 上连续，但在点 $(0,2)$ 内它既无最大值也无最小值。

定理 1.7.8（零点定理） 若函数 $f(x)$ 在闭区间 $[a,b]$ 上连续，且 $f(a)$ 与 $f(b)$ 异号，则在 (a,b) 内至少存在一点 ξ，使得 $f(\xi) = 0$（证明略）。

从几何上看，如图 1 - 27 所示，如果连续曲线 $f(x)$ 的两个端点位于 x 轴的不同侧，那么，这段曲线弧与 x 轴至少有一个交点，则函数 $f(x)$ 的零点就是方程 $f(x) = 0$ 的实根。

定理 1.7.9（介值定理） 设函数 $y = f(x)$ 在闭区间 $[a,b]$ 上连续且在区间端点处取得不同的函数值，即 $f(a) = A,f(b) = B$，$f(a) \neq f(b)$，那么对每个介于 $f(a)$ 与 $f(b)$ 之间的常数 C，在开区间 (a,b) 内至少存在一点 ξ，使得 $f(\xi) = C$（证明略）。

从几何上看，如图 1 - 28 所示，闭区间 $[a,b]$ 上的连续曲线与水平直线 $y = C$ 至少相交于一点。

例 8 证明方程 $\sin x + x + 1 = 0$ 在开区

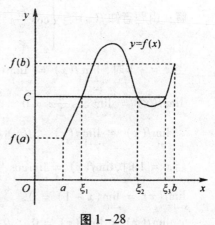

图 1 - 28

间 $\left(-\dfrac{\pi}{2},\dfrac{\pi}{2}\right)$ 内至少有一个根。

证明　令 $f(x)=\sin x+x+1$ ，则 $f(x)$ 在 $\left[-\dfrac{\pi}{2},\dfrac{\pi}{2}\right]$ 上连续，因为

$$f\left(\dfrac{\pi}{2}\right)=\sin\dfrac{\pi}{2}+\dfrac{\pi}{2}+1=2+\dfrac{\pi}{2}>0$$

$$f\left(-\dfrac{\pi}{2}\right)=\sin\left(-\dfrac{\pi}{2}\right)-\dfrac{\pi}{2}+1=-\dfrac{\pi}{2}<0$$

所以，至少存在一点 $\xi\in\left(-\dfrac{\pi}{2},\dfrac{\pi}{2}\right)$ ，使 $f(\xi)=0$

故方程 $\sin x+x+1=0$ 在开区间 $\left(-\dfrac{\pi}{2},\dfrac{\pi}{2}\right)$ 内至少有一个根．

例 9　证明：方程 $x=a\sin x+b$ （其中 $a>0,b>0$ ），至少有一个正根，且它不超过 $a+b$ 。

证明：作辅助函数 $f(x)=x-a\sin x-b$

显然 $f(x)$ 在 $[0,a+b]$ 上连续，

又 $f(0)=-b<0,f(a+b)=a-a\sin(a+b)\geqslant 0$

若 $f(a+b)>0$ ，根据零点定理，至少存在一点 $\xi\in(0,a+b)$ 使 $f(\xi)=0$ 。

若 $f(a+b)=0$ ，则 $(a+b)$ 就是函数 $f(x)$ 的零点，即 $(a+b)$ 就是原方程的根。

综合以上，方程 $x=a\sin x+b$ （其中 $a>0,b>0$ ），至少有一个正根，且它不超过 $a+b$ 。

例 10　讨论 $f(x)=\begin{cases}|1-x| & |x|>1\\ \cos\dfrac{\pi}{2}x & |x|\leqslant 1\end{cases}$ 的连续性。

分析：先将题目中的绝对值去掉，因为是分段函数所以在分界点处进行讨论

解：由题意知 $f(x)=\begin{cases}1-x & ,x<-1\\ \cos\dfrac{\pi}{2}x & ,-1\leqslant x\leqslant 1\\ x-1 & ,x>1\end{cases}$ 在 $x=-1$ 与 $x=1$ 处进行讨论

当 $x=-1$ 时， $\lim\limits_{x\to -1^-}f(x)=\lim\limits_{x\to -1^-}(1-x)=2$ ，

$\lim\limits_{x\to -1^+}f(x)=\lim\limits_{x\to -1^+}\cos\dfrac{\pi}{2}x=0$

$\because\ \lim\limits_{x\to 1^-}f(x)\neq\lim\limits_{x\to -1^+}f(x),\therefore f(x)$ 在 $x=-1$ 处不连续

当 $x=1$ 时， $\lim\limits_{x\to 1^-}f(x)=\lim\limits_{x\to 1^-}\cos\dfrac{\pi x}{2}=0$ ，

$\lim\limits_{x\to 1^+}f(x)=\lim\limits_{x\to 1^+}(x-1)=0$

$\because\ \lim\limits_{x\to 1^-}f(x)=\lim\limits_{x\to 1^+}f(x)=0,\therefore f(x)$ 在 $x=1$ 处连续

综上所述:$f(x)$ 在$(-\infty,-1)\cup(-1,+\infty)$连续

总结:

1. 判断函数 $f(x)$ 在点 x_0 处连续性的方法。先考察函数 $f(x)$ 是否为初等函数，x_0 点是否为函数 $f(x)$ 的定义域内的点,如果给定函数为分段函数,且 x 又是分段点,分段点两侧函数表达式不同的时候，则需要利用函数连续的定义来判定。

2. 证明方程根的唯一性:（1）先证 $F(x)=0$ 在(a,b)内存在根,再验证 $F(x)$ 在$[a,b]$ 上单调；（2）用反证法。

3. 证明 $f(\xi)=c$,用零点定理令 $F(x)=f(x)-C.$ 只须证明方程 $F(x)=0$ 存在根 ξ 即可。

习题 1-6

一、设函数 $f(x)=x^3-2x+5$ ，求适合下列条件的自变量的增量和函数的改变量。

(1) 当 x 由 2 变到 3   (2) 当 x 由 x_0 变到 x_1

二、选择题

(1) 设函数 $f(x)=\begin{cases}\dfrac{\sin x}{x} & x\neq 0\\ k & x=0\end{cases}$ 在 $x=0$ 处连续,则 $k=$（　　）

A. 1   B. 0   C. 5   D. $\dfrac{1}{5}$

(2) $\lim\limits_{x\to -1}e^{\arctan x^2}=$（　　）

A. e^{π} B. $e^{\frac{\pi}{2}}$ C. $e^{\frac{\pi}{4}}$ D. $e^{\frac{\pi}{8}}$

(3) 设函数 $f(x)=\begin{cases}\sqrt[3]{x} & x<0\\ x^2+1 & x\geq 0\end{cases}$ 则在点 $x=0$ 处（　　）

A. $f(x)$ 无定义   B. $\lim\limits_{x\to 0}f(x)$ 不存在

C. $f(x)$ 连续   D. $\lim\limits_{x\to 0}f(x)$ 存在,但 $f(x)$ 不连续

(4) $\lim\limits_{x\to a^+}f(x)=\lim\limits_{x\to a^-}f(x)$ 是函数 $f(x)$ 在点 $x=0$ 处连续的（　　）

A. 必要条件   B. 充分条件   C. 充要条件   D. 无关条件

(5) 设 $f(x)=\begin{cases}e^{-x}, & x<0\\ ax+b, & 0\leq x\leq 1\\ \sin\pi x, & x>1\end{cases}$ 在区间$(-\infty,+\infty)$内连续,则（　　）

A. $a=1,b=1$ B. $a=-1,b=1$ C. $a=-1,b=-1$ D. $a=1,b=-1$

三、填空题

(1) 设 $f(x)=\begin{cases}x\sin\dfrac{1}{x} & x>0\\ a+x^2 & x\leq 0\end{cases}$ 在 $x=0$ 处连续，则 $a=$ _____

（2）设函数 $f(x) = \begin{cases} \dfrac{\sin 2x}{x}, & x < 0 \\ 6k + e^x, & x \geq 0 \end{cases}$ 在 $x = 0$ 处连续，则 $k = $ _____

（3）函数 $f(x) = \begin{cases} 2x\sin\dfrac{1}{x}, & x \neq 0 \\ 0, & x = 0 \end{cases}$ 在 $x = 0$ 处 _____

（4）设 $f(x) = \begin{cases} 2x + 1 & x < 1 \\ e^{2ax} - e^{ax} + 1 & x \geq 1 \end{cases}$，在 $(-\infty, +\infty)$ 内连续，则 $a = $ ____

（5）设 $y = 2x^2 - 1$，当 x 由 1 变至 1.5 时函数改变量为 _____ 当 x 由 1 变至 0.5 时函数改变量为 _____

（6）若函数 $f(x) = \begin{cases} \dfrac{\sin 2x}{x} & x < 0 \\ a & x = 0 \\ b + x\sin\dfrac{1}{x} & x > 0 \end{cases}$ 是连续函数，则 a、b 的值是

_____

四、求下列极限

（1）$\lim\limits_{x \to \frac{\pi}{4}} \dfrac{\sin x - \cos x}{\cos 2x}$

（2）$\lim\limits_{x \to 0} \ln\dfrac{\sin x}{x}$

（3）$\lim\limits_{x \to 0} \dfrac{\ln(1 + x)}{x}$

（4）$\lim\limits_{x \to 0} \dfrac{a^x - 1}{x}$

（5）$\lim\limits_{x \to 0} \dfrac{\sqrt{1 + x} - 1}{\sin 5x}$

（6）$\lim\limits_{x \to 0} (1 + 3x)^{\frac{1}{2x} + 1}$

（7）$\lim\limits_{x \to 0} \dfrac{\sin 3x}{\sqrt{x + 4} - 2}$

（8）$\lim\limits_{n \to \infty}(1 - \dfrac{1}{2})(1 - \dfrac{1}{3})\cdots(1 - \dfrac{1}{n})$

（9）$\lim\limits_{n \to \infty} n(\sqrt{n^2 + 1} - n)$

（10）$\lim\limits_{x \to 4} \dfrac{\sqrt{1 + 2x} - 3}{\sqrt{x} - 2}$

五、设 $f(x) = \begin{cases} \dfrac{\sin ax}{\sqrt{1 - \cos x}} & -\pi < x < 0 \\ b & x = 0 \\ \dfrac{1}{x}[\ln x - \ln(x^2 + x)] & x > 0 \end{cases}$ 问 a, b 为何值时，

$f(x)$ 在 $x = 0$ 处连续。

六、证明方程 $x^5 - 3x = 1$ 至少有一个根介于 1 和 2 之间。

第一章总复习题

一、选择题：

（1）当 $x \to 0$ 时，x^2 与 $\sin x$ 比较的结果为（ ）

A. x^2 是较 $\sin x$ 低阶的无穷小量 B. x^2 是较 $\sin x$ 高阶的无穷小量

C. x^2 与 $\sin x$ 是同阶非等价的无穷小量 D. x^2 与 $\sin x$ 是等价无穷小量

（2）$\lim\limits_{x \to 1} \dfrac{\sqrt{x} - 1}{x + 1} = $（ ）

A. 3 B. 2 C. 0 D. 1

（3）$\lim\limits_{x \to 0} \dfrac{\sqrt{1 + x^3} - 1}{(1 - e^{x^2}) \sin \dfrac{x}{2}} = $（ ）

A. -1 B. 1 C. $\dfrac{1}{2}$ D. $-\dfrac{1}{2}$

（4）设函数 $f(x) = \begin{cases} \dfrac{\tan ax}{x} & x < 0 \\ x + 2 & x \geqslant 0 \end{cases}$ 在 $x = 0$ 处连续，则 $a = $（ ）

A. 0 B. 1 C. 2 D. 3

（5）若 $\lim\limits_{x \to 2} \dfrac{ax + b}{x - 2} = 2$. 则 a、b 的值是（ ）

A. $a = 4$，$b = 0$ B. $a = 2$，$b = 4$ C. $a = 4$，$b = 4$ D. $a = 2$，$b = 2$

（6）当 $x \to \infty$ 时，下列函数为无穷小量的是（ ）

A. $y = \dfrac{x \sin(1 - x^2)}{1 - x^2}$ B. $y = \dfrac{(1 - x^2) \sin \dfrac{1}{1 - x^2}}{x}$

C. $y = (1 - x^2) \sin \dfrac{x}{1 - x^2}$ D. $y = \dfrac{1}{1 - x^2} \sin \dfrac{1 - x^2}{x}$

（7）$\lim\limits_{x \to \infty} \dfrac{3x^2 + 5}{5x + 3} \sin \dfrac{2}{x} = $（ ）

A. $\dfrac{6}{5}$ B. $\dfrac{5}{6}$ C. 5 D. 6

（8）若 $\lim\limits_{x \to \infty} \left(\dfrac{x + a}{x - a} \right)^x = 4$. 则 $a = $（ ）

A. 1 B. -1 C. $\ln 3$ D. $\ln 2$

（9）函数 $f(x)$ 在 $x = 0$ 处连续的有（ ）

A. $f(x) = |\pi|$ B. $f(x) = \begin{cases} \dfrac{x}{|x|} & x \neq 0 \\ 0 & x = 0 \end{cases}$

C. $f(x) = \begin{cases} \dfrac{\sin x}{x} & x \neq 0 \\ 0 & x = 0 \end{cases}$ D. $f(x) = \begin{cases} x\sin\dfrac{1}{x} & x \neq 0 \\ 0 & x = 0 \end{cases}$

(10) $\lim\limits_{x \to 0} \sqrt[x]{1 - 2x} = ($ $)$

A. e^2 B. e^{-2} C. e D. e^{-1}

二、填空题

(1) $\lim\limits_{n \to \infty} \dfrac{2^n + 3^n}{2^n - 3^n} = $ _____

(2) $\lim\limits_{x \to \infty} \dfrac{x^2 + x - 1}{2x^3 - x} = $ _____

(3) 当 $x \to 0$ 时，$(\sqrt{1 + ax^2} - 1) \sim \sin^2 x$，则 $a = $ _____

(4) $f(x) = x^2 + ax$ 在 $x = 1$ 处连续，且 $\lim\limits_{x \to 1} f(x) = 3$，则 $a = $ _____

(5) $f(x) = \dfrac{x - 5}{x}$ 是当 $x \to $ _____ 时的无穷小。

(6) $\lim\limits_{x \to 1} \dfrac{x}{x - 1} = $ _____

(7) $\lim\limits_{x \to 0} \dfrac{3\arcsin x}{2x} = $ _____

(8) $\lim\limits_{x \to \infty} \dfrac{1 + \cos x}{x^2} = $ _____

(9) 设 $\lim\limits_{x \to \infty} \dfrac{nx^m - 2x + 1}{3x^2 + x - 2} = -2$，则 $m = $ _____ , $n = $ _____

(10) 求 $\lim\limits_{n \to \infty}\left(1 - \dfrac{1}{2} + \dfrac{1}{2^2} - \dfrac{1}{2^3} + \cdots\cdots + (-1)^n \dfrac{1}{2^n}\right) = $ _____

三、求下列极限：

(1) $\lim\limits_{a \to \frac{\pi}{4}} (\sin 2a)^3$ (2) $\lim\limits_{x \to 0} \dfrac{\sin \alpha x}{\sin \beta x}$ $(\beta \neq 0)$ (3) $\lim\limits_{x \to 0} \dfrac{1 - \cos 2x}{\sin^2 3x}$

(4) $\lim\limits_{x \to \infty}\left(1 - \dfrac{2}{x}\right)^x$ (5) $\lim\limits_{x \to 0^+} \sqrt[x]{\cos\sqrt{x}}$ (6) $\lim\limits_{x \to 1} \dfrac{\sqrt{5 - x} - \sqrt{3 + x}}{x^2 - 1}$

(7) $\lim\limits_{x \to \infty}\left(\dfrac{3 + x}{6 + x}\right)^{\frac{x-1}{2}}$ (8) $\lim\limits_{x \to 0} \dfrac{\ln(1 + 2x)}{x}$ (9) $\lim\limits_{x \to +\infty} \sqrt{x}\left(\sqrt{a + x} - \sqrt{x}\right)$

(10) $\lim\limits_{x \to 0} \dfrac{(\sqrt[3]{1 + \tan x} - 1)(\sqrt{1 + x^2} - 1)}{\tan x - \sin x}$

四、(1) 设 $f(x) = \begin{cases} a + bx^2 & x \leq 0 \\ \dfrac{\sin bx}{x} & x > 0 \end{cases}$，求 a, b 使 $f(x)$ 在 $(-\infty, +\infty)$ 连续。

(2) 设函数 $f(x) = \begin{cases} \sqrt{|x|}\sin\dfrac{1}{x^2} & x \neq 0 \\ 0 & x > 0 \end{cases}$,讨论函数 $f(x)$ 在 $x = 0$ 的连续性。

五、证明方程 $x^3 - 12x^2 + 6x + 1 = 0$ 在 $(-1, 0)$ 内至少有一个实根。

第一章测试题

一、选择题

(1) 当 $x \to 0$ 时,(   ) 与 x 是等价的无穷小。

A. $\dfrac{\sin x}{\sqrt{x}}$ B. $\sqrt{1+x} - \sqrt{1-x}$ C. $\ln(1+3x)$ D. $x^2(x+1)$

(2) 下列函数在给定自变量变化过程中是无穷小量的是 (   )

A. $\dfrac{\sin x}{x}(x \to 0)$ B. $\ln x(x \to 0^+)$

C. $x\sin\dfrac{1}{x}(x \to \infty)$ D. $\dfrac{x}{x^2+1}(3 + \cos x)$

(3) 若 $\lim\limits_{x \to x_0^-} f(x) = A$, $\lim\limits_{x \to x_0^+} f(x) = A$,则下列说法中正确的是 (   )

A. $f(x)$ 在点 x_0 有定义   B. $f(x)$ 在点 x_0 处连续

C. $f(x) = A$ D. $\lim\limits_{x \to x_0} f(x) = A$

(4) $\lim\limits_{x \to 1} \dfrac{\sqrt{2x+7} - 3}{x^2 - 4x + 3} = $ (   )

A. $-\dfrac{1}{6}$ B. -6 C. $\dfrac{1}{6}$ D. 6

(5) 设 $f(x) = \begin{cases} x^2 & x \leq 1 \\ x+1 & x > 1 \end{cases}$,则 $\lim\limits_{x \to 1} f(x) = $ (   )

A. 1   B. 2   C. 0   D. 不存在

二、填空题

(1) 设 $f(x) = x^2 + 2x\lim\limits_{x \to 1} f(x)$,其中 $\lim\limits_{x \to 1} f(x)$ 存在,则 $f(x) = $ _____

(2) 函数 $f(x) = \dfrac{x-2}{\sqrt{x^2 - 5x + 6}}$ 的连续区间是 _____

(3) $\lim\limits_{x \to 0}\arcsin\left(\dfrac{\sin x}{2x} - 1\right) = $ _____

(4) $\lim\limits_{n \to \infty}\left(\dfrac{n-2}{n+1}\right)^n = $ _____

(5) $\lim\limits_{x \to 0} \dfrac{3\sin x + x^2 \cos \dfrac{1}{x}}{(1 + \cos x)\ln(1 + x)} = $ _____

三、求下列极限

(1) $\lim\limits_{x \to 0} \dfrac{\sin 6x}{\sqrt{x + 1} - 1}$

(2) $\lim\limits_{x \to 1}\left(\dfrac{2}{x^2 - 1} - \dfrac{1}{x - 1} \right)$

(3) $\lim\limits_{x \to +\infty} \dfrac{(2x + 1)^3 (x - 1)^5}{(2x - 10)^8}$

(4) $\lim\limits_{x \to 0}\left[\dfrac{e^x + e^{-x} - 2}{2x} \right]$

四、设 $f(x) = \begin{cases} (1 + 3x)^{\frac{2}{\sin x}} &, \quad x > 0 \\ a &, \quad x = 0 \\ \dfrac{\sin 2x}{x} + b &, \quad x < 0 \end{cases}$ 在点 $x = 0$ 处连续，求 a, b

五、证明方程 $4x = 2^x$ 有一个根在 0 与 $\dfrac{1}{2}$ 之间。

第二章　导数与微分

微分学是高等应用数学的一个重要组成部分，导数与微分是微分学中两个最基本的概念。导数描述函数相对于自变量变化的快慢程度，即函数的变化率；微分描述函数当自变量做微小变化时，函数改变量的变化情况。本章将从实际问题入手引出导数的概念，建立求导法则和计算公式，介绍函数的微分概念及其计算方法等。

第一节　导数的概念

一、变速直线运动的瞬时速度

设物体在真空中自由下落的运动规律为 $s = \frac{1}{2}gt^2$，g 为重力加速度，求物体在 t_0 时刻的瞬时速度。

（1）设物体从点 0 处开始下落，当时间由 t_0 变到 $t_0 + \Delta t$ 时，物体在 Δt 时间间隔内经过的路程为：

$$
\begin{aligned}
\Delta s &= s(t_0 + \Delta t) - s(t_0) \\
&= \frac{1}{2}g(t_0 + \Delta t)^2 - \frac{1}{2}gt_0^2 \\
&= gt_0\Delta t + \frac{1}{2}g(\Delta t)^2
\end{aligned}
$$

（2）物体在 Δt 时间内的平均速度：

$$
\overline{V} = \frac{\Delta s}{\Delta t} = gt_0 + \frac{1}{2}g(\Delta t)
$$

（3）当 $|\Delta t|$ 很小时，物体运动的快慢变化不大，可以近似地看作是等速的，平均速度 $\overline{V}$ 近似表示 t_0 时刻的瞬时速度，即 $|\Delta t|$ 越小，这种描述的精确度就越好。当 $\Delta t \to 0$ 时，平均速度 $\overline{V}$ 的极限存在，则这个极限值就叫做物体在 t_0 时刻的瞬时速度：

$$
v(t_0) = \lim_{\Delta t \to 0}\overline{V} = \lim_{\Delta t \to 0}\frac{\Delta s}{\Delta t}
$$

即 $v(t_0) = \lim\limits_{\Delta t \to 0}\left[gt + \frac{1}{2}g(\Delta t)\right] = gt_0$

可看出，要求物体在 t_0 时刻的瞬时速度，只需先求出物体从 t_0 变到 $t_0 + \Delta t$ 这

段时间的平均速度 $\overline{V}$，然后令 $\Delta t \to 0$，求平均速度 $\overline{V}$ 的极限即可。由此可得出导数的定义。

二、导数的概念

定义 2.1.1 设函数 $y = f(x)$ 在点 x_0 及其近旁有定义，当自变量 x 在 x_0 有增量 Δx 时，相应的函数有增量：$\Delta y = f(x_0 + \Delta x) - f(x_0)$

如果当 $\Delta x \to 0$ 时，比 $\dfrac{\Delta y}{\Delta x}$ 的极限存在，则称这个极限值为函数 $y = f(x)$ 在点 x_0 的导数，记为 $y'\big|_{x=x_0}$，即

$$y'\bigg|_{x=x_0} = \lim_{\Delta x \to 0} \frac{\Delta y}{\Delta x} = \lim_{\Delta x \to 0} \frac{f(x_0 + \Delta x) - f(x_0)}{\Delta x} \tag{1}$$

也可以记为 $f'(x_0)$，$\dfrac{dy}{dx}\bigg|_{x=x_0}$ 或 $\dfrac{d}{dx} f(x)\bigg|_{x=x_0}$。

若把 $x_0 + \Delta x$ 记为 x，即 $\Delta x = x - x_0$，当 $\Delta x \to 0$ 时，有 $x \to x_0$，于是导数定义（1）式可改写为

$$y'\bigg|_{x=x_0} = \lim_{x \to x_0} \frac{f(x) - f(x_0)}{x - x_0}$$

若函数 $y = f(x)$ 在点 x_0 存在导数，就称函数 $y = f(x)$ 在点 x_0 可导。函数 $y = f(x)$ 在区间 (a,b) 内每一点都可导，就称函数 $y = f(x)$ 在区间 (a,b) 内可导。函数 $y = f(x)$ 对于每一个 $x \in (a,b)$，都有一个确定的导数值与之对应，即构成了 x 的一个新的函数，这个新的函数叫做函数 $y = f(x)$ 对 x 的导函数，简称导数。记为 y'、$f'(x)$、$\dfrac{dy}{dx}$ 或 $\dfrac{d}{dx} f(x)$。

函数 $y = f(x)$ 在点 x_0 的导数 $f'(x_0)$ 就是导函数 $f'(x)$ 在点 $x = x_0$ 的函数值，即 $f'(x_0) = f'(x)\big|_{x=x_0}$。

函数增量与自变量增量之比 $\dfrac{\Delta y}{\Delta x}$ 是函数 $y = f(x)$ 在点 x_0 与 $x_0 + \Delta x$ 为端点的区间上的平均变化率，而导数 $y'\big|_{x=x_0}$ 则是函数 $y = f(x)$ 在点 x_0 的变化率，它反映了函数随自变量而变化的快慢程度。例如：瞬时速度反映了物体运动的快慢程度等。

用导数的定义求函数 $y = f(x)$ 的导数可分为以下三个步骤：

（1）求函数的增量：$\Delta y = f(x + \Delta x) - f(x)$

（2）算比值 $\dfrac{\Delta y}{\Delta x} = \dfrac{f(x + \Delta x) - f(x)}{\Delta x}$

（3）求极限 $y' = \lim\limits_{\Delta x \to 0} \dfrac{\Delta y}{\Delta x}$

例 1 求函数 $y = x^2$ 的导数。

解：（1）设 $f(x) = x^2$，则 $f(x + \Delta x) = (x + \Delta x)^2$

于是 $\Delta y = f(x + \Delta x) - f(x) = (x + \Delta x)^2 - x^2 = 2x\Delta x + (\Delta x)^2$

（2）$\dfrac{\Delta y}{\Delta x} = \dfrac{2x\Delta x + (\Delta x)^2}{\Delta x} = 2x + \Delta x$

（3）$y' = \lim\limits_{\Delta x \to 0} \dfrac{\Delta y}{\Delta x} = \lim\limits_{\Delta x \to 0}(2x + \Delta x) = 2x$

即　　$(x^2)' = 2x$

类似的，对于函数 $y = x^3$，可得　$(x^3)' = 3x^2$

一般地，对于幂函数 $y = x^a(a \in \mathbf{R})$，有公式 $(x^a)' = ax^{a-1}(a \in \mathbf{R})$

例2　利用幂函数的求导公式求下列函数在指定点的导数：

（1）$y = x\sqrt{x}$，求 $y'|_{x=1}$；　　　　　　　（2）$y = \dfrac{1}{x}$，求 $f'(2)$

解：（1）$y = x^{\frac{3}{2}}$，由幂函数的导数公式得：

$$y' = (x^{\frac{3}{2}})' = \frac{3}{2}x^{\frac{1}{2}} = \frac{3}{2}\sqrt{x}$$

于是　$y'|_{x=1} = \dfrac{3}{2}\sqrt{x}\,|_{x=1} = \dfrac{3}{2}$

（2）$f(x) = \dfrac{1}{x} = x^{-1}$，由幂函数的导函数公式得：

$$f'(x) = (x^{-1})' = -x^{-2} = -\frac{1}{x^2}$$

于是 $f'(2) = -\dfrac{1}{x^2}\,|_{x=2} = -\dfrac{1}{4}$

例3　证明 $(\cos x)' = -\sin x$

证明　$\Delta y = \cos(x + \Delta x) - \cos x = -2\sin\dfrac{\Delta x}{2} \cdot \sin(x + \dfrac{\Delta x}{2})$

$$\frac{\Delta y}{\Delta x} = -\sin(x + \frac{\Delta x}{2}) \cdot \frac{\sin\dfrac{\Delta x}{2}}{\dfrac{\Delta x}{2}}$$

$$\lim_{\Delta x \to 0}\frac{\Delta y}{\Delta x} = -\lim_{\Delta x \to 0}\sin(x + \frac{\Delta x}{2}) \cdot \frac{\sin\dfrac{\Delta x}{2}}{\dfrac{\Delta x}{2}}$$

$$= -\lim_{\Delta x \to 0}\sin(x + \frac{\Delta x}{2}) \cdot \lim_{\Delta x \to 0}\frac{\sin\dfrac{\Delta x}{2}}{\dfrac{\Delta x}{2}} = -\sin x$$

所以，$(\cos x)' = -\sin x$

利用导数的定义，可求得对数函数的导数：

$$(\log_a x)' = \frac{1}{x \ln a}$$

特别地
$$(\ln x)' = \frac{1}{x}$$

还可求得指数函数的导数：

$$(a^x)' = a^x \ln a$$

特别地
$$(e^x)' = e^x$$

例4 下列各题中均假定 $f'(x_0)$ 存在，按照导数定义观察下列极限，指出 A 表示什么：

（1） $\lim\limits_{x \to 0} \dfrac{f(x)}{x} = A$，其中 $f(0) = 0$，且 $f'(0)$ 存在

（2） $\lim\limits_{h \to 0} \dfrac{f(x_0 + h) - f(x_0 - h)}{h} = A$

解 （1）因为 $f(0) = 0$，所以 $\lim\limits_{x \to 0} \dfrac{f(x)}{x} = \lim\limits_{x \to 0} \dfrac{f(0 + x) - f(0)}{x} = A$

因为 $f'(0)$ 存在，所以

$\lim\limits_{x \to 0} \dfrac{f(0 + x) - f(0)}{x} = f'(0)$，所以 $A = f'(0)$

（2）因为 $\lim\limits_{h \to 0} \dfrac{f(x_0 + h) - f(x_0 - h)}{h}$

$$= \lim\limits_{h \to 0} \left[\frac{f(x_0 + h) - f(x_0)}{h} - \frac{f(x_0 - h) - f(x_0)}{h} \right]$$

因为 $f'(0)$ 存在，所以 $\lim\limits_{h \to 0} \dfrac{f(x_0 + h) - f(x_0)}{h} = f'(x_0)$

$$\lim\limits_{h \to 0} \frac{f(x_0 - h) - f(x_0)}{h} = -f'(x_0)$$

所以，$A = \lim\limits_{h \to 0} \dfrac{f(x_0 + h) - f(x_0 - h)}{h} = 2f'(x_0)$

三、左右导数

讨论分段函数在分界点处的连续性和可导性时，首先要求出函数在该点的左、右极限，此后还要用导数定义求出在分界点处的左、右导数。

左导数 $f'_-(x_0) = \lim\limits_{\Delta x \to 0^-} \dfrac{f(x_0 + \Delta x) - f(x_0)}{\Delta x} = \lim\limits_{x \to x_0^-} \dfrac{f(x) - f(x_0)}{x - x_0}$

右导数 $f'_+(x_0) = \lim\limits_{\Delta x \to 0^+} \dfrac{f(x_0 + \Delta x) - f(x_0)}{\Delta x} = \lim\limits_{x \to x_0^+} \dfrac{f(x) - f(x_0)}{x - x_0}$

定理 2.1.1 函数 $f(x)$ 在点 x_0 可导的充要条件是：

$$f'(x_0) = A \Leftrightarrow f'_-(x_0) = f'_+(x_0) = A$$

例 5　设 $f(x) = \begin{cases} ax^2 + 1, x \geq 1 \\ -x^2 + bx, x < 1 \end{cases}$　试求 a,b 使 $f(x)$ 在 $x = 1$ 处可导。

分析： 分段函数在分段点处的可导问题必须用左右导数分析，此类问题一般应由连续性得出一结果，再研究可导性。

解：（1）$\because f(x)$ 在 $x = 1$ 处可导 $\therefore$ 在 $x = 1$ 处连续。

$\therefore \lim\limits_{x \to 1+0} f(x) = \lim\limits_{x \to 1-0} f(x) = f(1)$，即 $\lim\limits_{x \to 1+0} f(x) = \lim\limits_{x \to 1+0}(ax^2 + 1) = a + 1$

$\lim\limits_{x \to 1-0} f(x) = \lim\limits_{x \to 1-0}(-x^2 + bx) = b - 1$

$\therefore a = b - 2$

（2）$f'(1+0) = \lim\limits_{x \to 1+0} \dfrac{f(x) - f(1)}{x - 1}$

$\qquad = \lim\limits_{x \to 1+0} \dfrac{(ax^2 + 1) - (a + 1)}{x - 1} = 2a$

$f'(1-0) = \lim\limits_{x \to 1-0} \dfrac{f(x) - f(1)}{x - 1}$

$\qquad = \lim\limits_{x \to 1-0} \dfrac{(-x^2 + bx) - (a + 1)}{x - 1}$

$\qquad = \lim\limits_{x \to 1-0} \dfrac{(-x^2 + bx) - (b - 1)}{x - 1} = b - 2 = a$

由题意 $f'(1+0) = f'(1-0)$

$\therefore 2a = a \therefore a = b, b = 2$

例 6　讨论函数 $y = \begin{cases} x^3 \sin \dfrac{1}{x} & x \neq 0 \\ 0 & x = 0 \end{cases}$ 在 $x = 0$ 处连续性与可导性。

解：（1）$\because \lim\limits_{x \to 0} f(x) = \lim\limits_{x \to 0} x^3 \sin \dfrac{1}{x} = 0, f(0) = 0,$

$\therefore f(x)$ 在 $x = 0$ 点连续

（2）$f'(0) = \lim\limits_{\Delta x \to 0} \dfrac{f(0 + \Delta x) - f(0)}{\Delta x} = \lim\limits_{\Delta x \to 0} \dfrac{(\Delta x)^3 \sin \dfrac{1}{\Delta x}}{\Delta x} = \lim\limits_{\Delta x \to 0}(\Delta x^2 \sin \dfrac{1}{\Delta x}) = 0$

$\therefore f(x)$ 在 $x = 0$ 点也可导。

例 7　设函数 $f(x) = \begin{cases} e^{-x}, & x < 0 \\ x^2 + ax + b, & x \geq 0 \end{cases}$，问 a,b 取何值时，可使 $f(x)$ 在 $(-\infty, +\infty)$ 内处处可导，并求 $f'(x)$。

分析　$f(x)$ 在 $x = 0$ 处可导，即可在 $(-\infty, +\infty)$ 内处处可导。由于 $f(x)$ 在 $x = 0$ 的两侧用不同解析式表示，因而要从讨论 $f'_-(0)$ 和 $f'_+(0)$ 入手。

解： 由于 $f(x)$ 在 $x = 0$ 处可导，因而 $f(x)$ 在该点必须连续，即有

$$\lim_{x\to 0^-}f(x) = \lim_{x\to 0^+}f(x) = f(0)$$

当 $x < 0$ 时，　　　　　$f'(x) = -e^{-x}$

当 $x > 0$ 时，　　　　　$f'(x) = 2x + a$

$$\lim_{x\to 0^-}f(x) = \lim_{x\to 0^-}e^{-x} = 1$$

$$\lim_{x\to 0^+}f(x) = \lim_{x\to 0^+}(x^2 + ax + b) = b$$

由　$\lim_{x\to 0^-}f(x) = \lim_{x\to 0^+}f(x) = f(0)$ 可知 $b = 1$

又　$f'_-(0) = \lim_{x\to 0^-}\frac{f(x) - f(0)}{x - 0} = \lim_{x\to 0^-}\frac{e^{-x} - 1}{x} = -1$

$f'_+(0) = \lim_{x\to 0^+}\frac{f(x) - f(0)}{x - 0} = \lim_{x\to 0^+}\frac{x^2 + ax + b - 1}{x} = \lim_{x\to 0^+}(x + a) = a$

由　$f'_-(0) = f'_+(0)$ 可知 $a = -1$

综上可知，当 $a = -1$，$b = 1$ 时，$f(x)$ 在 $(-\infty, +\infty)$ 内处处可导，且

$$f'(x) = \begin{cases} -e^{-x}, & x < 0 \\ -1, & x = 0 \\ 2x - 1, & x > 0 \end{cases}$$

四、导数的几何意义

$y = f(x)$ 在点 x_0 处的导数 $f'(x_0)$ 在几何上表示为：曲线 $y = f(x)$ 在点 $M(x_0, f(x_0))$ 处的切线的斜率，

即　　　$f'(x_0) = \tan a = k$

如图 2—1，其中 a 是切线的倾角。

曲线 $y = f(x)$ 在点 $M(x_0, y_0)$ 处的**切线方程**为：$y - y_0 = f'(x_0)(x - x_0)$

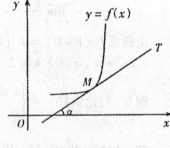

图 2-1

法线方程为：$y - y_0 = -\dfrac{1}{f'(x_0)}(x - x_0)$

例 8　确定 a、b 的值，使曲线 $y = x^2 + ax + b$ 与直线 $y = 2x$ 相切于点 $(2, 4)$。

分析：利用导数的几何意义，$y = x^2 + ax + b$ 在点 $(2, 4)$ 处的切线斜率等于 2。

解：对 $y = x^2 + ax + b$ 求导，$y' = 2x + a$，$y'|_{x=2} = 4 + a$，令 $4 + a = 2$，$a = -2$

又 $\because$ 点 $(2, 4)$ 在曲线 $y = x^2 + ax + b$ 上，故 $4 = 2^2 - 2 \times 2 + b$，$\therefore b = 4$

五、可导与连续

如果函数 $y = f(x)$ 在点 x 可导，则函数在该点必连续。必须注意，如果函数 $y = f(x)$ 在某一点连续，却不一定在该点可导。

例如：函数 $y = |x|$ 在点 $x_0 = 0$ 处连续，但它在点 $x_0 = 0$ 处不可导。

习题 2 - 1

一、选择题

(1) 设 $f(x)$ 在 x_0 处不连续，则下列结论正确的是（　　）

A. $f'(x_0)$ 必存在 　　　　　　　　　B. $f'(x_0)$ 必不存在

C. $\lim\limits_{x \to x_0} f(x)$ 必存在 　　　　　　D. $\lim\limits_{x \to x_0} f(x)$ 必不存在

(2) 函数 $y = f(x)$ 在点 x_0 处可导，且 $f'(x_0) = 0$，则曲线 $y = f(x)$ 在点 $(x_0, f(x_0))$ 处的切线（　　）

A. 平行于 x 轴 　　　　　　　　　　B. 平行与 y 轴

C. 平行与直线 $y = x$ 　　　　　　　D. 平行与直线 $y = -x$

(3) 若下列各极限存在，则成立的是（　　）

A. $\lim\limits_{\Delta x \to 0^-} \dfrac{f(a + \Delta x) - f(a)}{\Delta x} = f'(a)$

B. $\lim\limits_{\Delta x \to 0} \dfrac{f(x_0) - f(x_0 - \Delta x)}{\Delta x} = f'(x_0)$

C. $\lim\limits_{t \to 0} \dfrac{f(1 + 2t) - f(1)}{t} = f'(1)$

D. $\lim\limits_{x \to 4} \dfrac{f(8 - x) - f(4)}{x - 4} = f'(4)$

(4) 在"充分"、"必要"和"充分必要"三者中选择一个正确的填入下列空格内：

① $f(x)$ 在点 x_0 可导是 $f(x)$ 在点 x_0 连续的_____的条件，$f(x)$ 在点 x_0 连续是 $f(x)$ 在点 x_0 可导的_____的条件。

② $f(x)$ 在点 x_0 的左导数 $f'_-(x_0)$ 及右导数 $f'_+(x_0)$ 都存在且相等是 $f(x)$ 在点 x_0 可导的_____的条件。

(5) 设函数 $f(x) = \begin{cases} x^2, & x \leq 1 \\ ax + b, & x > 1 \end{cases}$ 在 $x = 1$ 处可导，则 $a =$ _____；$b =$ _____

二、填空题

(1) 设 $y = 3^x$，则 $y' =$ _____

(2) 设 $y = \dfrac{1}{3} x^3$，则 $f(0)' =$ _____

(3) 设 $y = x^2 \cdot \sqrt[8]{x}$，则 $\dfrac{dy}{dx} =$ _____

(4) 求 $y = \sin x$ 在 $x = \pi$ 处的切线方程 _____

(5) 设 $\lim\limits_{x \to 0} \dfrac{f(x)}{x} = A$，其中 $f(0) = 0$，且 $f'(0)$ 存在，则 $A =$ _____

三、求下列函数在指定点处的切线和法线方程

（1）$y = 2x - x^3$ 在点（1，1）处

（2）$y = \sin x$ 在点（$\frac{\pi}{4}, \frac{\sqrt{2}}{2}$）处

（3）求双曲线 $y = 3x^2 - 6x + 1$ 在点（$\frac{3}{2}$，$-\frac{5}{4}$）处

四、求下列函数的导数

（1）$y = x \cdot \sqrt[3]{x}$ （2）$y = x^4 + \sqrt[3]{x} + 1$ （3）$y = x^2 + 2^x$

（4）$y = \dfrac{x^2 \sqrt[3]{x^2}}{\sqrt{x^5}}$ （5）$y = 2\tan x + \sec x - 3$ （6）$y = 5x^3 - 2\sin x + 3e^x$

五、证明：双曲线 $xy = a^2$ 上任一点处的切线与两坐标轴构成的三角形面积都等于 $2a^2$。

六、下列各题均假设 $f'(x)$ 存在，按照导数定义观察下列极限，并求 A

（1）$\lim\limits_{\Delta x \to 0} \dfrac{f(x - \Delta x) - f(x)}{\Delta x} = A$

（2）$\lim\limits_{h \to 0} \dfrac{f(x + 2h) - f(x)}{h} = A$

（3）$\lim\limits_{x \to 0} \dfrac{f(x)}{x} = A$，且 $f(0) = 0$，$f'(0)$ 存在

七、讨论函数 $f(x) = \begin{cases} x, & x < 0 \\ \ln(1 + x), & x \geq 0 \end{cases}$，在点 $x = 0$ 处的连续性与可导性。

八、设物体绕定轴旋转，在时间间隔 $[0, t]$ 内转过角度，从而转角 θ 是 t 的函数：$\theta = \theta(t)$，如果旋转是匀速的，那么称 $w = \dfrac{\theta}{t}$ 为该物体旋转的角速度，如果旋转是非匀速的，应怎样确定该物体在时刻 t_0 的角速度？

第二节　求导法则

一、函数的和、差、积、商求导法则

设函数 $u = u(x)$ 与 $v = v(x)$ 在点 x 处均可导，则函数 $u(x) \pm v(x)$，$u(x)v(x)$，$\dfrac{u(x)}{v(x)}(v(x) \neq 0)$ 也在点 x 处可导，且有以下法则：

（1）$(u + v)' = u' + v'$

（2）$(uv)' = u'v + uv'$

特别地 $[Cu(x)]' = Cu'(x)$（C 为常数）；

（3）$\left(\dfrac{u}{v}\right)' = \dfrac{u'v - uv'}{v^2}(v \neq 0)$

特别地，当 $u = C$（C 为常数）时，有

$$\left[\dfrac{C}{v}\right]' = -\dfrac{Cv'}{v^2}$$

下面给出法则（2）的证明，法则（1），（3）的证略。

证：设 $y = u(x)v(x)$，当 x 有增量 Δx 时，相应地函数 $u(x)$，$v(x)$ 也有增量 Δu 与 Δv，从而 y 有增量

$$\begin{aligned}\Delta y &= u(x + \Delta x)v(x + \Delta x) - u(x)v(x)\\ &= (u + \Delta u)(v + \Delta v) - uv\\ &= \Delta uv + u\Delta v + \Delta u\Delta v,\end{aligned}$$

$$\dfrac{\Delta y}{\Delta x} = \dfrac{\Delta u}{\Delta x}v + u\dfrac{\Delta v}{\Delta x} + \dfrac{\Delta u}{\Delta x}\Delta v,$$

由于 $u(x)$ 与 $v(x)$ 均在 x 处可导，所以

$$\lim_{\Delta x \to 0}\dfrac{\Delta u}{\Delta x} = u', \lim_{\Delta x \to 0}\dfrac{\Delta v}{\Delta x} = v'$$

又因为函数 $v(x)$ 在 x 处可导，就必在 x 处连续，即

$$\lim_{\Delta x \to 0}\Delta v = 0$$

从而根据极限运算法则有：

$$\begin{aligned}\lim_{\Delta x \to 0}\dfrac{\Delta y}{\Delta x} &= \lim_{\Delta x \to 0}\dfrac{\Delta u}{\Delta x}v + u\lim_{\Delta x \to 0}\dfrac{\Delta v}{\Delta x}\\ &= u'v + uv'\end{aligned}$$

这就是说，$y = u(x)v(x)$ 也在 x 处可导且有

$$(uv)' = u'v + uv'$$

例1 函数 $y = x^3 + 5x^2 + 1$，求 y'

解：$y' = (x^3)' + (5x^2)' + 1' = 3x^2 + 10x$

例2 函数 $y = x^2\ln x$，求 y'

解：$y' = (x^2)'\ln x + x^2(\ln x)' = 2x\ln x + x$

例3 函数 $y = \dfrac{e^x}{\cos x}$，求 $\dfrac{dy}{dx}\Big|_{x=0}$

解：$\dfrac{dy}{dx} = \dfrac{(e^x)'\cos x - e^x(\cos x)'}{(\cos x)^2} = \dfrac{e^x\cos x + e^x\sin x}{(\cos x)^2}$

$\dfrac{dy}{dx}\Big|_{x=0} = \dfrac{e^0\cos 0 + e^0\sin 0}{(\cos 0)^2} = 1$

例4 函数 $y = \sqrt{x}\sin x + 3\ln x + 2\cos\pi$，求 y'

解：$y' = (\sqrt{x}\sin x)' + (3\ln x)' + (2\cos\pi)'$

$\quad = (\sqrt{x})'\sin x + \sqrt{x}(\sin x)' + (3\ln x)' + 0$

$$= \frac{\sin x}{2\sqrt{x}} + \sqrt{x}\cos x + \frac{3}{x}$$

例 5 设 $f(x) = \frac{x\sin x}{1 + \cos x}$，求 $f'(x)$

解：$f'(x) = \dfrac{(x\sin x)'(1 + \cos x) - x\sin x(1 + \cos x)'}{(1 + \cos x)^2}$

$$= \frac{(\sin x + x\cos x)(1 + \cos x) - x\sin x(-\sin x)}{(1 + \cos x)^2}$$

$$= \frac{\sin x(1 + \cos x) + x\cos x + x\cos^2 x + x\sin^2 x}{(1 + \cos x)^2}$$

$$= \frac{\sin x(1 + \cos x) + x(1 + \cos x)}{(1 + \cos x)^2} = \frac{\sin x + x}{1 + \cos x}$$

二、反函数的导数：反函数的导数等于原来函数导数的倒数。

例：若 $y = \log_a x$，则 $y' = (\log_a x)' = \dfrac{1}{(a^y)'} = \dfrac{1}{a^y \ln a} = \dfrac{1}{x\ln a}$

同理可得：$(\ln x)' = \dfrac{1}{x}$，$(\arcsin x)' = \dfrac{1}{\sqrt{1 - x^2}}$

三、基本初等函数的导数公式

$C' = 0(C$ 为常数$)$ $\qquad\qquad$ $(x^\mu)' = \mu x^{\mu-1}(\mu$ 为实数$)$

$(\log_a x)' = \dfrac{1}{x\ln a}$ $\qquad\qquad$ $(\ln|x|)' = \dfrac{1}{x}$

$(a^x)' = a^x \ln a$ $\qquad\qquad$ $(e^x)' = e^x$

$(\sin x)' = \cos x$ $\qquad\qquad$ $(\cos x)' = -\sin x$

$(\tan x)' = \dfrac{1}{\cos^2 x} = \sec^2 x$ $\qquad\qquad$ $(\cot x)' = -\dfrac{1}{\sin^2 x} = -\csc^2 x$

$(\sec x)' = \sec x\tan x$ $\qquad\qquad$ $(\csc x)' = -\csc x\cot x$

$(\arcsin x)' = \dfrac{1}{\sqrt{1 - x^2}}$ $\qquad\qquad$ $(\arccos x)' = -\dfrac{1}{\sqrt{1 - x^2}}$

$(\arctan x)' = \dfrac{1}{1 + x^2}$ $\qquad\qquad$ $(\text{arccot}x)' = -\dfrac{1}{1 + x^2}$

四、复合函数的求导法则

如果函数 $u = \varphi(x)$ 在点 x 处可导，而函数 $y = f(u)$ 在对应的点 u 处可导，那么复合函数 $y = f[\varphi(x)]$ 也在点 x 处可导，且有

$$\frac{dy}{dx} = \frac{dy}{du}\frac{du}{dx} \ 或 \ \{f[\varphi(x)]\}' = f'(u)\varphi'(x)$$

当自变量 x 的改变量为 Δx 时，对应的函数 $u = \varphi(x)$ 与 $y = f(u)$ 的改变量分别为 Δu 和 Δy。

由于函数 $y = f(u)$ 可导，即 $\qquad \lim\limits_{\Delta u \to 0} \dfrac{\Delta y}{\Delta u} = \dfrac{\mathrm{d}y}{\mathrm{d}u}$ 存在

则由无穷小与函数极限的关系，有 $\qquad \dfrac{\Delta y}{\Delta u} = \dfrac{\mathrm{d}y}{\mathrm{d}u} + \alpha$

其中 α 是 $\Delta u \to 0$ 时的无穷小

$$\Delta y = \frac{\mathrm{d}y}{\mathrm{d}u}\Delta u + \alpha\Delta u$$

$$\lim\limits_{\Delta x \to 0} \frac{\Delta y}{\Delta x} = \lim\limits_{\Delta x \to 0}\left(\frac{\mathrm{d}y}{\mathrm{d}u}\frac{\Delta u}{\Delta x} + \alpha\frac{\Delta u}{\Delta x}\right)$$

因为 $u = \varphi(x)$ 在点 x 处可导，根据函数在某点可导必在该点连续。所以

$$\lim\limits_{\Delta x \to 0}\Delta u = 0, \lim\limits_{\Delta x \to 0}\alpha = 0$$

$$\lim\limits_{\Delta x \to 0}\frac{\Delta u}{\Delta x} = \frac{\mathrm{d}u}{\mathrm{d}x}$$

则

$$\lim\limits_{\Delta x \to 0}\frac{\Delta y}{\Delta x} = \frac{\mathrm{d}y}{\mathrm{d}u}\lim\limits_{\Delta x \to 0}\frac{\Delta u}{\Delta x}$$

即

$$\frac{\mathrm{d}y}{\mathrm{d}x} = \frac{\mathrm{d}y}{\mathrm{d}u}\frac{\mathrm{d}u}{\mathrm{d}x}$$

或记为 $\qquad \{f[\varphi(x)]\}' = f'(u)\varphi'(x)$

复合函数 $y = f[\varphi(x)]$ 对 x 求导时，可先求 $y = f(u)$ 对 u 的导数，再求 $u = \varphi(x)$ 对 x 的导数，然后相乘即可。显然，以上法则也可用于多次复合的情形。

例如：设 $y = f(u)$，$u = \varphi(v)$，$v = \psi(x)$ 都可导，则

$$\frac{\mathrm{d}y}{\mathrm{d}x} = \frac{\mathrm{d}y}{\mathrm{d}u}\frac{\mathrm{d}u}{\mathrm{d}v}\frac{\mathrm{d}v}{\mathrm{d}x}$$

或记为 $\{f[\varphi(\psi(x))]\}' = f'(u)\varphi'(v)\psi'(x)$

复合函数求导的关键在于把复合函数分解成基本初等函数或基本初等函数的和差积商，然后利用复合函数求导法则和适当的导数公式进行计算。对复合函数的分解比较熟练以后，就不必再写出中间变量，只要把中间变量所代替的式子默记在心，直接"由外往里，逐层求导"即可。所谓"由外往里"指的是从式子的最后一次运算程序开始求导，"逐层求导"指的是每一次只对一个中间变量进行求导。

例6 设 $y = \sin 2x$，求 y'

解：设 $f(u) = \sin u$，$\varphi(x) = 2x$

由复合函数的求导法则

$$y' = f'(u)\varphi'(x)$$
$$= (\sin u)'(2x)'$$

$$= 2\cos u = 2\cos 2x$$

例7 设 $y = (x^2 - 1)^7$，求 y'

解： 设 $f(u) = u^7, \varphi(x) = x^2 - 1$

由复合函数的求导法则

$$y' = f'(u)\varphi'(x) = (u^7)'(x^2 - 1)'$$
$$= 7u^6 2x = 14x(x^2 - 1)^6$$

例8 设函数 $y = \sin^2 \dfrac{1}{x}$，求 y'

解： $y' = (\sin^2 \dfrac{1}{x})' = 2\sin \dfrac{1}{x}(\sin \dfrac{1}{x})'$

$$= 2\sin \dfrac{1}{x} \cdot \cos \dfrac{1}{x} \cdot (\dfrac{1}{x})' = -\dfrac{1}{x^2}\sin \dfrac{2}{x}$$

例9 求下列函数的导数：

(1) $y = (\arcsin \dfrac{x}{2})^2$ 　　　　　(2) $y = \ln\tan \dfrac{x}{2}$

(3) $y = \ln\ln\ln x$ 　　　　　(4) $y = \dfrac{\sqrt{1+x} - \sqrt{1-x}}{\sqrt{1+x} + \sqrt{1-x}}$

(5) $y = \arcsin \sqrt{\dfrac{1-x}{1+x}}$

解： (1) $y' = 2\arcsin \dfrac{x}{2} \cdot (\arcsin \dfrac{x}{2})'$

$$= 2\arcsin \dfrac{x}{2} \cdot \dfrac{1}{\sqrt{1 - (\dfrac{x}{2})^2}}(\dfrac{x}{2})'$$

$$= \dfrac{2\arcsin \dfrac{x}{2}}{\sqrt{4 - x^2}}$$

(2) $y' = \dfrac{1}{\tan \dfrac{x}{2}} \cdot (\tan \dfrac{x}{2})' = \cot \dfrac{x}{2} \cdot \sec^2 \dfrac{x}{2} \cdot (\dfrac{x}{2})'$

$$= \dfrac{1}{2}\cot \dfrac{x}{2} \cdot \sec^2 \dfrac{x}{2} = \dfrac{1}{\sin x} = \csc x$$

(3) $y' = \dfrac{1}{\ln\ln x} \cdot (\ln\ln x)' = \dfrac{1}{\ln(\ln x)} \cdot \dfrac{1}{\ln x} \cdot (\ln x)' = \dfrac{1}{x\ln x \cdot \ln(\ln x)}$

(4) $y = \dfrac{\sqrt{1+x} - \sqrt{1-x}}{\sqrt{1+x} + \sqrt{1-x}} = \dfrac{(\sqrt{1+x} - \sqrt{1-x})^2}{2x}$

$$= \dfrac{1 - \sqrt{1-x^2}}{x} = \dfrac{1}{x} - \dfrac{\sqrt{1-x^2}}{x}$$

所以 $y' = -\dfrac{1}{x^2} - \dfrac{x \cdot (\sqrt{1-x^2})' - \sqrt{1-x^2}}{x^2}$

$= -\dfrac{1 - \dfrac{x^2}{\sqrt{1-x^2}} - \sqrt{1-x^2}}{x^2}$

$= \dfrac{1 - \sqrt{1-x^2}}{x^2 \cdot \sqrt{1-x^2}}$

$= \dfrac{(1 - \sqrt{1-x^2})(1 + \sqrt{1-x^2})}{x^2 \sqrt{1-x^2}(1 + \sqrt{1-x^2})}$

$= \dfrac{1}{\sqrt{1-x^2} + 1 - x^2}$

$(5)\ y' = \dfrac{1}{\sqrt{1 - \dfrac{1-x}{1+x}}} \cdot \left(\sqrt{\dfrac{1-x}{1+x}}\right)'$

$= \dfrac{\sqrt{1+x}}{\sqrt{2x}} \cdot \dfrac{\sqrt{1+x} \cdot (\sqrt{1-x})' - \sqrt{1-x} \cdot (\sqrt{1+x})'}{1+x}$

$= \dfrac{\sqrt{1+x}}{\sqrt{2x}} \cdot \dfrac{-2}{2(1+x)\sqrt{(1+x)(1-x)}}$

$= \dfrac{1}{\sqrt{2}(x+1) \cdot \sqrt{x(1-x)}}$

例 10 已知 $f(u)$ 可导，求下列函数的极限。

$(1)\ y = e^{f\left(\frac{1}{x} + \sqrt{1+x^2}\right)}$ $(2)\ y = f\{f[f(\sin x + \cos x)]\}$

解：求这种抽象函数的导数，只要分清函数的复合层次即可。

$(1)\ y' = e^{f\left(\frac{1}{x} + \sqrt{1+x^2}\right)} \cdot f'\left(\dfrac{1}{x} + \sqrt{1+x^2}\right) \cdot \left(-\dfrac{1}{x^2} + \dfrac{2x}{2\sqrt{1+x^2}}\right)$

$= \dfrac{x^3 - \sqrt{1+x^2}}{x^2 \sqrt{1+x^2}} \cdot e^{f\left(\frac{1}{x} + \sqrt{1+x^2}\right)} \cdot f'\left(\dfrac{1}{x} + \sqrt{1+x^2}\right)$

$(2)\ y' = f'\{f[f(\sin x + \cos x)]\} \cdot f'[f(\sin x + \cos x)] \cdot f'(\sin x + \cos x) \cdot (\cos x - \sin x)$

例 11 已知 $y = x\arcsin\dfrac{x}{2} + \sqrt{4-x^2}$，求 y'

解： $y' = \arcsin\dfrac{x}{2} + \dfrac{x}{\sqrt{1 - \dfrac{x^2}{4}}} \times \dfrac{1}{2} + \dfrac{(-2x)}{2\sqrt{4-x^2}}$

$$= \arcsin \frac{x}{2}$$

习题 2 - 2

一、求下列函数的导数：

(1) $y = 5x^3 - 2^x + 3e^x$；

(2) $y = 2\tan x + \sec x - 1$

(3) $y = \sin x \cdot \cos x$

(4) $y = 3e^x \cos x$

(5) $y = \dfrac{\ln x}{x}$

(6) $y = x^2 \ln x \cos x$

(7) $s = \dfrac{1 + \sin t}{1 + \cos t}$

(8) $s = \dfrac{\sin t}{\sin + \cos t}$

(9) $y = \dfrac{x^4 + x^2 + 1}{\sqrt{x}}$

二、选择题：

(1) 设 $f(x) = \sin 2x$，则 $f'(0)$ 等于（　　）

A. -2　　　　　　B. -1　　　　　　C. 0　　　　　　D. 2

(2) 设 $f(x) = e^{-x^2}$，则 $f'(x)$ 等于（　　）

A. $-2e^{-x^2}$　　　B. $-2xe^{-x^2}$　　　C. $2e^{-x^2}$　　　D. $2xe^{-x^2}$

(3) 设 $y = \ln \sin x$，求 y'（　　）

A. $\dfrac{\cos x}{\sin x}$　　　B. $\dfrac{\sin x}{\cos x}$　　　C. $\dfrac{1}{\sin x}$　　　D. $\dfrac{1}{\cos x}$

(4) 已知 $g(x) = \dfrac{1}{x^2}$，复合函数 $y = f[g(x)]$ 对 x 的导数为 $-\dfrac{1}{2x}$，则 $f'\left(\dfrac{1}{2}\right)$ 为

（　　）

A. 1　　　　　　B. 2　　　　　　C. $-\dfrac{\sqrt{2}}{4}$　　　　D. $\dfrac{1}{2}$

(5) 设 $y = f(e^{2x})$，$f'(x) = \ln x$，则 $\dfrac{dy}{dx} = $（　　）

A. xe^{2x}　　　　B. $2xe^{2x}$　　　C. $4xe^{2x}$　　　D. $-4xe^{2x}$

(6) 函数 $f(x)$ 在点 $x = a$ 处连续是 $f(x)$ 在 $x = a$ 处可导的（　　）

A. 充要条件　　　B. 充分条件　　　C. 必要条件　　　D. 无关条件

(7) 设 $f(x) = e^{\sqrt{2x}}$，则 $f'(x)$ 为（　　）

A. $\dfrac{1}{2\sqrt{2x}}e^{\sqrt{2x}}$　　B. $\dfrac{1}{\sqrt{2x}}e^{\sqrt{2x}}$　　C. $2e^{\sqrt{2x}}$　　　D. $e^{\sqrt{2x}}$

(8) 设 $f(x) = \begin{cases} \dfrac{2}{3}x^3 & x \leq 1 \\ x^2 & x > 1 \end{cases}$，则 $f(x)$ 在 $x = 1$ 处的（　　）

A. 左、右导数都存在   B. 左导数存在但右导数不存在

C. 左导数不存在，但右导数存在   D. 左、右导数都不存在

(9) 设 $g(x)$ 为单调可导函数 $f(x)$ 的反函数且 $f(1) = 2$，$f'(1) = -\dfrac{\sqrt{3}}{3}$，则 $g'(2) = ($ $)$

A. $-\sqrt{3}$ B. $-\dfrac{\sqrt{3}}{3}$ C. $\sqrt{3}$ D. $\dfrac{\sqrt{3}}{3}$

三、求下列函数的导数

(1) $y = (1 - x)^5$ (2) $y = \sqrt[3]{1 - x^2}$

(3) $y = x\sqrt{1 - x}$ (4) $y = \dfrac{\sin^2 x}{1 + \cos x}$

(5) $y = a^{\arcsin\sqrt{x}}$ (6) $y = \tan\left(\dfrac{x}{2} + 1\right)$

(7) $y = \dfrac{x}{2}\sqrt{a^2 - x^2} + \dfrac{a^2}{2} \cdot \arcsin\dfrac{x}{a}(a > 0)$ (8) $y = e^{\sqrt{x^2 + 1}}$

(9) $y = \ln(e^x + \sqrt{1 + e^{2x}})$ (10) $y = \arctan\dfrac{x + 1}{x - 1}$

(11) $y = \ln\tan\dfrac{x}{2}$ (12) $y = e^{-\sin^2\frac{1}{x}}$

(13) $y = e^{-x}(x^2 - 2x + 3)$ (14) $y = \arcsin\dfrac{2t}{1 + t^2}$

(15) $y = e^{\tan\frac{1}{x}}\sin\dfrac{1}{x}$

(16) 设 $f(x) = x(x - 1)(x - 2)\cdots(x - 100)$，求 $f'(0)$

四、求下列函数在给定点处的导数。

(1) $y = \sin x - \cos x$，求 $y'|_{x = \frac{\pi}{6}}$ 和 $y'|_{x = \frac{\pi}{4}}$

(2) $\rho = \theta\sin\theta + \dfrac{1}{2}\cos\theta$，求 $\left.\dfrac{d\rho}{d\theta}\right|_{\theta = \frac{\pi}{4}}$

五、已知 $F(x) = \dfrac{\cos^2 x}{1 + \sin^2 x}$，证明：$F\left(\dfrac{\pi}{4}\right) - 3F'\left(\dfrac{\pi}{4}\right) = 3$

第三节 隐函数的导数、参数方程求导法则

一、隐函数求导法则

以前我们所遇到的函数都是用 $y = f(x)$ 这样的形式来表示的，这种方式表达的函数称为显函数。但是有些函数不是以显函数的形式出现的，而是表现为一个

含有变量 x,y 的二元方程。例如：$3x^2 + 2y - 5 = 0, \sin(x+y) = e^y$ 等，我们将这种二元方程称为隐函数。即形如 $F(x,y) = 0$ 所确定的方程，称为隐函数。

求方程 $F(x,y) = 0$ 确定的隐函数 y 对 x 的导数 $\dfrac{dy}{dx}$，只要将方程中的 y 看成是 x 的函数，利用复合函数的求导方法，在方程两边同时对 x 求导，得到一个关于 $\dfrac{dy}{dx}$ 的方程，然后，从中解出 $\dfrac{dy}{dx}$ 即可。显函数和隐函数是从函数的不同表现形式来说的。隐函数有些可以化为显函数，有些则很难。把一个隐函数化为显函数，称为隐函数的显化。

例1 求曲线 $x^{\frac{2}{3}} + y^{\frac{2}{3}} = a^{\frac{2}{3}}$ 在点 $(\dfrac{\sqrt{2}}{4}a, \dfrac{\sqrt{2}}{4}a)$ 处的切线方程和法线方程

解： 方程两边同时对 x 求导，有 $\dfrac{2}{3}x^{-\frac{1}{3}} + \dfrac{2}{3}y^{-\frac{1}{3}} \cdot y' = 0$，所以 $y' = -\dfrac{x^{-\frac{1}{3}}}{y^{-\frac{1}{3}}}$，

故切线的斜率为 $k = y'|_{(\frac{\sqrt{2}}{4}a, \frac{\sqrt{2}}{4}a)} = -1$

因此切线方程为：$x + y - \dfrac{\sqrt{2}}{2}a = 0$，法线方程为：$x - y = 0$

例2 设 y 是 x 的函数，且 $\dfrac{x+e^y}{1+y^2} = \cos x$，求 y'_x

分析： 本题为隐函数求导问题，求导前应先去分母以使运算简化，求导时应注意 e^y、y^2 都是 x 的复合函数。

解： 由 $\dfrac{x+e^y}{1+y^2} = \cos x$ 得 $x + e^y = (1+y^2)\cos x$

（1）两边对 x 求导得：

$(x+e^y)' = [(1+y^2)\cos x]'$

$1 + e^y y' = 2yy'\cos x + (1+y^2)(-\sin x)$

（2）求 y' 得：

$y' = -\dfrac{(1+y^2\sin x + 1)}{e^y - 2y\cos x}$

二、参数方程求导法则

函数 y 与 x 间的关系是通过参变量 t 联系的 $\begin{cases} x = \varphi(t) \\ y = \psi(t) \end{cases}$，$(\alpha \leq t \leq \beta)$ 称为参数方程。若参数方程中 $x = \varphi(t)$ 单调连续，其反函数 $t = \varphi^{-1}(x)$ 存在，则函数 y 是由 $y = \psi(t)$ 和 $t = \varphi^{-1}(x)$ 复合而成，故 $y' = \dfrac{dy}{dx} = \dfrac{dy}{dt} \cdot \dfrac{dt}{dx} = \dfrac{dy}{dt} \cdot \dfrac{1}{\dfrac{dx}{dt}} = \dfrac{\psi'(t)}{\varphi'(t)}$

求导方法　　　$\dfrac{\mathrm{d}y}{\mathrm{d}x} = \dfrac{\psi'(t)}{\varphi'(t)}, t \in (\alpha, \beta)$

例3　求参数方程 $\begin{cases} x = \arccos t \\ y = 1 - 2e^t \end{cases}$ 所确定的函数的导数 $\dfrac{\mathrm{d}y}{\mathrm{d}x}$

解: $\dfrac{\mathrm{d}y}{\mathrm{d}x} = \dfrac{(1 - 2e^t)'}{(\arccos t)'} = \dfrac{-2e^t}{-\dfrac{1}{\sqrt{1 - t^2}}} = 2e^t \sqrt{1 - t^2}$

例4　求曲线 $\begin{cases} x = e^t \sin 2t \\ y = e^t \cos t \end{cases}$ 在点 $(0,1)$ 处的切线方程

分析: 曲线上的点与参数是一一对应关系，可先求出 $(0, 1)$ 点对应的参数，再用参数方程求导法求出 $\dfrac{\mathrm{d}y}{\mathrm{d}x}$ ，从而得到斜率。

解: $x = 0, y = 1$ 时, $\begin{cases} e^t \sin 2t = 0 \cdots\cdots ① \\ e^t \cos t = 1 \cdots\cdots ② \end{cases}$

由①式知 $\sin 2t = 0$ 即 $2\sin t \cos t = 0$, $\therefore \sin t = 0$ 或 $\cos t = 0$（舍去）

②式两边平方得 $e^{2t} \cos^2 t = 1$, $\therefore e^{2t} = 1$, $t = 0$

$\dfrac{\mathrm{d}y}{\mathrm{d}x} = \dfrac{y'_t}{x'_t} = \dfrac{e^t \cos t - e^t \sin t}{e^t \sin 2t + 2e^t \cos 2t} = \dfrac{\cos t - \sin t}{\sin 2t + 2\cos 2t}$

$k = \dfrac{\mathrm{d}y}{\mathrm{d}x}\Big|_{t=0} = \dfrac{1}{2}, \therefore$ 切线方程为 $y - 1 = \dfrac{1}{2}x$

三、对数求导法

对数求导法：适用于幂指函数（形如 $y = u^v$, $u > 0$ 且 u, v 都是 x 的函数）或多次乘除运算和乘方、开方运算得到的函数。对这样的函数可先对等式两边取对数，变成隐函数形式，然后再利用隐函数求导的方法求出它的导数，这种方法称为对数求导法。

例5　求 $y = x^x (x > 0)$ 的导数。

解: 对等式两边同时取自然对数，得

$$\ln y = x \ln x$$

两边同时对 x 求导，得

$$\dfrac{1}{y} \cdot y' = \ln x + 1$$

所以, $y' = y(\ln x + 1) = x^x(\ln x + 1)$

若一个函数是由多个函数的积、商、幂、方根组成时，用对数求导法求导，也是一种简便易行的方法。

例6　求函数 $y = \sqrt[3]{\dfrac{(x+1)(x+2)}{(x+3)^2}}$ 的导数。

解： 对等式两边同时取对数有

$$\ln y = \frac{1}{3}\left[\ln(x+1) + \ln(x+2) - 2\ln(x+3)\right]$$

对 x 求导：$\frac{1}{y} \cdot y'_x = \frac{1}{3}\left(\frac{1}{x+1} + \frac{1}{x+2} - \frac{2}{x+3}\right)$

则 $y' = \frac{1}{3}\sqrt[3]{\frac{(x+1)(x+2)}{(x+3)^2}} \cdot \left(\frac{1}{x+1} + \frac{1}{x+2} - \frac{2}{x+3}\right)$

例 7 设 $y = x^{(1+x^2)}$ $(x > 0)$，求 $\dfrac{dy}{dx}$

解： 两边取对数，得

$$\ln y = (1+x^2) \cdot \ln x$$

上式两边对 x 求导，注意到 y 是 x 的函数，得

$$\frac{1}{y}y' = 2x \cdot \ln x + \frac{1+x^2}{x}$$

于是 $y' = y\left(2x \cdot \ln x + \frac{1+x^2}{x}\right) = x^{(1+x^2)}\left(2x \cdot \ln x + \frac{1+x^2}{x}\right)$

习题 2 - 3

一、(1) 由方程 $e^x - xy^2 + \sin y = 0$ 确定 y 是 x 的函数，求 $\dfrac{dy}{dx}$

(2) 设 $\ln y = xy + \cos x$，求 $\dfrac{dy}{dx}\Big|_{x=0}$

二、求下列参数方程所确定的函数的导数 $\dfrac{dy}{dx}$。

(1) $\begin{cases} x = \dfrac{3at}{1+t} \\ y = \dfrac{3at^2}{1+t^2} \end{cases}$ 求 $\dfrac{dy}{dx}$ 　　(2) $\begin{cases} x = e^t \sin t \\ y = e^t \cos t \end{cases}$ 在 $t = \dfrac{\pi}{3}$ 处的 $\dfrac{dy}{dx}$

三、设 $f(u)$ 可导，求下列函数 y 的导数 $\dfrac{dy}{dx}$

(1) $y = f(x^2)$ 　　　　　　　　(2) $y = f(\sin^2 x) + f(\cos^2 x)$

第四节　高阶导数

一、高阶导数

一般地，$y = f(x)$ 的导数 $y' = f'(x)$ 仍然是 x 的函数，我们把 $y' = f'(x)$ 的导数称为 $y = f(x)$ 的二阶导数，

$$\text{记作 } y'' \text{ 或 } \frac{\mathrm{d}^2 y}{\mathrm{d}x^2}$$

对二阶导数求导，称为三阶导数，记为 y'''；对三阶导数求导称为四阶导数记为 $y^{(4)}$；…，对 $n-1$ 阶导数求导称为 n 阶导数，记为 $y^{(n)}$ 或 $\frac{\mathrm{d}^n f(x)}{\mathrm{d}x^n}$。

二阶及二阶以上的导数，统称为高阶导数，相应地称 $f'(x)$ 为一阶导数。显然，求高阶导数就是多次求导，因此，可用前面学过的求导方法来计算高阶导数。

例 1 求 $y = \cos^2 x$ 的二阶导数

解：$y' = 2\cos x \cdot (\cos x)' = -2\cos x \cdot \sin x = -\sin 2x$

$\qquad y'' = -2\cos 2x$

例 2 求 $y = \ln \dfrac{x}{3}$ 的三阶导数

解：$y' = \dfrac{1}{\dfrac{x}{3}} \cdot \dfrac{1}{3} = \dfrac{1}{x}$

$\qquad y'' = -\dfrac{1}{x^2}$

$\qquad y''' = -(-2) \cdot \dfrac{1}{x^3} = \dfrac{2}{x^3}$

例 3 求下列函数的二阶导数

(1) $y = x\cos x$
(2) $y = \sqrt{a - x^2}$

(3) $y = (1 + x^2)\arctan x$
(4) $y = \dfrac{\mathrm{e}^x}{x}$

解：(1) $y' = \cos x - x\sin x,\ y'' = -\sin x - \sin x - x\cos x = -(2\sin x + x\cos x)$

(2) $y' = \dfrac{1}{2} \dfrac{-2x}{\sqrt{a^2 - x^2}} = -\dfrac{x}{\sqrt{a^2 - x^2}}$

$\qquad y'' = -\dfrac{\sqrt{a^2 - x^2} - x \cdot \dfrac{-2x}{2\sqrt{a^2 - x^2}}}{a^2 - x^2}$

$\qquad = (\dfrac{a^2 - x^2 + x^2}{\sqrt{(a^2 - x^2)^3}}) = -\dfrac{a^2}{\sqrt{(a^2 - x^2)^3}}$

(3) $y' = 2x\arctan x + (1 + x^2) \cdot \dfrac{1}{1 + x^2} = 2x\arctan x + 1$

$\qquad y'' = 2\arctan x + \dfrac{2x}{1 + x^2}$

(4) $y' = \dfrac{x\mathrm{e}^x - \mathrm{e}^x}{x^2} = \dfrac{\mathrm{e}^x(x - 1)}{x^2}$

$$y'' = \frac{x^2[e^x(x-1)+e^x]-2xe^x(x-1)}{x^4}$$

$$= \frac{e^x(x^2-2x+2)}{x^3}$$

习题 2-4

一、求下列函数的二阶导数

(1) $y = x^5 + 3x^2 - 1$

(2) $y = x\sin x$

(3) $y = \sqrt{x^2-1}$

(4) $y = \dfrac{x^2}{\sqrt{1+x^3}}$

二、求下列函数的 n 阶导数

(1) $y = e^{ax}$

(2) $y = \sin x$

第五节 微分及其应用

一、微分的概念

引例：一块正方形金属薄片，当受热膨胀后，边长由 x_0 变到 $x_0 + \Delta x$，问此薄片的面积 A 增加了多少？

由于正方形面积 A 是边长 x_0 的函数 $A = x_0{}^2$，由题意得

$$\Delta A = (x_0 + \Delta x)^2 - x_0{}^2$$
$$= 2x_0\Delta x + (\Delta x)^2$$

从上式可以看到所求面积 A 的增量 ΔA 由两项的和构成。

当 Δx 很小时，（如图 2-2）ΔA 的主要部分是第一项 $2x_0\Delta x$，

另一部分 $(\Delta x)^2$ 是次要部分，$(\Delta x)^2$ 要比 $2x_0\Delta x$ 小得多，当 Δx 很小时，即面积 A 的增量 ΔA 可近似表示为

$$\Delta A \approx 2x_0\Delta x \ \text{或} \ \Delta A \approx A'(x_0)\Delta x$$

略去 $(\Delta x)^2$ 部分。

下面对可导函数 $y = f(x)$ 进行研究：

因为可导，则 $\lim\limits_{\Delta x \to 0} \dfrac{\Delta y}{\Delta x} = f'(x_0) \neq 0$

由具有极限的函数与无穷小量的关系可知

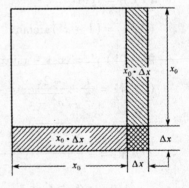

图 2-2

$$\frac{\Delta y}{\Delta x} = f'(x_0) + a \ (\text{当}\ \Delta x \to 0\ \text{时},\ a \to 0)$$

于是

$$\Delta y = f'(x_0)\Delta x + a\Delta x$$

可见 Δy 是由两项之和构成，第一项为 $f'(x_0)\Delta x$ ，其中 $f'(x_0)$ 是定值；第二项为 $\alpha\Delta x$ ，其中 α 是当 $\Delta x \to 0$ 时的无穷小量。由于

$$\lim_{\Delta x \to 0} \frac{f'(x_0)\Delta x}{\Delta x} = f'(x_0) \neq 0$$

得 $f'(x_0)\Delta x$ 与 Δx 是同阶的无穷小，而

$$\lim_{\Delta x \to 0} \frac{\alpha\Delta x}{\Delta x} = 0$$

得 $\alpha\Delta x$ 是较 Δx 高阶的无穷小。故第二项与第一项比较是微不足道的，$f'(x_0)\Delta x$ 与 Δy 仅相差一个较 Δx 高阶的无穷小量。所以，当 $|\Delta x|$ 很小且 $f'(x_0) \neq 0$ 时，$f'(x_0)\Delta x$ 是 Δy 的主要部分，可用 $f'(x_0)\Delta x$ 作为 Δy 的近似值，即

$$\Delta y \approx f'(x_0)\Delta x$$

称 Δx 的线性式 $f'(x_0)\Delta x$ 为 Δy 的线性主部，由此给出微分的定义：

定义 2.5.1 如果函数 $y = f(x)$ 在点 x_0 处具有导数 $f'(x_0)$ ，则称 $f'(x_0)\Delta x$ 为函数 $y = f(x)$ 在点 x_0 处的微分，记作 $\mathrm{d}y$ ，即

$$\mathrm{d}y = f'(x_0)\Delta x$$

通常把自变量的增量 Δx 称为自变量的微分，记作 $\mathrm{d}x$ ，则上式为

$$\mathrm{d}y = f'(x)\mathrm{d}x$$

函数 $y = f(x)$ 在点 x 处的微分叫做函数的微分，记作 $\mathrm{d}y$ ，即

$$\mathrm{d}y = f'(x)\mathrm{d}x$$

可推出：$\dfrac{\mathrm{d}y}{\mathrm{d}x} = f'(x)$ 即函数的微分 $\mathrm{d}y$ 与自变量的微分 $\mathrm{d}x$ 之商等于该函数的导数。因此，导数也叫"微商"。

显然函数微分的计算仍然是以导数计算作为前提的，计算微分，可先计算导数，然后再乘以 $\mathrm{d}x$ 即可。

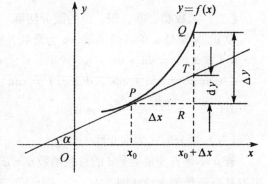

图 2-3

二、微分的几何意义

如图 2-3 所示，$P(x_0,y_0)$ 和 $Q(x_0 + \Delta x, y_0 + \Delta y)$ 是曲线 $y = f(x)$ 上邻近的两点，PT 是曲线在点 P 处的切线，其倾斜角为 α ，容易得到 $RT = PR\tan\alpha = f'(x_0)\Delta x = \mathrm{d}y$ ，这就是说，函数 $y = f(x)$ 在点 x_0 处的微分，在几何上表示曲线 $y = f(x)$ 在点 $P(x_0,y_0)$ 处的切线 PT 的

纵坐标的增量 RT 。

在图 $2-3$ 中, $TQ = RQ - RT$ 表示 Δy 与 dy 之差，当 $|\Delta x|$ 很小时, TQ 与 RT 相比是微不足道的，因此，可用 RT 近似代替 RQ ，这就是说，当 $|\Delta x|$ 很小时，有 $\Delta y \approx dy$ 。

三、微分的运算

下面根据函数微分的定义 $dy = f'(x)dx.$ 可直接推出微分的基本公式和运算法则。

（一）微分基本公式

(1) $d(c) = 0$

(9) $d(a^x) = a^x \ln a dx$

(2) $d(x^a) = ax^{a-1}dx$

(10) $d(e^x) = e^x dx$

(3) $d(\sin x) = \cos x dx$

(11) $d(\log_a x) = \dfrac{1}{x \ln a} dx$

(4) $d(\cos x) = -\sin x dx$

(12) $d(\ln x) = \dfrac{1}{x} dx$

(5) $d(\tan x) = \sec^2 x dx$

(13) $d(\arcsin x) = \dfrac{dx}{\sqrt{1-x^2}}$

(6) $d(\cot x) = -\csc^2 x dx$

(14) $d(\arccos x) = -\dfrac{dx}{\sqrt{1-x^2}}$

(7) $d(\sec x) = \sec x \tan x dx$

(15) $d(\arctan x) = \dfrac{dx}{1+x^2}$

(8) $d(\csc x) = -\csc x \cot x dx$

(16) $d(\text{arccot} x) = -\dfrac{dx}{1+x^2}$

（二）函数和、差、积、商的微分法则

设 u、v 都是 x 的可微函数，c 为常数，则

$d(u \pm v) = du + dv$

$d(uv) = vdu + udv$ ，$d(cu) = cdu$

$d\left(\dfrac{u}{v}\right) = \dfrac{vdu - udv}{v^2}(v \neq 0)$

（三）微分形式的不变性

若 u 不是自变量而是 x 的可微函数 $u = \varphi(x)$ ，则对于复合函数 $y = f[\varphi(x)]$ ，根据复合函数的求导法则，有

$$dy = y_x'dx = f'(u)\varphi'(x)dx$$

其中 $\varphi'(x)dx = du$ ，所以上式仍可写成

$$dy = f'(u)du$$

与 u 是自变量时的微分形式一致。由此可见，不论 u 是自变量还是中间变量，函数 $y = f(u)$ 的微分总有同一形式：

$$dy = f'(u)\,du$$

微分的这个性质称为微分形式的不变性。

例1　求函数 $y = x^2 + 1$ 在 $x = 1$，$\Delta x = 0.1$ 时的微分 dy

解：$dy = y'dx = 2xdx$

$$dy\big|_{x=1, \Delta x = 0.1} = 0.1 \times 2 \times 1 = 0.2$$

例2　在括号中填上适当的函数，使下列等式成立。

(1) $\dfrac{1}{1 + x^2}dx = d(\qquad\qquad)$

(2) $d[\ln(2x + 3)] = (\qquad\qquad)\,d(2x + 3) = (\qquad\qquad)dx$

解：(1) 因为 $(\arctan x + c)' = \dfrac{1}{1 + x^2}$　（c 为常数），所以

$$\frac{1}{1 + x^2}dx = d(\arctan x + c)$$

(2) 因为 $d[\ln(2x + 3)] = d(\ln u) = \dfrac{1}{2x + 3}d(2x + 3)$

$$d(2x + 3) = (2x + 3)'_x dx = 2dx$$

所以 $d[\ln(2x + 3)] = (\dfrac{1}{2x + 3})d(2x + 3)$

$$= (\frac{1}{2x + 3} \cdot 2)dx = (\frac{2}{2x + 3})dx$$

例3　求 $y = \dfrac{x}{x + 1}$ 的微分。

解：　$dy = d(\dfrac{x}{x + 1}) = \dfrac{(x + 1)d(x) - xd(x + 1)}{(x + 1)^2}$

$$= \frac{(x + 1)dx - xdx}{(x + 1)^2} = \frac{1}{(x + 1)^2}dx$$

例4　求由方程 $e^{xy} = a^x b^y$ 所确定的隐函数 y 的导数 $\dfrac{dy}{dx}$

解：两边求微分，得

$$e^{xy}d(xy) = b^y d(a^x) + a^x d(b^y)$$

$$e^{xy}(ydx + xdy) = b^y a^x \ln adx + a^x b^y \ln bdy$$

$$e^{xy}(ydx + xdy) = a^x b^y(\ln adx + \ln bdy)$$

由于 $e^{xy} = a^x b^y \neq 0$，则上式可化为：

$$ydx + xdy = \ln adx + \ln bdy$$

得　　　　　$(x - \ln b)dy = (\ln a - y)dx$

即　　　　　$$\frac{dy}{dx} = \frac{\ln a - y}{x - \ln b}$$

例5 $y = \sin(\sqrt{x^2 + x})$，求 dy

分析：本题为复合函数的微分，可用微分形式不变性解决

解：$\mathrm{d}y = \cos\sqrt{x^2 + x}\mathrm{d}(\sqrt{x^2 + x})$

$$= \cos(\sqrt{x^2 + x})\frac{1}{2\sqrt{x^2 + x}}\mathrm{d}(x^2 + x)$$

$$= \frac{\cos\sqrt{x^2 + x}}{2\sqrt{x^2 + x}}(2x + 1)\mathrm{d}x$$

三、微分在近似计算中的应用

前面讲过，当 $|\Delta x|$ 很小时，函数的增量可用其微分来近似代替 $\Delta y \approx \mathrm{d}y$。即

$$\Delta y = f(x_0 + \Delta x) - f(x_0) \approx \mathrm{d}y = f'(x_0)\Delta x \tag{1}$$

1. 计算函数增量的近似值

由式（1）可得：当 $|\Delta x|$ 较小时

$$\Delta y \approx f'(x_0)\Delta x$$

例6 半径为10cm 的金属圆片加热后，半径伸长了0.05cm，问面积增大了多少？

解：设圆片面积为 A，圆片半径为 r，则

$$A = \pi r^2$$

$$\mathrm{d}A = 2\pi r\Delta r$$

当 $r = 10\mathrm{cm}, \Delta r = 0.05\mathrm{cm}$ 时，由公式 $\Delta y \approx f'(x_0)\Delta x$ 得

$$\Delta A \approx \mathrm{d}A = 2\pi \times 10 \times 0.05 = \pi(\mathrm{cm}^2)$$

所以面积增大了约 $\pi\mathrm{cm}^2$。

例7 一立方体铁箱外沿为1m，铁皮厚4mm，求铁箱容积的近似值。

分析：本问题为利用微分作近似计算，$f(x_0 + \Delta x) \approx f(x_0) + f'(x_0)\Delta x$，即可以利用 x_0 处的 $f(x_0)$ 及 $f'(x_0)$ 近似计算 x_0 附近的 $f(x_0)$。但是，x_0' 处的函数值 $f(x_0)$ 及导数 $f'(x_0)$ 容易计算时，近似计算才有价值。

解：$V(x) = x^3$，铁箱容积为 $V(1 - 0.004)$

取 $x_0 = 1, \Delta x = -0.004$

$V(1 - 0.004) \approx V(1) + V'(1)(-0.004)$

$\approx 1^3 + 3 \times 1^2 \times (-0.004) \approx 0.988$

2. 计算函数的近似值

由（1）式可得，当 $|\Delta x|$ 较小时

$$f(x_0 + \Delta x) \approx f(x_0) + f'(x_0)\Delta x \tag{2}$$

例8 计算 $\sin 30°30'$ 的近似值。

解：$30°30' = \frac{\pi}{6} + \frac{\pi}{360}$，设 $f(x) = \sin x$，则 $f'(x) = \cos x$，

即 $x_0 = \dfrac{\pi}{6}, \Delta x = \dfrac{\pi}{360}$　　由公式（2），得

$$\sin 30°30' = \sin(\dfrac{\pi}{6} + \dfrac{\pi}{360}) \approx \sin\dfrac{\pi}{6} + \cos\dfrac{\pi}{6} \cdot \dfrac{\pi}{360}$$

$$\approx 0.5076$$

在公式（2）中，当 $|\Delta x|$ 较小时，令 $x_0 = 0, \Delta x = x$，得

$$f(x) \approx f(0) + f'(0)x \tag{3}$$

由上式可推出工程上常用的近似公式。即当 $|x|$ 较小时，有

(1) $\sqrt[n]{1+x} \approx 1 + \dfrac{1}{n}x$ 　　　　　　(2) $\sin x \approx x$

(3) $\tan x \approx x$ 　　　　　　　　　　　(4) $\ln(1+x) \approx x$

(5) $e^x \approx 1 + x$ 　　　　　　　　　　(6) $\arcsin x \approx x$

以上几个近似公式，当 $x \to 0$ 时均为等价无穷小，它们可以相互代换。

例 9　求以下各数的近似值：

(1) $\sqrt[3]{998.5}$ 　　　　　　　　　　(2) $e^{-0.03}$

解：（1）由近似公式（1）当 $n = 3$ 时，有

$$\sqrt[3]{998.5} = \sqrt[3]{1000(1 - \dfrac{1.5}{1000})} = 10\sqrt[3]{1 - 0.0015}$$

$$\approx 10(1 - \dfrac{0.0015}{3}) = 9.995$$

（2）由近似公式得

$$e^{-0.03} \approx 1 - 0.03 = 0.97$$

习题 2-5

一、选择题

(1) $y = \cos(e^{2x-1})$，则 $y'(0) = (\quad)$

A. $\sin 1$ 　　　　B. $-\sin 1$ 　　　　C. $\cos 1$ 　　　　D. 0

(2) $f(x) = x^3\ln x$，则 $f''(1) = (\quad)$

A. 5 　　　　B. 4 　　　　C. 3 　　　　D. 2

(3) $d(\cos 2x) = (\quad)$

A. $\cos 2x\,dx$ 　　B. $-\sin 2x\,dx$ 　　C. $2\sin 2x\,dx$ 　　D. $-2\sin 2x\,dx$

(4) 设 $f(x)$ 可微，则 $d(e^{f(x)})dx = (\quad)$

A. $f'(x)dx$ 　　B. $e^{f(x)}dx$ 　　C. $f'(x)e^{f(x)}dx$ 　　D. $f'(x)e^{f(x)}$

(5) $f(x) = e^{2x-1}$，则 $f(x)$ 在 $x = 0$ 处的二阶导数 $f''(0)$ 等于（　　）

A. 0 　　　　B. e^{-1} 　　　　C. $4e^{-1}$ 　　　　D. e

(6) $f(x) = \sin x - \cos x$，则 dy 等于（　　）

A. $(\cos x + \sin x)\mathrm{d}x$　　　　　　　B. $(-\cos x + \sin x)\mathrm{d}x$

C. $(\cos x - \sin x)\mathrm{d}x$　　　　　　　D. $(-\cos x - \sin x)\mathrm{d}x$

(7) 设 $y = e^{2x+3}$，$\mathrm{d}y = ($　　$)$

A. $2e^{2x+3}\mathrm{d}x$　　　B. $-2e^{2x+3}\mathrm{d}x$　　　C. $e^{2x+3}\mathrm{d}x$　　　D. $3e^{2x+3}\mathrm{d}x$

(8) 设 $y = xe^x$，则 $y''(0) = ($　　$)$

A. -2　　　　　B. 0　　　　　C. 2　　　　　D. 1

(9) $y = f(-x^2)$，则 $\mathrm{d}y = ($　　$)$

A. $-2xf'(-x^2)\mathrm{d}x$　B. $xf'(-x^2)\mathrm{d}x$　C. $2f'(-x^2)\mathrm{d}x$　D. $f'(-x^2)\mathrm{d}x$

(10) $y = f(x)$ 有 $f'(x_0) = \dfrac{1}{2}$，则当 $\Delta x \to 0$ 时，该函数在 $x = x_0$ 处的微分 $\mathrm{d}y$ 是（　　）

A. 与 Δx 等价的无穷小　　　　　B. 与 Δx 同价的无穷小

C. 比 Δx 低价的无穷小　　　　　D. 比 Δx 高价的无穷小

二、填空题

将适当的函数填入下列括号，以使等式成立。

(1) $\mathrm{d}($　　　　　$) = 2\mathrm{d}x$　　　　　(2) $\mathrm{d}($　　　　　$) = 3x\mathrm{d}x$

(3) $\mathrm{d}($　　　　　$) = \cos x\mathrm{d}x$　　　　(4) $\mathrm{d}($　　　　　$) = e^{-2x}\mathrm{d}x$

(5) $\mathrm{d}(\sin^2 x) = ($　　　　　$)\,\mathrm{d}(\sin x)$

(6) $\mathrm{d}[\ln(2x+3)] = ($　　　　　$)\mathrm{d}(2x+3) = ($　　　　　$)\mathrm{d}x$

(7) $\mathrm{d}($　　　　　$) = e^{-2x}\mathrm{d}x$　　　　(8) $\mathrm{d}($　　　　　$) = \dfrac{1}{\sqrt{x}}\mathrm{d}x$

(9) 已知 $y = x^3 - x$，计算在 $x = 2$ 处当 Δx 分别等于 $1, 0.1, 0.01$ 时的 Δy 及 $\mathrm{d}y$ 为_____

(10) 求过原点且与曲线 $y = \dfrac{x+9}{x+5}$ 相切的切线方程_____

(11) 设函数 $f(x)$，$g(x)$ 在 $x = 0$ 处可导，$f(0) = g(0) = 0$，且 $f'(0) \neq 0$，则 $\lim\limits_{x \to 0} \dfrac{g(tx)}{f(x)} =$ _____

(12) 设 $f(0) = 1$，$f'(0) = -1$，则 $\lim\limits_{x \to 1} \dfrac{f(\ln x) - 1}{1 - x} =$ _____

三、求下列函数的微分

(1) $y = \dfrac{1}{x} + 2\sqrt{x}$　　　　　　　(2) $y = \ln^2(1-x)$

(3) $y = e^{\arctan\sqrt{ax}}$　　　　　　　(4) $y = x\ln x - x$

(5) $y = e^{\sin x}$　　　　　　　　　　(6) $xe^y = y - 1$

(7) $y = \dfrac{\ln x}{\sqrt{x}}$　　　　　　　　　(8) $y = \tan^2(1 + 2x^2)$

(9) $y = \arctan\dfrac{1 - x^2}{1 + x^2}$

(10) $y = \dfrac{1 - \sin x}{1 + \sin x}$

(11) $y = \arcsin\sqrt{1 - x^2}$

(12) $y = \arcsin\sqrt{1 - x^2}$

(13) $y = \ln(e^x + \sqrt{1 + e^{2x}})$

(14) $y = \sin^n x \cos nx$（n 为常数）

第二章总复习题

一、选择题

(1) 设曲线 $y = x^2 + x - 4$ 在 M 点切线斜率为 3，则 M 点的坐标为（   ）

A.（1，1）　　　B.（1，2）　　　C.（1，-2）　　　D（-2，1）

(2) 设 $f(x) = \ln(1 + x^2)$，$g(x) = e^x$，则 $\{f[g(x)]\}' = $（   ）

A. $\dfrac{2e^{2x}}{1 + e^{2x}}$　　　B. $\dfrac{e^{2x}}{1 + e^{2x}}$　　　C. $\dfrac{2e^{2x}}{e^{2x} - 1}$　　　D. $\dfrac{e^{2x}}{1 + e^{2x}}$

(3) 若 $\dfrac{d}{dx}f\left(\dfrac{1}{x^2}\right) = \dfrac{1}{x}$，则 $f'\left(\dfrac{1}{2}\right) = $（   ）

A. $\dfrac{1}{\sqrt{2}}$　　　B. -1　　　C. 2　　　D. -4

(4) 若 $y = f(u)$，$u = e^x$，且 $f(u)$ 可导，则 dy 为（   ）

A. $f'(e^x)dx$　　　B. $[f(e^x)]'du$　　　C. $f'(e^x)e^x dx$　　　D. $f'(u)dx$

(5) 函数 $y = \cos^2\dfrac{x}{2}$，则 $y'' = $（   ）

A. $\dfrac{1}{2}\cos x$　　　B. $-\dfrac{1}{2}\cos x$　　　C. $\dfrac{1}{2}\sin x$　　　D. $-\dfrac{1}{2}\sin x$

(6) 曲线 $\begin{cases} x = 1 + 2t + t^2 \\ y + 4t^2 \end{cases}$ 在点（1，16）的切线斜率为（   ）

A. 8　　　B. -8　　　C. 4　　　D. -4

(7) 设 $\ln y = xy + \cos x$，求 $\dfrac{dy}{dx}\Big|_{x=0} = $（   ）

A. e　　　B. $-e$　　　C. $-e^2$　　　D. e^2

二、填空题

(1) 已知 $f'(x_0)$ 存在，则 $\lim\limits_{\Delta x \to 0}\dfrac{f(x_0 - \Delta x) - f(x_0)}{\Delta x} = $ _____

(2) $f(x)$ 在点 x_0 的右导数 $f'_+(x_0)$ 及左导数 $f'_-(x_0)$ 都存在且不相等，是 $f(x)$ 在点 x_0 可导的 _____条件。

(3) 已知函数 $f(x) = \begin{cases} x^2 & x \leqslant 1 \\ ax + b & x > 1 \end{cases}$ 且 $f(x)$ 在 $x = 1$ 处连续可导，则 $a = $

___，$b =$ ___

(4) 已知 $\begin{cases} x = \ln(1 + t^2), \\ y = \arctan x \end{cases}$ 则 $\dfrac{dy}{dx}\bigg|_{t=1} =$ ___

(5) 已知 $y = [\ln(1 - x)]^2$，求 $dy =$ ___

(6) 设 $f(x) = (1 + x^2)\arctan x$，则 $f'(0) =$ ___

三、求下列函数的导数

(1) $y = \dfrac{\ln x}{1 + x}$

(2) $y = \sqrt{1 + x^2} + \ln\cos x + e^2$

(3) $y = 2^{\tan x}$

(4) $y = (1 - x^2)\tan x \cdot \ln x$

(5) $y = \ln\sec 3x$

(6) $y = (1 + x)^3\left(5 - \dfrac{1}{x^2}\right)$

(7) $y = \ln\left(x + \sqrt{x^2 + 1}\right)$

(8) $y = \ln\dfrac{\sqrt{x + 1} - 1}{\sqrt{x + 1} + 1}$

(9) $y = (\arctan\sqrt{x})^2$

(10) $y = e^{-x}\cos 3x$

(11) $y = \dfrac{1 + \sin^2 x}{\cos x^2}$

(12) $y = x\arcsin\dfrac{x}{2} + \sqrt{4 - x^2}$

四、求下列函数的微分

(1) $y = \sin^2 x \cdot \cos 3x$

(2) $y = x^2\sin\dfrac{1}{x}$

(3) $y = e^{-\sin^2\frac{1}{x}}$

(4) $y = \dfrac{\arcsin x}{\sqrt{1 - x^2}}$

(5) $y = \sqrt{x + \sqrt{x}}$

(6) $y = \arctan\dfrac{1 - x^2}{1 + x^2}$

五、求下列方程所确定的隐函数 y 的导数 $\dfrac{dy}{dx}$

(1) $\dfrac{x}{y} = \ln(xy)$

(2) $x = y + \arctan y$

(3) $e^{xy} + y\ln x = \sin 2x$

(4) $e^y = a\cos(x + y)$

(5) $y = (\ln x)^x$

六、用对数求导法求下列函数的导数

(1) $y = (1 + \cos x)^{\frac{1}{x}}$

(2) $y = x^{(1+x^2)}$

(3) $y = (\sin x)^{\cos x}$

(4) $y = \dfrac{e^{2x}(x + 3)}{\sqrt{(x + 5)(x - 4)}}$

七、 证明方程 $x^5 + 2x^3 + 3x + 4 = 0$ 必有一个实数根。

八、 设曲线方程 $y = k(x^2 - 3)^2$，试确定常数 k，使曲线拐点处的法线通过原点。

九、讨论函数 $f(x) = \begin{cases} |x^2 - 1| + 2x, & x \neq 1 \\ 2, & x = 1 \end{cases}$ 在 $x = 1$ 处的连续性和可导性。

第二章测试题

一、填空题

(1) 曲线 $y = \sqrt{x}$ 在点（1，1）处的切线方程为_____，法线方程为_____

(2) 已知 $y = a^x + x^a + a^3$，则 $y' = $_____

(3) d（　　） $= x\mathrm{d}x$；d（　　） $= \dfrac{1}{\sqrt{1-x}}\mathrm{d}x$

(4) 设 $\begin{cases} x = 2t^2 + 1 \\ y = t^3 \end{cases}$，则 $\dfrac{\mathrm{d}y}{\mathrm{d}x}\Big|_{t=1} = $_____

(5) 已知 $y = x\ln x - x$，求 $\mathrm{d}y = $_____

(6) 设 $f(x)$ 在 $x = 0$ 处可导，且 $f(0) = 0, h \neq 0$，则 $\lim\limits_{x \to 0} \dfrac{f(2hx)}{hx} = $_____

(7) 设 $f\left(\dfrac{2}{x}\right) = 2x^2 + \dfrac{3}{x} + 2$，则 $f'(2) = $_____

(8) 设 $y = \arcsin\sqrt{x}$，则 $\dfrac{\mathrm{d}y}{\mathrm{d}x} = $_____

二、计算题

(1) 求下列函数的导数

① $y = \ln(x + \sqrt{1 + x^2})$　　　　　② $y = x^{\sin x}$

(2) 设函数 $y = f(x)$ 由方程 $x^2 - y^2 + \tan xy = 0$ 所确定，求 $\dfrac{\mathrm{d}y}{\mathrm{d}x}$

(3) 已知 $y = \dfrac{\mathrm{e}^x}{x}$，求 y''

(4) 求下列函数的微分

① $y = \dfrac{\sin x - \cos x}{\sin x + \cos x}$　　　　　② $y = \cos \mathrm{e}^{x^2 - 2x + 2}$

(5) 求下列二阶导数

① $y = \sqrt{a^2 - x^2}$　　　　　② $y = (\mathrm{e}^x - \mathrm{e}^{-x})^2$

第三章 导数的应用

本章以导数为工具研究函数及曲线的某些形态，并利用这些知识解决一些实际问题。将在介绍微分学中值定理的基础上，进一步介绍罗必达法则等内容。

第一节 中值定理

为了利用导数来研究函数在区间上的某些特性，下面引入了几个定理，以解决一些实际问题。

一、罗尔定理

定理 3.1.1（罗尔定理） 如果函数 $f(x)$ 满足下列条件：

（1）在闭区间 $[a, b]$ 上连续；

（2）在开区间 (a, b) 内可导；

（3）$f(a) = f(b)$；

则至少存在一点 $\xi \in (a,b)$，使得 $f'(\xi) = 0$

罗尔定理的几何意义：如果连续

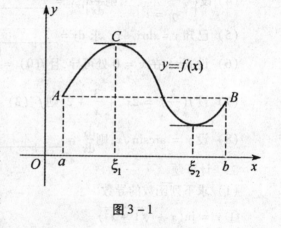

图 3 - 1

曲线 $y = f(x)$ 的弧 $\overset{\frown}{AB}$ 除端点外处处具有不垂直于 x 轴的切线且两端点的纵坐标相等，那么这弧上至少有一点 C，使曲线在点 C 处的切线平行于 x 轴。（如图 3 - 1）

注意，罗尔定理的三个条件只是结论的充分条件而不是必要条件，该定理要求 $f(x)$ 应同时满足三个条件，结论才成立。反之，不能同时满足三个条件，则结论就可能不成立。

例1 验证罗尔定理对函数 $f(x) = 2x^3 + x^2 - 8x$ 在区间 $\left[-\frac{1}{2}, 2 \right]$ 的正确性。

解：$f(x) = 2x^3 + x^2 - 8x$ 在区间 $\left[-\frac{1}{2}, 2 \right]$ 上连续，在区间 $\left[-\frac{1}{2}, 2 \right]$ 内具有导数；且 $f\left(-\frac{1}{2} \right) = f(2) = 4$，所以 $f(x)$ 在 $\left[-\frac{1}{2}, 2 \right]$ 上满足罗尔定理的三个条件。

令 $f'(x) = 0$ 得 $x_1 = -\dfrac{4}{3}, x_2 = 1$，其中 $x_2 = 1$ 在区间 $\left(-\dfrac{1}{2}, 2\right)$，即 $f(x)$ 在 $\left(-\dfrac{1}{2}, 2\right)$ 内有一点 $\xi = 1$，能使 $f'(\xi) = 0$

因此，罗尔定理对函数 $f(x) = 2x^3 + x^2 - 8x$ 在区间 $\left[-\dfrac{1}{2}, 2\right]$ 是正确的。

二、拉格朗日中值定理

定理 3.1.2（拉格朗日中值定理）：如果函数 $y = f(x)$ 满足下列条件：

（1）在闭区间 $[a、b]$ 上连续；

（2）在开区间 $(a、b)$ 内可导；

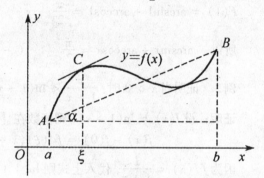

图 3 - 2

则至少存在一点 $\xi \in (a, b)$，使得

$$f(b) - f(a) = (b - a)f'(\xi)$$

在拉格朗日中值定理条件中加上 $f(a) = f(b)$，就是罗尔定理，罗尔定理是拉格朗日定理的特例。拉格朗日中值定理精确地表达了函数在一个区间上的改变量和函数在这区间内某点处的导数之间的联系。

拉格朗日中值定理几何意义：如果连续曲线 $y = f(x)$ 的弧 $\overset{\frown}{AB}$ 上除端点外处处具有不垂直于 x 轴的切线，那么这弧上至少有一点 C，使曲线在点 c 处的切线平行于弦 AB（如图 3 - 2）。

推论：如果函数 $f(x)$ 在区间 (a, b) 内的导数恒为零，那么 $f(x)$ 在区间 (a, b) 内是一个常数。

例 2 证明 $\arcsin x + \arccos x = \dfrac{\pi}{2}$，$x \in [-1, 1]$

证：设 $F(x) = \arcsin x + \arccos x$

当 $-1 < x < 1$ 时

$$f'(x) = \frac{1}{\sqrt{1 - x^2}} + \left(-\frac{1}{\sqrt{1 - x^2}}\right) = 0$$

即 $F(x)$ 在区间 $(-1\ 1)$ 恒为常数 C，即 $\arcsin x + \arccos x = C$

为了确定常数 C 的值，不妨设 $x = 0$，得

$$C = F(0) = \arcsin 0 + \arccos 0 = \frac{\pi}{2}$$

即当 $-1 < x < 1$ 时，$\arcsin x + \arccos x = \dfrac{\pi}{2}$

当 $x = -1$，$x = 1$ 时

$F(-1) = \arcsin(-1) + \arccos(-1) = \dfrac{\pi}{2}$

$F(1) = \arcsin 1 + \arccos 1 = \dfrac{\pi}{2}$

所以 $\quad \arcsin x + \arccos x = \dfrac{\pi}{2} \qquad (-1 \leqslant x \leqslant 1)$

例 3 证明当 $x > 0$ 时：$\dfrac{x}{1+x} < \ln(1+x) < x$

证明： 设 $f(x) = \ln(1+x)$，则函数在 $[0, x]$ 上满足拉格朗日中值定理，则

$$f(x) - f(0) = f'(\xi)(x - 0), (0 < \xi < x)$$

因为 $f'(x) = \dfrac{1}{1+x}$，代入上式则 $\ln(1+x) = \dfrac{x}{1+\xi} \qquad$ 又 $0 < \xi < x$

所以 $\dfrac{x}{1+x} < \dfrac{x}{1+\xi} < x \quad$ 即 $\dfrac{x}{1+x} < \ln(1+x) < x$

例 4 试证对于函数 $y = px^2 + qx + r$ 应用拉格朗日中值定理，所得的 ξ 点总是位于区间中间。

证： $y = px^2 + qx + r$ 在区间 $[a, b]$ 上满足拉格朗日中值定理条件．

$\because y' = 2px + q$

$y'\big|_{x=\xi} = 2p\xi + q = \dfrac{f(b) - f(a)}{b-a} = \dfrac{(pb^2 + qb + r) - (pa^2 + qa + r)}{b-a} = p(b+a) + q$

$\therefore \xi = \dfrac{a+b}{2}$，$\xi$ 点位于区间 $[a, b]$ 中间。

三、柯西中值定理

定理 3.1.3（柯西中值定理）：如果函数 $y = f(x)$ 及 $F(x)$ 满足下列条件：

(1) 在闭区间 $[a, b]$ 上连续；

(2) 在开区间 (a, b) 内可导；

且 $f'(x)$ 在 (a, b) 内的每点处均不为零，则在 (a, b) 内至少存在一点 ξ，使等式

$$\dfrac{f(b) - f(a)}{F(b) - F(a)} = \dfrac{f'(\xi)}{F'(\xi)} \text{ 成立}$$

若取 $F(x) = x \qquad F(b) - F(a) = b - a$，$f'(x) = 1$

则 $f(b) - f(a) = (b - a)f'(\xi) \qquad (a < \xi < b)$

就变成了拉格朗日中值公式了。

习题 3 - 1

一、选择题

（1）下列函数在指定区间上满足罗尔定理条件的是（ ）

A. $f(x) = \dfrac{1}{x^2}, x \in [0,1]$ B. $f(x) = |x|, x \in [-1,1]$

C. $f(x) = x - 1, x \in [-1,1]$ D. $f(x) = \ln\sin x, x \in \left[\dfrac{\pi}{6}, \dfrac{5}{6}\pi\right]$

（2）下列函数在区间 $[1, e]$ 上满足拉格朗日中值定理条件的是（ ）

A. $\ln\ln x$ B. $\ln x$ C. $\dfrac{1}{\ln x}$ D. 1

（3）设函数 $f(x)$ 在 $[a,b]$ 上连续，在 (a,b) 内可导，且 $f(a) = f(b)$，则曲线 $y = f(x)$ 在 (a,b) 内平行 x 轴的切线是（ ）

A. 仅有一条   B. 至少有一条   C. 不一定存在   D. 不存在

二、 函数 $f(x) = \ln\sin x, x \in \left[\dfrac{\pi}{6}, \dfrac{5}{6}\pi\right]$，验证罗尔定理的正确性。

三、 验证拉格朗日中值定理对函数 $y = 4x^3 - 5x^2 + x - 2$ 在区间 $[0,1]$ 上的正确性

四、证明下列不等式

（1）$|\arctan a - \arctan b| \leqslant |a - b|$

（2）设 $a > b > 0$，证明 $\dfrac{a - b}{a} < \ln\dfrac{a}{b} < \dfrac{a - b}{b}$

（3）证明：当 $|x| < 1$ 时，有 $\arctan\sqrt{\dfrac{1 - x}{1 + x}} + \dfrac{1}{2}\arcsin x = \dfrac{\pi}{4}$

五、 证明方程 $x^5 + x - 1 = 0$ 只有一个正根。

第二节　罗必达法则

把两个无穷小量之比或无穷大量之比的极限称为 $\dfrac{0}{0}$ 型或 $\dfrac{\infty}{\infty}$ 型未定式（也称为 $\dfrac{0}{0}$ 型或 $\dfrac{\infty}{\infty}$ 型不定式）的极限，罗必达法则就是以导数为工具，求这类未定式极限的方法。

一、$\dfrac{0}{0}$ 型未定式

定理 3.2.1（罗必达法则） 如果

（1）$\lim\limits_{x \to x_0} f(x) = 0$，$\lim\limits_{x \to x_0} F(x) = 0$

（2）在点 x_0 的某邻域内（点 x_0 本身可以除外），$f'(x)$ 与 $F'(x)$ 都存在且 $F'(x) \neq 0$；

（3）$\lim\limits_{x \to x_0} \dfrac{f'(x)}{F'(x)}$ 存在（或为无穷大）。则

$$\lim\limits_{x \to x_0} \frac{f(x)}{F(x)} = \lim\limits_{x \to x_0} \frac{f'(x)}{F'(x)}$$

即在符合定理的条件下，当 $\lim\limits_{x \to x_0} \dfrac{f'(x)}{F'(x)}$ 存在时，$\lim\limits_{x \to x_0} \dfrac{f(x)}{F(x)}$ 也存在，且等于 $\lim\limits_{x \to x_0} \dfrac{f'(x)}{F'(x)}$；当 $\lim\limits_{x \to x_0} \dfrac{f'(x)}{F'(x)}$ 为无穷大时，$\lim\limits_{x \to x_0} \dfrac{f(x)}{F(x)}$ 也为无穷大。

例1 求 $\lim\limits_{x \to 0} \dfrac{1 - \cos x}{x^2}$

解：这是 $\dfrac{0}{0}$ 型未定式，所以

$$\lim\limits_{x \to 0} \frac{1 - \cos x}{x^2} \overset{\frac{0}{0}}{=} \lim\limits_{x \to 0} \frac{\sin x}{2x} = \frac{1}{2} \lim\limits_{x \to 0} \frac{\sin x}{x} = \frac{1}{2}$$

例2 求 $\lim\limits_{x \to 0} \dfrac{\ln(1 - 5x)}{x^2}$

解： $\lim\limits_{x \to 0} \dfrac{\ln(1 - 5x)}{x^2} \overset{\frac{0}{0}}{=} \lim\limits_{x \to 0} \dfrac{\frac{-5}{1 - 5x}}{2x} = \lim\limits_{x \to 0} \dfrac{-5}{2x(1 - 2x)} = \infty$

如果 $\dfrac{f'(x)}{\varphi'(x)}$ 当 $x \to x_0$ 时仍属 $\dfrac{0}{0}$ 型，且 $f'(x)$、$\varphi'(x)$ 仍能满足罗必达法则中的条件，则可继续使用法则进行计算，即

$$\lim\limits_{x \to x_0} \frac{f(x)}{\varphi(x)} = \lim\limits_{x \to x_0} \frac{f'(x)}{\varphi'(x)} = \lim\limits_{x \to x_0} \frac{f''(x)}{\varphi''(x)}$$

例3 求 $\lim\limits_{x \to 0} \dfrac{1 + x e^x - e^x}{2x^2}$

解： $\lim\limits_{x \to 0} \dfrac{1 + x e^x - e^x}{2x^2} \overset{\frac{0}{0}}{=} \lim\limits_{x \to 0} \dfrac{e^x + x e^x - e^x}{4x} \overset{\frac{0}{0}}{=} \lim\limits_{x \to 0} \dfrac{x e^x}{4x}$

$\overset{\frac{0}{0}}{=} \lim\limits_{x \to 0} \dfrac{e^x + x e^x}{4} = \dfrac{1}{4}$

例4 求 $\lim\limits_{x \to 0} \dfrac{x - \sin x}{\tan x^3}$

解法1： $\lim\limits_{x \to 0} \dfrac{x - \sin x}{\tan x^3} \overset{\frac{0}{0}}{=} \lim\limits_{x \to 0} \dfrac{1 - \cos x}{(\sec^2 x^3) 3x^2} = \lim\limits_{x \to 0} \cos^2 x^3 \lim\limits_{x \to 0} \dfrac{1 - \cos x}{3x^2}$

$= \lim\limits_{x \to 0} \dfrac{1 - \cos x}{3x^2} \overset{\frac{0}{0}}{=} \lim\limits_{x \to 0} \dfrac{\sin x}{6x} = \dfrac{1}{6}$

在分子或分母的因子中，若有极限存在且不等于 0 的因子，则可利用乘积的极限法则将其分化出来，可使运算简便。如上例中的因子 $\dfrac{1}{\sec^2 x^3} = \cos^2 x^3$ 当 $x \to 0$ 时极限为 1，即可将其分出。

解法 2：由于 $x \to 0$ 时, $\tan(x^3) \sim x^3$, $1 - \cos x \sim \dfrac{1}{2} x^2$

因此 $\lim\limits_{x \to 0} \dfrac{x - \sin x}{\tan x^3} = \lim\limits_{x \to 0} \dfrac{x - \sin x}{x^3} = \lim\limits_{x \to 0} \dfrac{1 - \cos x}{3x^2} = \lim\limits_{x \to 0} \dfrac{\frac{1}{2} x^2}{3x^2} = \dfrac{1}{6}$

二、$\dfrac{\infty}{\infty}$ 型未定式

对于 $x \to \infty$ 时的 $\dfrac{\infty}{\infty}$ 型未定式，也有相应的罗必达法则

如果 (1) $\lim\limits_{x \to \infty} f(x) = \infty$, $\lim\limits_{x \to \infty} F(x) = \infty$

(2) $f'(x)$ 与 $F'(x)$ 当 $|x| > M$ (即 x 充分大) 时存在，且 $F'(x) \neq 0$

(3) $\lim\limits_{x \to \infty} \dfrac{f'(x)}{F'(x)} = A$ (A 为有限数或为无穷大)

那么 $\lim\limits_{x \to \infty} \dfrac{f(x)}{F(x)} = \lim\limits_{x \to \infty} \dfrac{f'(x)}{F'(x)} = A$

对于 $x \to x_0$ 时 $\dfrac{\infty}{\infty}$ 型未定式，上面法则也同样适用。

例 5 $\lim\limits_{x \to +\infty} \dfrac{\ln\left(1 + \dfrac{1}{x}\right)}{\operatorname{arccot} x}$

解：原式 $= \lim\limits_{x \to +\infty} \dfrac{\dfrac{x}{1 + x}\left(-\dfrac{1}{x^2}\right)}{-\dfrac{1}{1 + x^2}} = \lim\limits_{x \to +\infty} \dfrac{1 + x^2}{x + x^2} = \lim\limits_{x \to +\infty} \dfrac{2x}{2x + 1} = 1$

例 6 已知 $\lim\limits_{x \to a} \dfrac{x^2 + bx + 3b}{x - a} = 8$, 求 a, b 的值

分析：$\because x \to a$ 时, 分母 $x - a \to 0$, $\therefore x^2 + bx + 3b$ 也应趋于 0

解：$\lim\limits_{x \to a} (x^2 + bx + 3b) = a^2 + ab + 3b = 0$

用罗必达法则：$\lim\limits_{x \to a} \dfrac{x^2 + bx + 3b}{x - a} = \lim\limits_{x \to a} (2a + b) = 8$

由 $\begin{cases} a^2 + ab + 3b = 0 \\ 2a + b = 8 \end{cases}$ 得 $a = 6, b = -4$ 或 $a = -4, b = 16$

例 7　求 $\lim\limits_{x \to +\infty} \dfrac{x^n}{e^x}(n \in \mathbf{N})$

解：$\lim\limits_{x \to +\infty} \dfrac{x^n}{e^x} \overset{\frac{\infty}{\infty}}{=} \lim\limits_{x \to +\infty} \dfrac{nx^{n-1}}{e^x} \overset{\frac{\infty}{\infty}}{=} \lim\limits_{x \to +\infty} \dfrac{n(n-1)x^{n-2}}{e^x} = \cdots = \lim\limits_{x \to +\infty} \dfrac{n!}{e^x} = 0$

例 8　求 $\lim\limits_{x \to 0} \dfrac{x^2 \sin\dfrac{1}{x}}{\sin x}$

解：此极限属于 $\dfrac{0}{0}$ 型未定式，但因为

$$\left(x^2 \sin\dfrac{1}{x}\right)' = 2x\sin\dfrac{1}{x} + x^2 \cos\dfrac{1}{x}\left(-\dfrac{1}{x^2}\right) = 2x\sin\dfrac{1}{x} - \cos\dfrac{1}{x}$$

其中 $\lim\limits_{x \to 0} 2x\sin\dfrac{1}{x} = 0$，但 $\lim\limits_{x \to 0}\cos\dfrac{1}{x}$ 不存在，所以不能用罗必达法则计算。则

$$\lim\limits_{x \to 0} \dfrac{x^2 \sin\dfrac{1}{x}}{\sin x} = \lim\limits_{x \to 0}\left[\left(\dfrac{x}{\sin x}\right)\left(x \cdot \sin\dfrac{1}{x}\right)\right] = 1 \times 0 = 0$$

注意，如果所求极限已不满足罗必达法则的条件时，则不能再应用法则，否则要导致错误的结果。

例：$\lim\limits_{x \to 0} \dfrac{e^x - \cos x}{x \cdot \sin x} \overset{\frac{0}{0}}{=} \lim\limits_{x \to 0} \dfrac{e^x + \sin x}{x\cos x + \sin x} = \lim\limits_{x \to 0} \dfrac{e^x + \cos x}{-x\sin x + 2\cos x} = 1$（错误）

使用罗必达法则应注意的两个问题：

1. 每次使用罗必达法则前必须检查是否为 " $\dfrac{0}{0}$ " 型或 " $\dfrac{\infty}{\infty}$ " 型未定式，若不是未定式，就不能使用该法则。

2. 当 $\lim\limits_{\substack{x \to x_0 \\ x \to \infty}} \dfrac{f'(x)}{F'(x)}$ 不存在时，并不能断定 $\lim\limits_{\substack{x \to x_0 \\ x \to \infty}} \dfrac{f(x)}{F(x)}$ 也不存在，此时应使用其他方法求极限。

三、其他类型未定式

除 $\dfrac{0}{0}$ 型与 $\dfrac{\infty}{\infty}$ 型外，还有 $0 \cdot \infty$、$\infty - \infty$、0^0、1^∞、∞^0 等类型。

可通过适当变形先将它们化为未定式 $\dfrac{0}{0}$ 型与 $\dfrac{\infty}{\infty}$ 型，然后应用罗必达法则进行计算。

例 9　求 $\lim\limits_{x \to 0+0} x^n \ln x$　　（$n > 0$）

解：$\lim\limits_{x \to 0+0} x^n \ln x \overset{0 \cdot \infty}{=} \lim\limits_{x \to 0+0} \dfrac{\ln x}{\dfrac{1}{x^n}} = \lim\limits_{x \to 0+0} \dfrac{\ln x}{x^{-n}}$

$$= \lim_{x \to 0+0} \frac{\dfrac{1}{x}}{-nx^{-n-1}} = \lim_{x \to 0+0} \frac{-x^n}{n} = 0$$

注意，"$0 \cdot \infty$"型未定式既可化为"$\dfrac{0}{0}$"型也可转化为"$\dfrac{\infty}{\infty}$"型，究竟如何转化，应依变形后分子分母导数及其比的极限容易计算而定，上题转化为"$\dfrac{0}{0}$"型问题会复杂化。

例 10 求 $\lim\limits_{x \to \frac{\pi}{2}} (\sec x - \tan x)$

解：$\lim\limits_{x \to \frac{\pi}{2}} (\sec x - \tan x) \overset{\infty-\infty}{=\!=\!=} \lim\limits_{x \to \frac{\pi}{2}} \left(\dfrac{1}{\cos x} - \dfrac{\sin x}{\cos x} \right) = \lim\limits_{x \to \frac{\pi}{2}} \dfrac{1 - \sin x}{\cos x} \overset{\frac{0}{0}}{=} \lim\limits_{x \to \frac{\pi}{2}} \dfrac{-\cos x}{-\sin x} = 0$

"1^∞、0^0、∞^0"型未定式属于指数型未定式，首先运用到指数性质 $e^{\ln x} = x$，($x > 0$) 其次将其指数部分转化为 $\dfrac{0}{0}$ 型与 $\dfrac{\infty}{\infty}$ 型求出极限，最后，根据复合函数的连续性求出指数型未定式极限即可。

习题 3 – 2

一、填空题

(1) $y = \sin x$ 在 $[o, \pi]$ 上符合罗尔定理条件的 $\xi = $ _____

(2) $\lim\limits_{x \to 0} \dfrac{x + \sin x}{\ln(1 + x)} = $ _____

(3) 计算 $\lim\limits_{x \to o} \dfrac{x^2}{\sqrt{1 + x\sin x} - \sqrt{\cos x}} = $ _____

(4) $\lim\limits_{x \to +\infty} \dfrac{x - \sin x}{x + \sin x} = $ _____

(5) $\lim\limits_{x \to +\infty} \dfrac{\sqrt{1 + x^2}}{x} = $ _____

二、求下列函数的极限

(1) $\lim\limits_{x \to \pi} \dfrac{\sin 3x}{\tan 5x}$

(2) $\lim\limits_{x \to \frac{\pi}{2}} \dfrac{\ln \sin x}{(\pi - 2x)^2}$

(3) $\lim\limits_{x \to 0} \left(\dfrac{1}{x^2} - \dfrac{1}{x\tan x} \right)$

(4) $\lim\limits_{x \to 0} \dfrac{x - \sin x}{x^3}$

(5) $\lim\limits_{x \to 0^+} x^x$

(6) $\lim\limits_{x \to 0} \dfrac{\sin x - x\cos x}{\sin^2 x}$

(7) $\lim\limits_{x \to 0} \dfrac{1 + \sin^2 x - \cos x}{\tan^2 x}$

(8) $\lim\limits_{x \to \frac{\pi}{2}^+} \dfrac{\ln \left(x - \dfrac{\pi}{2} \right)}{\tan x}$

三、用罗必达法则求下列极限

(1) $\lim\limits_{x \to 0} \dfrac{\sin ax}{\sin bx}(b \neq 0)$

(2) $\lim\limits_{x \to 0} \dfrac{e^x - e^{-x}}{\sin x}$

(3) $\lim\limits_{x \to 0^+} \dfrac{\ln\tan 7x}{\ln\tan 2x}$

(4) $\lim\limits_{x \to 0}(\dfrac{1}{x} - \dfrac{1}{e^x - 1})$

(5) $\lim\limits_{x \to 0} x\cot 2x$

(6) $\lim\limits_{x \to 0^+} x^{\sin x}$

(7) $\lim\limits_{x \to 0} \dfrac{e^x - x - 1}{x(e^x - 1)}$

(8) $\lim\limits_{x \to 0} \dfrac{\tan x - x}{x^3}$

(9) $\lim\limits_{x \to 0} \dfrac{x - \arcsin x}{x^3}$

第三节 函数单调性与极值的判定

1. 函数单调性的判定

设曲线 $y = f(x)$ 在 (a, b) 内每一点都存在切线，且这些切线与 x 轴的正方向的夹角 α 都是锐角，若 $\tan\alpha = f'(x) > 0$，则函数 $y = f(x)$ 在 (a, b) 内是单增的；反之函数 $y = f(x)$ 在 (a, b) 内是单减的（如图 3-3 所示）。

定理 3.3.1（判定法）设函数 $y = f(x)$ 在 $[a,b]$ 上连续,在 (a,b) 内可导：

(1) 如果在 (a, b) 内 $f'(x) > 0$，那么函数 $y = f(x)$ 在 $[a, b]$ 上单调增加；

(2) 如果在 (a, b) 内 $f'(x) < 0$，那么函数 $y = f(x)$ 在 $[a, b]$ 上单调减少。

注：判定法中的闭区间换成其他各种区间，包括无穷区间，结论也成立。函数在整个定义域上并不具有单调性，但在其各个部分区间上却具有单调性。

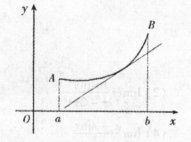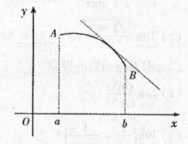

图 3-3

确定函数的单调性的一般步骤是：

(1) 确定函数的定义域；

(2) 求出使 $f'(x) = 0$ 和 $f'(x)$ 不存在的点，并以这些点为分界点，将定义域分成若干个子区间；

（3）确定 $f'(x)$ 在各子区间内的符号，从而判定出 $f(x)$ 的单调性。

利用函数的单调性证明不等式：

（1）作辅助函数 $F(x) = f(x) - g(x)$

（2）验证 $F(a)$ 是否等于 0？

（3）求 $F'(x)$，若 $F'(x) > 0$ 且 $F(a) = 0$，则不等式就得到证明。

（$\because F'(x) > 0, \therefore F(x)$ 单增，则当 $x > a$ 时，有 $F(x) > F(a) = 0$，即 $f(x) > g(x)$）

例 1 确定函数 $f(x) = x^3 - 6x^2 + 9x - 1$ 的单调区间

解： 函数的定义域为 $(-\infty, +\infty)$

$f'(x) = 3x^2 - 12x + 9 = 3(x-1)(x-3)$

令 $f'(x) = 0$ 得 $x_1 = 1, x_2 = 3$

这两个根把 $(-\infty, +\infty)$ 分为三个区间 $(-\infty, 1), (1, 3), (3, +\infty)$，下面列表讨论：

x	$(-\infty, 1)$	1	$(1, 3)$	3	$(3, +\infty)$
$f'(x)$	+	0	—	0	+
$f(x)$	↗		↘		↗

由上表可知，函数的单调增加区间为 $(-\infty, 1)$ 和 $(3, +\infty)$，单调减少区间为 $(1, 3)$。

2. 函数的极值

如图 3-4 可以看出函数在 c_1, c_4 处的函数值 $f(c_1), f(c_4)$ 比其左右邻近函数值要大，这样的点称为极大值点，其对应的函数值 $f(c_1), f(c_4)$ 称为极大值。相反，点 c_2, c_5 称为函数 $f(c_2), f(c_5)$ 的极小值点，$f(c_2), f(c_5)$ 称为极小值。

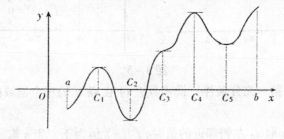

图 3-4

定义 3.3.1 设函数 $f(x)$ 在区间 (a, b) 内有定义，x_0 是 (a, b) 内的一个点。如果存在着点 x_0 的一个领域，对于这个领域内任何异于 x_0 的点 x，都有 $f(x) < f(x_0)$（$f(x) > f(x_0)$），则称 $f(x_0)$ 是函数 $f(x)$ 的一个极大值（极小值），点 x_0 叫做函数 $f(x)$ 的一个极大值点（极小值点）。（如图 3—4）

我们将使得函数单调性发生变化的点称为极值点，导致函数从单增变化到单减变化的点称为极大值点，导致函数从单减变化到单增变化的点称为极小值点（如图3—5）。

函数的极大值与极小值统称极值，使函数取得极值的极大值点与极小值点统称为极值点。

注：

（1）函数的极大值与极小值的概念是局部性的；仅仅当函数单调性发生且只发生一次变化时，极值点才是最值点。

（2）函数的极大值不一定比极小值大。

（3）函数的极值一定出现在区间内部，在区间端点处不能取得极值。

如图3-4在函数取得极值处，曲线的切线是水平的即 $f'(x_0) = 0$；反之，曲线上有水平切线的地方，即使 $f'(x_0) = 0$，函数不一定取得极值。例如：c_3 处有水平切线，但 $f(c_3)$ 并不是极值。

定理 3.3.2（必要条件） 设函数 $f(x)$ 在点 x_0 可导，且在点 x_0 取得极值，则函数 $f(x)$ 在点 x_0 的导数 $f'(x_0) = 0$。

使导数为零的点（即方程 $f'(x) = 0$ 的实根）叫做函数 $f(x)$ 的驻点。可导函数的极值点必为驻点；反之，驻点不一定是极值点。函数的某些不可导点也可能是函数的极值点。

因此，函数的驻点和不可导点，都可能成为函数的极值点。求出驻点后，需判定求得的驻点是否是极值点？是极大值还是极小值？

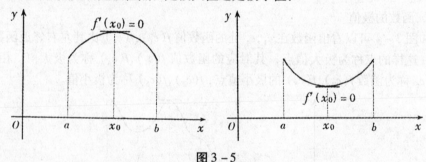

图 3 - 5

定理 3.3.3（第一充分条件） 设函数 $f(x)$ 在点 x_0 的一个领域内可导且 $f'(x_0) = 0$

（1）如果当 x 取 x_0 左侧邻近的值时，$f'(x)$ 恒为正；当 x 取 x_0 右侧邻近的值时，$f'(x)$ 恒为负，则函数 $f(x)$ 在点 x_0 处取得极大值；

（2）如果当 x 取 x_0 左侧邻近的值时，$f'(x)$ 恒为负；当 x 取 x_0 右侧邻近的值时，$f'(x)$ 恒为正，则函数 $f(x)$ 在点 x_0 处取得极小值；

（3）如果当 x 取 x_0 两侧邻近的值时，$f'(x)$ 同号，则函数 $f(x)$ 在点 x_0 处取不到极值。

求函数极值的步骤：

（1）求出函数的定义域；

（2）求出导数 $f'(x)$；

（3）令 $f'(x) = 0$，求出 $f(x)$ 的全部驻点，并求出导数不存在的点；

（4）用驻点和导数不存在的点把函数的定义域划分成部分区间，考察每个部分区间内 $f'(x)$ 的符号，利用定理确定是否是极值点，如果是极值点，确定是极大值点还是极小值点；

（5）求出各极值点的函数值，即得函数 $f(x)$ 的全部极值。

例2 求出函数 $f'(x) = x^3 - 3x^2 - 9x + 5$ 的极值。

解：$f(x)$ 定义域为 $(-\infty, +\infty)$

$$f'(x) = 3x^2 - 6x - 9 = 3(x + 1)(x - 2)$$

函数 $f(x)$ 在定义域内无不可导的点，令 $f'(x) = 0$，驻点为 $x_1 = -1, x_2 = 3$

列表讨论如下：

x	$(-\infty, -1)$	-1	$(-1, 3)$	3	$(3, +\infty)$
$f'(x)$	$+$	0	$-$	0	$+$
$f(x)$	↗	极大值10	↘	极小值—22	↗

由上表可知，函数的极大值为 $f(-1) = 10$，极小值 $f(3) = -22$。

例3 求函数 $f(x) = \sqrt{x^3 - x^2 - x + 1}$ 的极值

解：$f(x)$ 的定义域是 $(-\infty, +\infty)$

$$f'(x) = \frac{3x^2 - 2x - 1}{3(x^3 - x^2 - x + 1)^{\frac{2}{3}}} = \frac{(3x + 1)(x - 1)}{3(x - 1)^{\frac{4}{3}}(x + 1)^{\frac{2}{3}}}$$

令 $f'(x) = 0$，得 $x = -\frac{1}{3}$；当 $x = \pm 1$ 时，$f'(x)$ 不存在。

列表：

x	$(-\infty, -1)$	-1	$\left(-1, -\frac{1}{3}\right)$	$-\frac{1}{3}$	$\left(-\frac{1}{3}, 1\right)$	1	$(1, +\infty)$
$f'(x)$	$+$	不存在	$+$	0	$-$	不存在	$+$
$f(x)$	↗		↗	极大值	↘	极小值	↗

极大值 $f\left(-\frac{1}{3}\right) = \frac{2}{3}^3$；极小值 $f(1) = 0$。

例4 讨论函数 $f(x) = (2x - 1)\sqrt[3]{(1 - x)^2}$ 的单调性，并求极值。

解：该函数定义域为 $(-\infty, +\infty)$

$$f'(x) = 2(1 - x)^{\frac{2}{3}} + (2x - 1)\frac{2}{3}(1 - x)^{-\frac{1}{3}}(-1) = \frac{2}{3}\frac{(4 - 5x)}{\sqrt[3]{1 - x}}$$

令 $f'(x) = 0$，则 $x = \dfrac{4}{5}$ 为驻点，$x = 1$ 为不可导点。

x	$\left(-\infty, \dfrac{4}{5}\right)$	$\dfrac{4}{5}$	$\left(\dfrac{4}{5}, 1\right)$	1	$(1, +\infty)$
$f(x)$	$+$	0	$-$	0	$+$
$f(x)$	↗	极大值	↘	极小值	↗

$\therefore \left(-\infty, \dfrac{4}{5}\right), [1, +\infty)$ 为单增区间。

$\left[\dfrac{4}{5}, 1\right]$ 为单减区间，极大值 $f\left(\dfrac{4}{5}\right) = \dfrac{3}{25}\sqrt[3]{5}$，极小值 $f(1) = 0$。

用上述充分条件判别函数的极值，要对所有可能极值点左右两旁的导数符号进行讨论，其解题过程较为麻烦，如果函数在驻点处的二阶导数存在且不为零，则可用以下较为方便的方法进行判断：

定理 3.3.4 **（第二充分条件）** 设函数 $f(x)$ 在点 x_0 处具有二阶导数且 $f'(x_0) = 0$，$f''(x_0) \neq 0$，那么

（1）当 $f''(x_0) < 0$，函数 $f(x)$ 在点 x_0 处取得极大值；

（2）当 $f''(x_0) > 0$，函数 $f(x)$ 在点 x_0 处取得极小值；

（3）当 $f''(x_0) = 0$，定理失效，可能是极值，也可能不是极值。

例5 函数 $f(x) = (x^2 - 1)^3 + 1$ 的极值

解：函数的定义域为 $(-\infty, +\infty)$

$f'(x) = 6x(x^2 - 1)^2 = 0$，则 $f(x)$ 的驻点为 $x = -1, x = 0, x = 1$，且无导数不存在的点。

由 $f''(x) = 6(x^2 - 1)(5x^2 - 1)$，得 $f''(0) = 6 > 0, f''(-1) = f''(1) = 0$，从而 $x = 0$ 为极小值点，极小值 $f(0) = 0$，

但定理对于 $x = \pm 1$ 判断失效，用第一充分条件判断。所以需列表讨论如下：

x	$(-\infty, -1)$	-1	$(-1, 0)$	0	$(0, 1)$	1	$(1, +\infty)$
$f'(x)$	$-$	0	$-$	0	$+$	0	$+$
$f(x)$	↘	非极值点	↘	极小值	↗	非极值点	↗

则函数的极值为极小值 $f(0) = 0$。

习题 3 - 3

一、选择题

（1）设 $f(x)$ 在点 x_0 处取得极值，则（　　　）

A. $f'(x_0)$ 不存在或 $f'(x_0) = 0$　　　　　　B. $f'(x_0)$ 必定不存在

C. $f'(x_0)$ 必定存在且 $f'(x_0) = 0$　　　　D. $f'(x_0)$ 必定存在,不一定为零

(2) 函数 $y = x + \dfrac{4}{x}$ 的单调递减区间为(　　)

A. $(-\infty, -2)$ 和 $(2, +\infty)$　　　　　　B. $(-2,2)$

C. $(-\infty,0)$ 和 $(0, +\infty)$　　　　　　　D. $(-2,0)$ 和 $(0,2)$

(3) 设 $y = 2x^2 + ax + 3$ 在点 $x = 1$ 取得极小值,则 $a = (\quad)$

A. 4　　　　　　B. -4　　　　　C. 0　　　　　D. 2

(4) 设函数 $f(x)$ 在 $[0,1]$ 上可导,且 $f'(x) > 0$,若已知 $f(0) < 0, f(1) > 0$,则方程 $f(x) = 0$ 在区间 $(0,1)$ 内(　　)

A. 至少有两个根　　　　　　　　　B. 有且仅有一个根

C. 没有根　　　　　　　　　　　　D. 根的个数不确定

(5) 设 $f(x) = xe^{-x}$,则 $f(x)$ 的极值为(　　)

A. 极大值 $f(1) = e^{-1}$　　　　　　　B. 极小值 $f(1) = e^{-1}$

C. 极小值 $f(1) = e^{-1}$　　　　　　　D. 极大值 $f(1) = -e^{-1}$

(6) 已知 $f'(x_0) = f''(x_0) = 0$,则 $f(x)$ 在 $x = x_0$ 处(　　)

A. 一定有极大值　　　　　　　　　B. 一定有极小值

C. 不一定有极值　　　　　　　　　D. 一定没有极值

二、填空题

(1) 函数 $y = \ln(1 + x^2)$ 的单增区间是 _____

(2) 函数 $y = x + \sqrt{1-x}$ 在 $x = $ _____ 处取得极 _____ 值为 _____

(3) 设 $f(x) = x(x^2 - 1)(x - 3)$,则 $f'(x) = 0$ 的实根个数为 _____

(4) 函数 $f(x) = Axe^{x^2}$ 在 $(0, +\infty)$ 上单调减少,则 $A = $ _____

(5) 已知 $f(x) = a\sin x + \dfrac{1}{3}\sin 3x$($a$ 为常数) 在 $x = \dfrac{\pi}{3}$ 处取得极值,则

$a = $ _____

三、判定下列函数的极值及单调区间

(1) $y = x^3 - 3x^2 - 9x + 5$　　　　　(2) $y = 2x^3 - 3x^2$

(3) $y = x + \tan x$　　　　　　　　　(4) $y = \dfrac{3x^2 + 4x + 4}{x^2 + x + 1}$

(5) $f(x) = \sin x + \cos x$ 在区间 $[0, 2\pi]$ 内的极值

四、利用函数的单调性证明不等式

(1) 当 $x > 0$ 时, $x > \ln(1 + x)$

(2) 当 $x > 0$ 时, $\arctan x + \dfrac{1}{x} > \dfrac{\pi}{2}$

(3) 当 $x > 0$ 时, $\sin x > x - \dfrac{x^3}{6}$

第四节 函数的最大值和最小值

在一些生产实践中，常常需要解决在一定条件下，考虑用料最省，效率最高、时间最少，成本最低等问题。这些问题，在数学上反映为求函数的最大值和最小值问题。

设函数 $f(x)$ 在 $[a,b]$ 上有定义，若 $[a,b]$ 上存在一点 x_0，使得对任意的 $x \in [a,b]$ 都有 $f(x_0) \geqslant f(x)[$ 或 $f(x_0) \leqslant f(x)]$，则称 $f(x_0)$ 为函数 $f(x)$ 在闭区间 $[a,b]$ 上的最大值（或最小值），最大值和最小值统称为最值。

若 $f(x)$ 在闭区间 $[a,b]$ 上连续，在开区间 (a,b) 内可导，根据连续函数在闭区间上的性质可知，函数 $f(x)$ 在 $[a,b]$ 上一定有最大值和最小值。怎样求函数在闭区间上的最值呢？

函数在闭区间上的最值不外乎有以下三种情况：（1）如果函数的最大（小）值是在区间内部某点取得，那么这个最大（小）值一定也是它的极大（小）值，并且这个最大（小）值只能在函数的驻点处求得。（2）最大值和最小值也可能在区间端点处求得。（3）如果函数的最大（小）值是在区间端点处取得，而最小（大）值在区间内的极值点上求得。

求可导函数 $f(x)$ 在 $[a,b]$ 上的最大值和最小值的方法是：

（1）求出 $f(x)$ 在 $[a,b]$ 内的全部驻点和一阶不可导点的函数值；

（2）求出端点的的函数值；

（3）比较以上函数值，其中最大的便是函数的最大值，最小的便是函数的最小值。

例1 求函数 $f(x) = x^3 - 3x^2 - 9x + 30$ 在 $[-2,2]$ 上的最大值与最小值。

解：（1）函数 $f(x)$ 在 $[-2,2]$ 上连续，在 $(-2,2)$ 内可导，

且 $f'(x) = 3x^2 - 6x - 9 = 3(x-3)(x+1)$

令 $f'(x) = 0$，求得在 $(-2,2)$ 内驻点 $x = -1$

（2）比较驻点与端点处的函数值：$f(-1) = 35, f(-2) = 28, f(2) = 8$

（3）可知函数在 $[-2,2]$ 上的最大值为35，最小值为8

在实际问题中，如果函数 $f(x)$ 在某区间内可导且有唯一的极值点 x_0，而且从实际出发 $f(x)$ 在 (a,b) 内必定有最大（小）值，那么当 $f(x_0)$ 是极大值时，$f(x_0)$ 就是 $f(x)$ 在该区间上的最大值（图3-6）。当 $f(x_0)$ 是极小值时，$f(x_0)$ 就是 $f(x)$ 在该区间上的最小值（图3-7）。

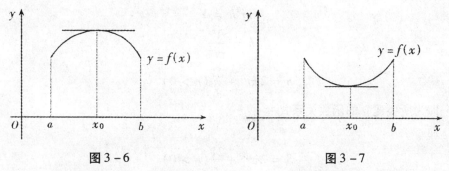

图 3 - 6   图 3 - 7

例2 用边长为48cm的正方形铁皮做成一个无盖的铁盒时，在铁皮的四角各截去一个面积相等的小正方形（图3—8a），然后把四边折起，就能焊成铁盒（3—8b）。问在四角截去多大的正方形，才能使所做的铁盒容积最大？

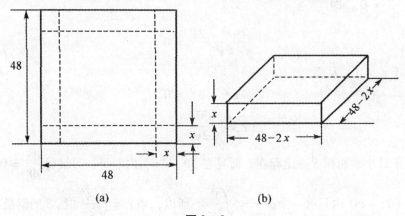

(a)   (b)

图 3 - 8

解： 设截去的小正方形的边长为$x$cm，铁盒的容积为Vcm^3，则有

$$V = x(48 - 2x)^2 \qquad (0 < x < 24)$$

即x何值时，V在区间（0，24）内取得最大值。

$$V' = 12(24 - x)(8 - x)$$

令$V' = 0$，求得在（0，24）内函数的驻点为$x = 8$

由题意知，铁盒必然存在最大容积，且函数在（0，24）内只有一个驻点，所以，当$x = 8$时，函数V取得最大值。也就是说，当所截去的正方形的边长为8cm时，铁盒的容积最大。

例3 某车间要生产一批带盖的圆柱形铁桶，要求每个铁桶的容积为定值V。怎样设计才能使材料最省？

解： 首先应该建立在容积V为定值的条件下，表面积S与半径r之间的函数关系。

$$S = 2\pi r^2 + 2\pi rh$$

由于铁桶的容积为定值V，即

$$\pi r^2 h = V$$

$$h = \frac{V}{\pi r^2}$$

$$S = 2\pi r^2 + \frac{2V}{r} (r > 0)$$

即为所要建立的函数关系式

而

$$S = 2\pi r^2 + \frac{2V}{r} (r > 0)$$

求导数
$$\frac{dS}{dr} = 4\pi r - \frac{2V}{r^2} = \frac{4\pi r^3 - 2V}{r^2}$$

令 $\frac{dS}{dr} = 0$，即

$$\frac{4\pi r^3 - 2V}{r^2} = 0$$

由于 $r > 0$，从而

$$4\pi r^3 - 2V = 0$$

$$r = \sqrt[3]{\frac{V}{2\pi}}$$

由于最小表面积 S 一定存在，而且在 $(0, +\infty)$ 内取得；可解得 $\frac{dS}{dr} = 0$

在 $(0, +\infty)$ 内只有一个根 $r = \sqrt[3]{\frac{V}{2\pi}}$，所以，当 $r = \sqrt[3]{\frac{V}{2\pi}}$ 时，S 的值最小。这时铁桶的高为

$$h = \frac{V}{\pi r^2} = \frac{Vr}{\pi} \cdot \frac{1}{r^3} = \frac{Vr}{\pi} \cdot \frac{2\pi}{V} = 2r$$

由此可见，当铁桶的高等于底面直径时，所用材料最省。

习题 3 - 4

一、选择题

（1）设函数 $y = f(x)$ 满足方程 $f''(x) - 2f'(x) + f(x) = 0$，如果 $f(x) > 0$，且 $f'(x_0) = 0$，则函数 $f(x)$ 在点 x_0 处（   ）

A. 有极大值   B. 有极小值   C. 某邻域内单增   D. 某邻域内单减

（2）设 $f(x) = bx^3 - 6bx^2 + c$ 在区间 $[-1, 2]$ 上的最大值为 3，最小值为 -29，又 $b > 0$ 则 $b, c = ($ $)$

A. $b = 1, c = 2$ B. $b = 2, c = 3$ C. $b = 3, c = 2$ D. $b = 1, c = 3$

（3）函数 $f(x) = \frac{x^3}{3} - 3x^2 + 9x$ 在区间 $[0, 4]$ 上的最大值点为 $x = ($ $)$

A. −4   B. 4   C. 0   D. 1

二、求下列函数在给定区间上的最大及最小值

(1) $y = x^4 - 2x^2 + 5$, $[-2,2]$ (2) $y = \ln(x^2 + 1)$, $[-1,2]$

(3) $y = \sin 2x - x$, $\left[-\dfrac{\pi}{2}, \dfrac{\pi}{2}\right]$ (4) $y = x + \sqrt{1-x}$, $[-5,1]$

三、欲用围墙围成面积为 $216 m^2$ 的一块矩形土地，并在正中用一堵墙将其隔成两块，问这块土地的长和宽应选取多大尺寸，才能使所用建筑材料最省？

四、某铁路隧道截成矩形加半圆的形状，截面积为 am^2，问底宽 x 为多少时，才能使建造时所用的材料最省？

五、欲围造一个面积为 15000 平方米的运动场，其正面材料造价为每平方米 600 元，其余三面材料造价为每平方米 300 元，试问正面长为多少米才能使材料费最少？

六、某车间靠墙壁要盖一间长方形小屋，现有存砖只够砌墙 20m，问应围成长方形才能使这间小屋面积最小？

七、把长为 24 厘米的铁丝剪成两段，一段做成圆，另一段做成正方形，应如何剪法才能使圆与正方形面积之积最小？

第五节　函数图形的凹凸性和拐点

为了进一步研究函数的特性和作出函数的图像，我们将研究曲线的弯曲方向等问题。

一、曲线的凹凸性和拐点

定义 3.5.1 如果在某区间内的曲线弧位于其上任意一点处切线的上方，则称此曲线弧在该区间内是凹的，此区间称为凹区间；如果在某区间内的曲线弧位于其上任意一点处切线的下方，则称此曲线弧在该区间内是凸的，此区间称为凸区间。

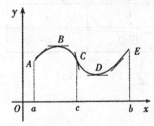

图 3 - 9

显然，如图 3 - 9，在 (a, c) 区间函数是凸性，在 (c, b) 区间函数是凹性。

连续曲线上凸的曲线弧和凹的曲线弧的分界点称为曲线的拐点。

定理 3.5.1（判定定理） 设 $f(x)$ 在 (a, b) 内具有二阶导数：（1）如果在 (a, b) 内 $f''(x) > 0$，那么曲线在 (a, b) 内是凹的；（2）如果在 (a, b) 内 $f''(x) < 0$，那么曲线在 (a, b) 内是凸的。

拐点的求法：

（1）确定函数 $y = f(x)$ 的定义域；

（2）求出定义域内使 $f''(x) = 0$ 和 $f''(x)$ 不存在的点 x_0；

（3）在点 x_0 左右近旁判断 $f''(x)$ 的符号：如果符号相反，那么点 $(x_0, f(x_0))$ 就为拐点；如果符号相同，那么点 $(x_0, f(x_0))$ 就不是拐点。

例1 求曲线 $y = x^3 - 3x^2$ 的凹凸区间和拐点

解：函数的定义域为 $(-\infty, +\infty)$

由于 $y' = 3x^2 - 6x$

$y'' = 6x - 6 = 6(x - 1)$

令 $y'' = 0$ 得 $x = 1$，列表如下：

x	$(-\infty, 1)$	1	$(1, +\infty)$
y''	—	0	+
y	⌢	拐点	⌣

则曲线在 $(1, +\infty)$ 内是凹的；在 $(-\infty, 1)$ 内是凸的。

曲线拐点为 $(1, -2)$

例2 求曲线 $y = (x - 1)\sqrt[3]{x^5}$ 的凹凸区间和拐点

解：函数的定义域为 $(-\infty, +\infty)$

由于 $y = x^{\frac{8}{3}} - x^{\frac{5}{3}}$

$y' = \dfrac{8}{3}x^{\frac{5}{3}} - \dfrac{5}{3}x^{\frac{2}{3}}$ $\qquad y'' = \dfrac{40}{9}x^{\frac{2}{3}} - \dfrac{10}{9}x^{-\frac{1}{3}} = \dfrac{10}{9} \cdot \dfrac{4x - 1}{\sqrt[3]{x}}$

令 $y'' = 0$ 得 $x = \dfrac{1}{4}$， 而当 $x = 0$ 时，y'' 不存在，列表如下：

x	$(-\infty, 0)$	0	$(0, \frac{1}{4})$	$\frac{1}{4}$	$(\frac{1}{4}, +\infty)$
y''	+	不存在	—	0	+
y	⌣	拐点	⌢	拐点	⌣

则曲线在 $(-\infty, 0)$ 和 $(\dfrac{1}{4}, +\infty)$ 内是凹的；在 $(0, \dfrac{1}{4})$ 内是凸的。

曲线拐点为 $(0, 0)$ 和 $(\dfrac{1}{4}, -\dfrac{3}{16\sqrt[3]{16}})$

例3 求曲线方程 $y = ax^3 + bx^2 + cx + d$ 中的 a, b, c, d，使得点 $(-2, 44)$ 为驻点，点 $(1, -10)$ 为拐点。

分析：∵ y 为3次多项式，具有连续的导数。

∴ 在驻点处一阶导数为0，在拐点处二阶导数为0

解:$y'|_{x=-2} = 12a - 4b + c = 0$

$\quad y''|_{x=1} = 6a + 2b = 0$

$\quad -8a + 4b - 2c + d = 44$

$\quad a + b + c + d = -10$

解以上方程组:$a = 1 \quad b = -3 \quad c = -24 \quad d = 16$

二、函数图像的描绘

水平渐近线: 如果 $\lim\limits_{x\to\infty}f(x) = b$ 成立,则 $y = b$ 称为曲线 $y = f(x)$ 的水平渐近线。

垂直渐近线: 如果 $\lim\limits_{x\to x_0}f(x) = \infty$ 成立,则 $x = x_0$ 称为曲线 $y = f(x)$ 的垂直渐近线。

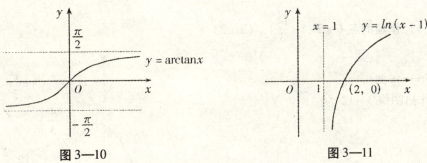

图 3—10 　　　　　　　　　　　　　 图 3—11

例如:$y = \arctan x$ 有两条水平渐进线(图 3 – 10),$y = \ln(x - 1)$ 有垂直渐进线(图 3 – 11)。

例 4 　求曲线 $y = \dfrac{1}{x - 1}$ 的渐近线

解: 因 $\lim\limits_{x\to\infty}\dfrac{1}{x - 1} = 0$,故 $y = 0$ 为曲线的水平渐近线;

因 $\lim\limits_{x\to 1+0}\dfrac{1}{x - 1} = +\infty$, $\lim\limits_{x\to 1-0}\dfrac{1}{x - 1} = -\infty$,故 $x = 1$ 为曲线的垂直渐近线。

函数图像的描绘方法(利用导数描绘函数图像)

(1) 确定函数定义域,讨论函数奇偶性、周期性,判断曲线的对称性。

(2) 求函数的一阶导数和函数的二阶导数,令 $f'(x) = 0$,$f''(x) = 0$ 求出在函数定义域内的全部实根;并求出导数不存在的点;把函数的定义域划分成部分区间。

(3) 考察每个部分区间内 $f'(x)$、$f''(x)$ 的符号,列表确定函数单调性和极值;讨论曲线的凹凸性和拐点。

(3) 确定函数曲线的水平渐近线和垂直渐近线;

(4) 补充一些点以便把图像描绘准确,连成光滑的曲线。

例5 作函数 $y = \dfrac{x^3}{3} - x^2 + 2$ 的图像

解：（1）定义域为 $(-\infty, +\infty)$

（2）$y' = x^2 - 2x = x(x-2)$　　由 $y' = 0$ 得 $x_1 = 0$，$x_2 = 2$

$y'' = 2x - 2 = 2(x-1)$　　由 $y'' = 0$ 得 $x = 1$

（3）列表讨论：

x	$(-\infty, 0)$	0	$(0, 1)$	1	$(1, 2)$	2	$(2, +\infty)$
y'	+	0	−		−	0	+
y''	−		−	0	+		+
y	↗	极大值2	↘	拐点$\left(1, \dfrac{4}{3}\right)$	↘	极小值$\dfrac{2}{3}$	↗

（4）作辅助点 $\left(-2, -\dfrac{14}{3}\right)$，$(3, 2)$

（5）作图：
作出图像 3 – 12

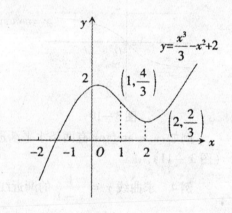

图 3 – 12

习题 3 – 5

一、选择题

（1）设函数 $y = f(x)$ 满足方程 $f''(x) - 2f'(x) + f(x) = 0$，如果 $f(x) > 0$，且 $f'(x_0) = 0$，则函数 $f(x)$ 在点 x_0 处（　　　　）

A. 有极大值　B. 有极小值　　C. 某邻域内单增　　　D. 某邻域内单减

（2）设 $f(x) = bx^3 - 6bx^2 + c$ 在区间 $[-1, 2]$ 上的最大值为3，最小值为 -29，又 $b > 0$ 则 $b, c =$（　　　　）

A. $b = 1$，$c = 2$　　　B. $b = 2$，$c = 3$　　　C. $b = 3$，$c = 2$　　　D. $b = 1$，$c = 3$

（3）曲线 $y = 2x^3 + 3x^3 - 12x + 14$ 的拐点为（　　　　）

A. （1，9）　　　　B. （$\frac{1}{2}$，5）　　　　C. （$\frac{1}{2}$，9）　　　D. （9，$\frac{1}{2}$）

（4）曲线 $y = x\sin\frac{1}{x}$（　　　　）

A. 仅有水平渐进线　　　　　　　B. 既有水平渐进线又有垂直渐进线

C. 仅有垂直渐进线　　　　　　　D. 既无水平渐进线又无垂直渐进线

（5）设在区间 （a，b） 内，$f'(x) > 0$，$f''(x) < 0$ 则在区间 （a，b） 内，曲线 $y = f(x)$ 的图形 （　　　）

A. 沿 x 轴正向下降且为凸的　　B. 沿 x 轴正向上升且为凸的

C. 沿 x 轴正向上升且为凹的　　D. 沿 x 轴正向下降且为凹的

（6）函数 $y = e^{-x}$ 在定义域内是单调（　　　）

A. 增加且上凹的　　　　　　　　B. 增加且下凹的

C. 减少且上凹的　　　　　　　　D. 减少且下凹的

（7）函数 $f(x) = \frac{x^3}{3} - 3x^2 + 9x$ 在区间[0,4]上的最大值点为 $x =$（　　　　）

A. -4　　　　　　B. 4　　　　　　　C. 0　　　　　　D. 1

（8）曲线 $y = 6x - 24x^2 + x^4$ 的凸区间是（　　　　）

A （-2，2）　　B. （$-\infty$,0）　　C. （0，$+\infty$）　　D. （$-\infty$，$+\infty$）

二、填空题

（1）曲线 $y = \frac{x}{2+x}$ 的铅直渐近线为 _____

（2）曲线 $y = \frac{x^2}{2} - e^x$ 的拐点坐标为 _____

（3）函数 $y = x + 2\sqrt{x}$ 在区间[0,4]上的最大值 为_____；最小值为_____

（4）若点 （1，3） 为曲线 $y = ax^3 + bx^2$ 的拐点。则 $a =$ _____，b = _____

三、解答题

（1）求 $f(x) = x + 2\sqrt{1-x}$ 在区间 [-3,1] 上的最大值和最小值

（2）求函数 $f(x) = x^4 + 2x^3 + 2$ 的凹凸区间和拐点

（3）求函数 $f(x) = x + x^{\frac{5}{3}}$ 的凹凸区间和拐点

（4）在曲线 $y = \sqrt{x}$ 上求一点 M_0，使过点 M_0 的切线平行于直线 $x - 2y + 5 = 0$，并求过点 M_0 的切线方程和法线方程

（5）作函数 $f(x) = e^{-x^2}$ 的图形

第三章总复习题

一、选择题

（1）函数 $y = ax^2 + c$ 在区间 $(0, +\infty)$ 内单调增加，则 a、c 应满足（　　）

A. $a < 0$ 且 $c = 0$ B. $a > 0$ 且 c 是任意单数

C. $a < 0$ 且 $c \neq 0$ D. $a < 0$ 且 c 是任意单数

（2）曲线 $f(x) = x^3 + 24x - 12$ 在定义域内（　　）

A. 单调增加   B. 单调减少   C. 凹的   D. 凸的

（3）下列求极限问题能使用罗必达法则的是（　　）

A. $\lim\limits_{x \to 0} \dfrac{x^2 \sin \frac{1}{x}}{\sin x}$ B. $\lim\limits_{x \to \frac{\pi}{2}} \dfrac{\sec x}{\tan x}$ C. $\lim\limits_{x \to 0} (1 - 3x)^{\frac{1}{2x}}$ D. $\lim\limits_{x \to +\infty} \dfrac{x}{\sqrt{x^2 + 1}}$

（4）函数 $y = e^x + e^{-x}$ 的极小值点为（　　）

A. 0   B. -1 C. 1   D. 2

（5）若点 $(1,3)$ 是曲线 $y = ax^3 + bx^2$ 的拐点，则 a,b 的值分别是（　　）

A. $\dfrac{9}{2}$；$-\dfrac{3}{2}$ B. -6；9 C. $-\dfrac{3}{2}$；$\dfrac{9}{2}$ D. 6；-9

（6）函数 $y = \cos^2 \dfrac{x}{2}$，则 $y'' = $（　　）

A. $\dfrac{1}{2} \cos x$ B. $-\dfrac{1}{2} \cos x$ C. $\dfrac{1}{2} \sin x$ D. $-\dfrac{1}{2} \sin x$

（7）$f(x) > 0, x \in (a,b)$ 是函数 $y = f(x)$ 在区间 (a,b) 内单调增加的（　　）

A. 必要条件，但非充分条件   B. 充分条件，但非必要条件

C. 充要条件   D. 无关条件

（8）下列函数在给定的区间上满足罗尔定理条件的是（　　）

A. $f(x) = (x-1)^{\frac{2}{3}}, [0,2]$ B. $f(x) = x^2 - 4x + 3, [1,3]$

C. $f(x) = x\cos x, [0,\pi]$ D. $f(x) = \begin{cases} x+1, & x < 3 \\ 1, & x \geq 3 \end{cases}, [0,3]$

（9）设 $\ln y = xy + \cos x$，求 $\dfrac{dy}{dx}\Big|_{x=0} = $（　　）

A. e   B. $-e$ C. $-e^2$ D. e^2

（10）曲线 $y = \ln(1 + e^x)$ 的水平渐近线为（　　）

A. $y = 0$ B. $x = 0$ C. $y = x$ D. $y = -x$

二、填空题

（1）函数 $y = x^3 + 12x + 1$ 在定义域内的单调性为 ＿＿＿＿＿

(2) 设 $f(x)$ 在点 x_0 处可导,且在点 x_0 处取得极小值,则曲线 $y = f(x)$ 在点 $(x_0, f(x_0))$ 处的切线方程为 _____

(3) 已知 $y = [\ln(1 - x)]^2$,求 $dy =$ _____

(4) 曲线 $y = \sqrt[3]{x}$ 的拐点为 _____

(5) $\lim\limits_{x \to 0} \dfrac{1 - \cos x}{x \ln(1 - x)} =$ _____

(6) 设 $y = 2x^2 + ax + 3$ 在点 $x = 1$ 取得极小值,则 $a =$ _____

(7) 设 $f(x) = (1 + x^2)\arctan x$,则 $f'(0) =$ _____

三、求下列函数的单调区间与极值

1. $f(x) = 2x^3 - 6x^2 - 18x + 7$　　　　2. $f(x) = (x - 1)(x + 1)^3$

3. $f(x) = \dfrac{2x}{1 + x^2}$　　　　　　　4. $y = x + \tan x$

四、求下列函数图形的拐点及凹凸区间

1. $y = x^3 - 5x^2 + 3x + 5$　　　　　2. $y = xe^{-x}$

3. $y = (x + 1)^4 + e^x$　　　　　　　4. $y = \ln(x^2 + 1)$

五、证明下列不等式

(1) 当 $x > 0$ 时,$1 + x\ln(x + \sqrt{1 + x^2}) > \sqrt{1 + x^2}$

(2) 当 $0 < x < \dfrac{\pi}{2}$ 时,$\tan x > x + \dfrac{1}{3}x^3$

(3) 当 $0 < x < 1$ 时,$e^{2x}(1 + x) < 1 + x$

六、甲船以每小时 20km 的速度向东行驶,同一时间乙船在甲船正北 82km 处以每小时 16km 的速度向南行驶,试问经过多少时间两船距离最近?

七、对物体的长度进行了 n 次测量,得 n 个数 $x_1, x_2 \cdots x_n$,现在要确定一个量 x,使得 x 与测量的数值之差的平方和为最小,x 应为多少?

八、证明方程 $x^5 + 2x^3 + 3x + 4 = 0$ 必有一个实数根。

九、设曲线方程 $y = k(x^2 - 3)^2$,试确定常数 k,使曲线拐点处的法线通过原点。

十、要建造周长为 800m 的矩形运动场,问长、宽各为多少时才能使面积最大?

第三章测试题

一、填空题

（1）对于函数 $f(x) = x^3$，在区间 $[-1,2]$ 上满足拉格朗日中值定理的 $f'(\xi)$ _____

（2）设函数 $f(x) = \sqrt{2x - x^2}$，它在区间 $(1，2)$ 内单调减少，则在区间 _____ 内单调增加。

（3）曲线 $y = \dfrac{1}{3}x^3 - x^2 + 1$ 的拐点坐标 (x_0, y_0) = _____

（4）设函数 $y = 2x^2 + ax + 3$ 在点 $x = 1$ 处取得最小值，则 a = _____

（5）设在 $(a，b)$ 内的曲线弧是上型的（或凹的，下凸的），则曲线弧必位于其每一总处的切线 _____ 方

二、选择题

（1）下列极限中能用罗必达法则的有（　　）

A. $\lim\limits_{x \to +\infty} \dfrac{\sqrt{x+1}}{\sqrt{x+3}}$　　　　B. $\lim\limits_{x \to \infty} \dfrac{\sin x}{x}$　　　　C. $\lim\limits_{x \to \infty} \dfrac{1}{x}$　　　　D. $\lim\limits_{x \to 0} \dfrac{\sin x}{x}$

（2）设 $f(x)$ 在 $(-\infty，+\infty)$ 内可导，且对任意的 $x_1、x_2$，都有 $f(x_1) > f(x_2)$，则（　　）

A. 对任意 x，有 $f(x) > 0$　　　　　　B. 对任意 x，有 $f(x) \leqslant 0$

C. 函数 $f(-x)$ 单调增加　　　　　　D. 函数 $-f(-x)$ 单调增加

（3）下列函数中在 $[1，e]$ 上满足拉格朗日中值定理条件的是（　　）

A. $\ln(\ln x)$　　　　B. $\ln x$　　　　C. $\dfrac{1}{\ln x}$　　　　D. $\ln(2 - x)$

（4）设函数 $f(x)$ 在区间 $[0,1]$ 上可导，$f(x) < 0$ 且 $f(0) > 0, f(1 < 0$，则 $f(x)$ 在 $[0,1]$ 内（　　）

A. 至少有两个零点　　　　　　　　B. 有且仅有一个零点

C. 没有零点　　　　　　　　　　　D. 零点不能确定

（5）下列函数在 $(-\infty，+\infty)$ 内单调增加的是（　　）

A. $y = x$　　　　B. $y = -x$　　　　C. $y = x^2$　　　　D. $y = \sin x$

（6）设 $f(x) = \dfrac{1}{3}x^3 - x$，则 $x = 1$ 是 $f(x)$ 在 $[-2,2]$ 上的（　　）

A. 极小值点，但不是最小值点　　　　B. 极小值点，也是最小值点

C. 极大值点，但不是最大值点　　　　D. 极大值点，也是最大值点

（7）函数 $y = f(x)$ 在点 $x = 0$ 处的二阶导数存在且 $f(0) = 0, f(0) > 0$，则下列结论正确的是（　　）

A. $x = 0$ 不是函数 $f(x)$ 的驻点　　　　B. $x = 0$ 不是函数 $f(x)$ 的极值点

C. $x = 0$ 是函数 $f(x)$ 的极小值点　　　　D. $x = 0$ 是函数 $f(x)$ 的极大值点

(8) 设 $f(x)$ 的导数在 $x = a$ 处连续，又 $\lim\limits_{x \to a} \dfrac{f(x)}{x - a} = -1$，则（　　　）

A. $x = 0$ 是 $f(x)$ 的极小值点　　　　B. $x = a$ 是 $f(x)$ 的极大值点

C. $(a, f(a))$ 是曲线 $y = f(x)$ 的拐点

D. $x = a$ 不是 $f(x)$ 的极值点，$(a, f(a))$ 也不是曲线 $y = f(x)$ 的拐点

(9) 设 $y = f(x)$ 二阶可导，由 $f(x) < 0$，又 $\Delta y = f(x + \Delta x) - f(x)$，$dy = f(x)\Delta x$，则当 $\Delta x > 0$ 时，有____

A. $\Delta y > dy > 0$　　　　　　　　B. $\Delta y < dy < 0$

C. $dy > \Delta y > 0$　　　　　　　　D. $dy < \Delta y < 0$

(10) 函数 $f(x) = (x - 1)(x - 2)(x - 3)$，则方程 $f(x) = 0$ 有（　　　）

A. 一个实根　　　B. 两个实根　　　C. 三个实根　　　D. 无实根

二、求下列极限

(1) $\lim\limits_{x \to +\infty} \dfrac{\ln(\ln x)}{x}$

(2) 设 $\lim\limits_{x \to 2} \dfrac{x^2 + x + a}{x - 2} = 5$，求 a

三、解答题

(1) 求 $y = x^2 \tan x$ 的极值与极值点，单调区间

(2) 判断曲线 $y = 3x^3 - 4x^2 - x + 1$ 的凹向

四、证明方程 $x^3 + x - 1 = 0$ 有且仅有一个正实根

五、其房地产公司有 50 套公寓要出租，当租金为为每月 180 元时，公寓会全部租出去，当租金每月增加 10 元时，就有一套公寓租不出去，而租出去的房子每月需花费 20 元的整修维护费，试辨别房租应为多少可获得最大收入？

六、证明：当 $x > 0$ 时，$x - \dfrac{x^2}{2} < \ln(1 + x) < x$

第四章　不定积分

微分学和积分学是互逆的。本章将从已知某函数的导函数求这个函数来引进不定积分的概念，介绍几种基本的积分方法。

第一节　不定积分的概念及性质

一、不定积分

定义 4.1.1：如果在区间 I 内，可导函数 $F(x)$ 的导函数为 $f(x)$，即对任一 $x \in I$，都有 $F'(x) = f(x)$ 或 $\mathrm{d}F(x) = f(x)\mathrm{d}x$

则 $F(x)$ 称为 $f(x)$ 在 I 内的一个原函数。

例：因为 $(\sin x)' = \cos x$，所以 $\sin x$ 是 $\cos x$ 的一个原函数；因为 $(\frac{1}{2}x^2)' = x$，所以 $\frac{1}{2}x^2$ 是 x 的一个原函数等。

说明：①连续函数一定有原函数，

②若 $F(x)$ 是 $f(x)$ 的一个原函数，则 $f(x)$ 的所有原函数可表示为 $F(x) + C$。

例：$(x^2)' = 2x$，$(x^2 + 1)' = 2x$，$\cdots\cdots$，$(x^2 + c)' = 2x$，则 $x^2, x^2 + 1, \cdots\cdots, x^2 + c$ 都是 $2x$ 的原函数。

定义 4.1.2：在 I 内，函数 $f(x)$ 的全体原函数 $F(x) + C$ 称为 $f(x)$ 的不定积分，记作：$\int f(x)\mathrm{d}x = F(x) + C$　　其中：$\int$ 为积分号，$f(x)$ 为被积函数，$f(x)\mathrm{d}x$ 为被积表达式，x 为积分变量。

例：由于 $(\frac{x^2}{2} + c)' = x$，所以 $\int x\mathrm{d}x = \frac{x^2}{2} + c$；由于 $(\sin x + c)' = \cos x$，所以 $\int \cos x\mathrm{d}x = \sin x + c$，等

例 1　求下列不定积分：

(1) $\int x^3\mathrm{d}x$　　　　　　(2) $\int \cos x\mathrm{d}x$　　　　　　(3) $\int 2e^x\mathrm{d}x$

解：(1) $\because (\frac{1}{4}x^4 + c)' = x^3$，　　$\therefore \int x^3\mathrm{d}x = \frac{1}{4}x^4 + c$

(2) $\because (\sin x + c)' = \cos x$，　　$\therefore \int \cos x\mathrm{d}x = \sin x + c$

(3) $\because (2e^x + c)' = 2e^x$，　　　　$\therefore \int 2e^x\mathrm{d}x = 2e^x + c$

二、基本积分公式

由不定积分的定义可知，其运算为微分的逆运算。因此我们可以利用导数公式得到积分公式。

不定积分的基本积分公式：

(1) $\int k\mathrm{d}x = kx + c$（k 为常数）　　(2) $\int x^{\alpha}\mathrm{d}x = \dfrac{1}{\alpha + 1}x^{\alpha+1} + c\,(\alpha \neq -1)$

(3) $\int \dfrac{1}{x}\mathrm{d}x = \ln|x| + c$　　(4) $\int \mathrm{e}^x\mathrm{d}x = \mathrm{e}^x + c$

(5) $\int a^x\mathrm{d}x = \dfrac{1}{\ln a}a^x + c$　　(6) $\int \sin x\mathrm{d}x = -\cos x + c$

(7) $\int \cos x\mathrm{d}x = \sin x + c$　　(8) $\int \sec^2 x\mathrm{d}x = \tan x + c$

(9) $\int \csc^2 x\mathrm{d}x = -\cot x + c$　　(10) $\int \sec x\tan x\mathrm{d}x = \sec x + c$

(11) $\int \csc x\cot x\mathrm{d}x = -\csc x + c$　　(12) $\int \dfrac{1}{\sqrt{1 - x^2}}\mathrm{d}x = \arcsin x + c$

(13) $\int \dfrac{1}{1 + x^2}\mathrm{d}x = \arctan x + c$

三、不定积分的性质

1. 积分与微分的互逆运算性质

(1) $\dfrac{\mathrm{d}}{\mathrm{d}x}\left[\int f(x)\mathrm{d}x\right] = f(x)$ 或 $\mathrm{d}\left[\int f(x)\mathrm{d}x\right] = f(x)\mathrm{d}x$

(2) $\int F'(x)\mathrm{d}x = F(x) + C$ 或 $\int \mathrm{d}F(x) = F(x) + C$

2. 不定积分的运算性质

性质1：若 $f(x)$，$g(x)$ 都有原函数，

则 $\int[f(x) \pm g(x)]\mathrm{d}x = \int f(x)\mathrm{d}x \pm \int g(x)\mathrm{d}x$

即和函数可以逐项积分。

性质2：$f(x)$ 有原函数，$k \neq 0$，

则 $\int kf(x)\mathrm{d}x = k\int f(x)\mathrm{d}x$

即被积函数中不为零的常数因子可以提到积分号外面来。

例2　计算 $\int\left(\dfrac{1}{x^3} - x\sqrt{x} + \dfrac{1}{2\sqrt{x}} + 1\right)\mathrm{d}x$

解：原式 $= \int x^{-3}\mathrm{d}x - \int x^{\frac{3}{2}}\mathrm{d}x + \dfrac{1}{2}\int x^{-\frac{1}{2}}\mathrm{d}x + x = -\dfrac{1}{2x^2} - \dfrac{2}{5}x^{\frac{5}{2}} + \sqrt{x} + x + c$

例 3　$\displaystyle\int \frac{\sqrt{1+x^2}}{\sqrt{1-x^4}}\mathrm{d}x$

分析： 先将被积函数通过代数变换，再用基本积分公式可求出不定积分的结果。

解： 原式 $= \displaystyle\int \frac{\sqrt{1+x^2}}{\sqrt{1+x^2}\ \sqrt{1-x^2}}\mathrm{d}x = \int \frac{1}{\sqrt{1-x^2}}\mathrm{d}x = \arcsin x + c$

例 4　若 $f(x)$ 的一个原函数是 $x\ln x - x$，则 $\displaystyle\int \mathrm{e}^{2x}f'(\mathrm{e}^x)\mathrm{d}x = (\qquad\qquad)$

分析： 根据原函数定义若 $F'(x) = f(x)$，则 $F(x)$ 是 $f(x)$ 的一个原函数。

解： 据题意 $f(x) = (x\ln x - x)'$，即 $f(x) = \ln x$

由此可得：$f'(x) = \dfrac{1}{x}$，$f'(\mathrm{e}^x) = \mathrm{e}^{-x}$

$\therefore \displaystyle\int \mathrm{e}^{2x}f'(\mathrm{e}^x)\mathrm{d}x = \int \mathrm{e}^{2x}\cdot \mathrm{e}^{-x}\mathrm{d}x = \mathrm{e}^x + c$

例 5　计算 $\displaystyle\int \frac{1}{\sin^2 x \cos^2 x}\mathrm{d}x$

解： 原式 $= \displaystyle\int \frac{\sin^2 x + \cos^2 x}{\sin^2 x \cos^2 x}\mathrm{d}x = \int \frac{1}{\cos^2 x} + \frac{1}{\sin^2 x}\mathrm{d}x = \tan x - \cot x + c$

例 6　$\displaystyle\int \cos^2 \frac{x}{2}\mathrm{d}x$

分析： 用降幂公式：$\cos^2 \dfrac{x}{2} = \dfrac{1+\cos x}{2}$

解： $\displaystyle\int \cos^2 \frac{x}{2}\mathrm{d}x = \int \frac{1+\cos x}{2}\mathrm{d}x$

$= \dfrac{1}{2}\displaystyle\int \mathrm{d}x + \dfrac{1}{2}\int \cos x\,\mathrm{d}x$

$= \dfrac{x}{2} + \dfrac{1}{2}\sin x + c$

由以上例子可看出，直接利用不定积分的性质和基本积分公式求积分，或者将被积函数作简单的代数、三角恒等变形，再利用积分的两条基本性质，然后化成基本积分公式求出结果，这种求积分的方法称为直接积分法。

注意：（1）在求出一个原函数后，切记要"$+c$"，否则求出的只是一个原函数，而不是不定积分。

（2）在分项积分后，几个不定积分的任意常数就不具体写出来，直接写一个任意常数即可。

（3）要检验积分结果是否正确，只要把结果求导，看它的导数是否等于被积函数。

（4）基本积分公式中没有可以直接套用的公式，但可以先将被积函数变形——化为和式，然后再逐项积分。

三、不定积分的几何意义

函数 $f(x)$ 的一个原函数 $F(x)$ 的图形叫做函数 $f(x)$ 的积分曲线。不定积分 $\int f(x)\,\mathrm{d}x$ 在几何上就表示某一条积分曲线沿着 y 轴作平行线移动所得到的积分曲线族，它们的方程是 $y = F(x) + C$

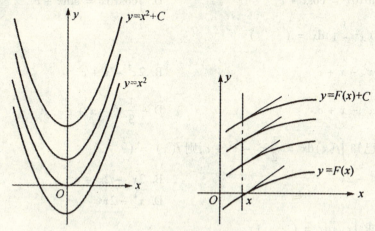

图 4 - 1

例 7　已知曲线的切线斜率 $k = x$，若曲线经过点（2，1），求此曲线方程。

解：设曲线方程为 $y = f(x)$，根据题意 $k = f'(x) = x$，

我们知道 $\left(\dfrac{x^2}{2} + c\right)' = x$，则 $y = \int x\,\mathrm{d}x = \dfrac{x^2}{2} + c$，又曲线经过点（2，1）

所以 $c = -1$，则 $y = \dfrac{1}{2}x^2 - 1$

习题 4 - 1

一、选择题

（1）设 x^2 为 $f(x)$ 的一个原函数，则 $f(x) = (\quad\quad)$

A. x^2　　　　　B. $-x^2$　　　　　C. $2x$　　　　　D. $-2x$

（2）设 $f(x) = \sin x$，则不定积分 $\int f'(x)\,\mathrm{d}x = (\quad\quad)$

A. $\sin x + c$　　　　B. $\cos x + c$　　　　C. $-\sin x + c$　　　　D. $-\cos x + c$

（3）函数 $\cos\dfrac{\pi}{2}x$ 的一个原函数是（　　）

A. $\dfrac{\pi}{2}\sin\dfrac{\pi}{2}x$　　　B. $\dfrac{2}{\pi}\sin\dfrac{\pi}{2}x$　　　C. $-\dfrac{2}{\pi}\sin\dfrac{\pi}{2}x$　　　D. $-\dfrac{\pi}{2}\sin\dfrac{\pi}{2}x$

（4）设函数 $f(x) = e^{2x}$ ，则不定积分 $\int f\left(\dfrac{\pi}{2}\right) dx$ 等于（　　）

A. $2e^x + c$　　　　B. $e^x + c$　　　　C. $2e^{2x} + c$　　　D. $e^{2x} + c$

（5）下列不定积分正确的是（　　）

A. $\int x^2 dx = x^3 + c$　　　　　　B. $\int \dfrac{1}{x^2} dx = \dfrac{1}{x} + c$

C. $\int \sin x dx = \cos x + c$　　　　　D. $\int \cos x dx = \sin x + c$

（6）$\int (x^2 - 1) dx = (\quad)$

A. $\dfrac{1}{2}x^2 - x + c$　　　　　　B. $2x^2 - x + c$

C. $\dfrac{1}{3}x^3 - x + c$　　　　　　D $-\dfrac{1}{3}x^3 - x + c$

（7）已知 $\int f(x) dx = \dfrac{1}{2}x^4 - x^2 + c$，则 $f(x) = (\quad)$

A. $2x^3 - 2x$　　　　　　　B. $2x^3 - 2x + c$

C. $x^3 - x$　　　　　　　　D. $x^4 - 2x$

（8）求 $\int x\sqrt{x} dx = (\quad)$

A. $\dfrac{3}{5}x^{\frac{5}{3}} + c$　　　　　　　B. $-\dfrac{3}{5}x^{\frac{5}{3}} + c$

C. $\dfrac{2}{5}x^{\frac{5}{2}}$　　　　　　　　D. $\dfrac{2}{5}x^{\frac{5}{2}} + c$

（9）下列等式正确的是（　　）

A. $d\int f(x) dx = f(x)$　　　　　B. $\int f'(x) dx = f(x) + c$

C. $\int df(x) = f(x)$　　　　　　D. $\dfrac{d}{dx}\int f(x) dx = f(x) + c$

二、填空题

（1）设 $\int f'(\tan x) dx = \tan x + x + c$，则 $f(x) = $ _____

（2）设 $f(x)$ 为可导函数，则 $[\int f(x) dx]'$ 为 _____

（3）$\int (e^x + 2) dx = $ _____

（4）$\int \dfrac{2}{\sqrt{1 - x^2}} dx = $ _____

（5）$\int \dfrac{(1 - x)^2}{3\sqrt{x}} dx = $ _____

三、求下列不定积分

(1) $\int \dfrac{1}{x^3}\mathrm{d}x$

(2) $\int \sin^2\dfrac{x}{2}\mathrm{d}x$

(3) $\int(\sqrt{x}+1)(\sqrt{x^3}-\sqrt{x}+1)\mathrm{d}x$

(4) $\int \dfrac{x^2+\sqrt{x^3}+3}{\sqrt{x}}\mathrm{d}x$

(5) $\int 2^x\cdot\mathrm{e}^x\mathrm{d}x$

(6) $\int \dfrac{x^4}{1+x^2}\mathrm{d}x$

(7) $\int \sqrt{x\sqrt{x\sqrt{x}}}\,\mathrm{d}x$

(8) $\int \dfrac{\mathrm{d}x}{x^2(1+x^2)}$

(9) $\int \dfrac{\mathrm{d}x}{\sin^2\dfrac{x}{2}\cos^2\dfrac{2x}{2}}$

(10) $\int \dfrac{1}{1+\sin x}\mathrm{d}x$

四、求下列不定积分

(1) $\int\left(\sqrt[3]{x}-\dfrac{1}{\sqrt{x}}\right)\mathrm{d}x$

(2) $\int(2^x+x^2)\mathrm{d}x$

(3) $\int \cot^2 x\mathrm{d}x$

(4) $\int\left(\dfrac{1}{x}-2^x+5\cos x\right)\mathrm{d}x$

(5) $\int \dfrac{\cos 2x}{\cos^2 x\sin^2 x}\mathrm{d}x$

(6) $\int \mathrm{e}^x\left(1-\dfrac{\mathrm{e}^{-x}}{\sqrt{x}}\right)\mathrm{d}x$

(7) $\int \dfrac{2\cdot 3^x-5\cdot 2^x}{3^x}\mathrm{d}x$

(8) $\int \sec x(\sec x-\tan x)\mathrm{d}x$

五、某曲线在任一点的切线斜率等于该点横坐标的倒数，且通过点（e^2,3），求该曲线方程。

六、填空：

(1) $\mathrm{d}x=$ _____ $\mathrm{d}(ax)$

(2) $\mathrm{d}x=$ _____ $\mathrm{d}(7x-3)$

(3) $x\mathrm{d}x=$ _____ $\mathrm{d}(x^2)$

(4) $x\mathrm{d}x=$ _____ $\mathrm{d}(1-x^2)$

(5) $\mathrm{e}^{2x}=$ _____ $\mathrm{d}(\mathrm{e}^{2x})$

(6) $\sin\dfrac{3}{2}x\mathrm{d}x=$ _____ $\mathrm{d}\left(\cos\dfrac{3}{2}x\right)$

(7) $\dfrac{\mathrm{d}x}{x}=$ _____ $\mathrm{d}(5\ln|x|)$

(8) $\dfrac{\mathrm{d}x}{1+9x^2}=$ _____ $\mathrm{d}(\arctan 3x)$

(9) $\dfrac{\mathrm{d}x}{\sqrt{1-x^2}}=$ _____ $\mathrm{d}(1-\arcsin x)$

(10) $\dfrac{x\mathrm{d}x}{\sqrt{1-x^2}}=$ _____ $\mathrm{d}(\sqrt{1-x^2})$

七、已知一物体自由下落，$t=0$ 时的位置为 s_0，初速度为 v_0，试求物体下落的规律。

八、求一曲线 $y=f(x)$，设曲线在点（$x,f(x)$）处的切线斜率为 $2x$，且通过点（2，5）。

第二节　不定积分的积分方法

一、换元积分法

（一）第一换元积分法（凑微分法）。

用直接积分法所能计算的不定积分非常有限，所以，有必要对积分法进行研究。用第一换元法是求复合函数的不定积分的基本方法，把复合函数的微分法反过来，用与求不定积分，利用中间变量的替换，得到复合函数的积分法。

定理 4.2.1. 如果 $\int f(x)\mathrm{d}x = F(x) + C$

则　　　$\int f(u)\mathrm{d}u = F(u) + C$

其中 $u = \varphi(x)$ 是 x 的任一可微函数，这个定理将范围扩大，积分公式中的 x 都可换为 u。

例：求 $\int \cos 3x\mathrm{d}x$ 是复合函数，不能直接用基本积分公式，为了套用基本积分

公式 $\int \cos x\mathrm{d}x = \sin x + c$，就必须把原积分进行变形，"凑"成微分式。即

$$\int \cos 3x\mathrm{d}x = \frac{1}{3}\int \cos 3x\mathrm{d}(3x) \xrightarrow{\text{令}3x=u} \frac{1}{3}\int \cos u\mathrm{d}u = \frac{1}{3}\sin u + c \xrightarrow{\text{回代}u=3x} \frac{1}{3}\sin 3x + c$$

一般地，设 $f(u)$ 的原函数是 $F(u)$，即 $F'(u) = f(u)$，又令 $u = \varphi(x)$，且 $\varphi(x)$ 可微，有 $F'[\varphi(x)] = f'[\varphi(x)]\varphi'(x)$

$\therefore \int f[\varphi(x)]\varphi'(x)\mathrm{d}x = F[\varphi(x)] + C = \int f(u)\mathrm{d}u\big|_{u=\varphi(x)}$

定理 4.2.2 设 $f(u)$ 有原函数 $F(u), u = \varphi(x)$ 可导，则

$$\int f[\varphi(x)]\varphi'(x)\mathrm{d}x = \int f[\varphi(x)]\mathrm{d}\varphi(x) \xrightarrow{\text{令}\varphi(x)=u} \int f(u)\mathrm{d}u = F(u) + C$$

$$\xrightarrow{\text{回代}u=\varphi(x)} F[\varphi(x)] + C$$

当运算比较熟练以后，设变量代换和回代这两个步骤可以省略不写。以下分类来举例介绍一些典型求积分方法。

1. 凑常数：$\mathrm{d}x = \dfrac{1}{a}\mathrm{d}(ax + b)(a \neq 0)$

例 1　求 $\int \sqrt[3]{1 - 5x}\mathrm{d}x$

解：原式 $= \int (1 - 5x)^{\frac{1}{3}}(-\dfrac{1}{5})\mathrm{d}(1 - 5x)$

$$= -\frac{1}{5}\int (1-5x)^{\frac{1}{3}}d(1-5x)$$

$$= -\frac{3}{35}(1-2x)^{\frac{7}{3}} + c$$

例2 推导下列积分公式

(1) $\displaystyle\int \frac{1}{\sqrt{a^2-x^2}}dx = \arcsin\frac{x}{a} + c(a>0)$

(2) $\displaystyle\int \frac{1}{x^2-a^2}dx = \frac{1}{2a}\ln\left|\frac{x-a}{x+a}\right| + c$

解: (1) $\displaystyle\int \frac{1}{\sqrt{a^2-x^2}}dx = \int \frac{1}{a\sqrt{1-\left(\frac{x}{a}\right)^2}}dx$

$$= \int \frac{1}{\sqrt{1-\left(\frac{x}{a}\right)^2}}d\left(\frac{x}{a}\right)$$

$$= \arcsin\left(\frac{x}{a}\right) + c$$

(2) $\displaystyle\int \frac{1}{x^2-a^2}dx = \int \frac{1}{2a}\left(\frac{1}{x-a} - \frac{1}{x+a}\right)dx$

$$= \frac{1}{2a}\left(\int \frac{1}{x-a}dx - \int \frac{1}{x+a}dx\right)$$

$$= \frac{1}{2a}\left(\int \frac{1}{x-a}d(x-a) - \int \frac{1}{x+a}d(x+a)\right)$$

$$= \frac{1}{2a}\left(\ln|x-a| - \ln|x+a|\right) + c$$

$$= \frac{1}{2a}\ln\left|\frac{x-a}{x+a}\right| + c$$

例3 求 $\displaystyle\int \frac{1+2\sqrt{x}}{\sqrt{x}(x+\sqrt{x})}dx$

分析: $\because d(x+\sqrt{x}) = \dfrac{2\sqrt{x}+1}{2\sqrt{x}}$ 用凑微分法求不定积分

解: 原式 $= 2\displaystyle\int \frac{1}{x+\sqrt{x}} \cdot \frac{2\sqrt{x}+1}{2\sqrt{x}}dx$

$$= 2\int \frac{1}{x+\sqrt{x}}d(x+\sqrt{x})$$

$$= 2\ln\left|x+\sqrt{x}\right| + c$$

例4 求 $\displaystyle\int \sin^2x dx$

解: $\int \sin^2 x \mathrm{d}x = \int \frac{1}{2}(1 - \cos 2x)\mathrm{d}x$

$$= \frac{1}{2}\int \mathrm{d}x - \frac{1}{2}\int \cos 2x \cdot (\frac{1}{2})\mathrm{d}(2x)$$

$$= \frac{1}{2}x - \frac{1}{4}\sin 2x + c$$

2. 凑幂函数：$x^\mu \mathrm{d}x = \frac{1}{\mu + 1}\mathrm{d}(x^{\mu+1} + b)(\mu \neq -1)$

例5 求 $\int x \sqrt{x^2 - 3}\mathrm{d}x$

解: $\int x \sqrt{x^2 - 3}\mathrm{d}x = \int (x^2 - 3)^{\frac{1}{2}} \cdot \frac{1}{2}\mathrm{d}(x^2 - 3)$

$$= \frac{1}{2}\int (x^2 - 3)^{\frac{1}{2}}\mathrm{d}(x^2 - 3)$$

$$= \frac{1}{3}(x^2 - 3)^{\frac{3}{2}} + c$$

例6 求 $\int \frac{\mathrm{e}^{2\sqrt{x}-1}}{\sqrt{x}}\mathrm{d}x$

解: $\int \frac{\mathrm{e}^{2\sqrt{x}-1}}{\sqrt{x}}\mathrm{d}x = \int \mathrm{e}^{2\sqrt{x}-1}\mathrm{d}(2\sqrt{x} - 1)$

$$= \mathrm{e}^{2\sqrt{x}-1} + c$$

3. 其它类型

凑幂函数：$\frac{1}{2\sqrt{x}}\mathrm{d}x = \mathrm{d}(\sqrt{x})$，$\frac{1}{x^2}\mathrm{d}x = -\mathrm{d}(\frac{1}{x})$；

凑对数函数：$\frac{1}{x}\mathrm{d}x = \mathrm{d}(\ln|x|)$；凑指数函数：$\mathrm{e}^x\mathrm{d}x = \mathrm{d}(\mathrm{e}^x)$，$a^x\mathrm{d}x = \frac{1}{\ln a}\mathrm{d}(a^x)$；

凑三角函数：

$\sin x\mathrm{d}x = -\mathrm{d}(\cos x)$，$\cos x\mathrm{d}x = \mathrm{d}(\sin x)$，$\frac{1}{\cos^2 x}\mathrm{d}x = \sec^2 x\mathrm{d}x = \mathrm{d}(\tan x)$，

$\frac{1}{\sin^2 x}\mathrm{d}x = \csc^2 x\mathrm{d}x = -\mathrm{d}(\cot x)$，$\sec x\tan x\mathrm{d}x = \mathrm{d}(\sec x)$，$\csc x\cot x\mathrm{d}x = -\mathrm{d}(\csc x)$

凑反三角函数：$\frac{1}{\sqrt{1 - x^2}}\mathrm{d}x = \mathrm{d}(\arcsin x)$，$\frac{1}{1 + x^2}\mathrm{d}x = \mathrm{d}(\arctan x)$ 等。

要求熟记以上微分式和基本积分公式，通过大量的练习来积累经验，逐步掌握这一重要方法。从以上例子可看出，用第一换元法计算积分时，关键是把被积表达式凑成两部分，使其中一部分为 $\mathrm{d}\varphi(x)$，另一部分为 $\varphi(x)$ 的函数 $f[\varphi(x)]$，所以又把第一换元法称为凑微分法。

例7 求 $\int \frac{2\mathrm{e}^x}{\sqrt{1 - \mathrm{e}^{2x}}}\mathrm{d}x$

解：$\int \dfrac{2e^x}{\sqrt{1 - e^{2x}}}dx = \int \dfrac{2}{\sqrt{1 - (e^x)^2}}d(e^x)$

$\qquad\qquad\qquad = 2\arcsin(e^x) + c \qquad (x < 0)$

例 8　证明 $\int \tan x dx = -\ln|\cos x| + c$

解：$\int \tan x dx = \int \dfrac{\sin x}{\cos x}dx = -\int \dfrac{d(\cos x)}{\cos x}$

$\qquad\qquad = -\ln|\cos x| + c$

例 9　求 $\int \dfrac{\ln x + 2}{x \ln x(1 + x \ln^2 x)}dx$

分析：$\because (x \ln^2 x)' = \ln x(\ln x + 2) \therefore$ 将被积函数的分子、分母同乘以 $\ln x$

解：原式 $= \int \dfrac{\ln x(\ln x + 2)}{x \ln^2 x(1 + x \ln^2 x)}dx$

$\qquad = \int \dfrac{1}{x \ln^2 x(1 + x \ln^2 x)}d(x \ln^2 x)$

$\qquad = \int \left(\dfrac{1}{x \ln^2 x} - \dfrac{1}{1 + x \ln^2 x}\right)d(x \ln^2 x)$

$\qquad = \ln\left|\dfrac{x \ln^2 x}{1 + x \ln^2 x}\right| + c$

例 10　求 $\int \dfrac{x - \arctan x}{1 + x^2}dx$

解：原式 $= \int \dfrac{x}{1 + x^2}dx - \int \dfrac{\arctan x}{1 + x^2}dx$

$\qquad = \dfrac{1}{2}\int \dfrac{d(1 + x^2)}{1 + x^2} - \int \arctan x d(\arctan x)$

$\qquad = \dfrac{1}{2}\ln(1 + x^2) - \dfrac{1}{2}(\arctan x)^2 + c$

例 11　求 $\int \dfrac{2x + 3}{x^2 + 2x - 3}dx$

分析：$(x^2 + 2x - 3)' = 2x + 2$，且 $2x + 3 = 2x + 2 + 1$

解：原式 $= \int \dfrac{2x + 2}{x^2 + 2x - 3}dx + \int \dfrac{1}{x^2 + 2x - 3}dx$

$\qquad = \int \dfrac{1}{x^2 + 2x - 3}d(x^2 + 2x - 3) + \dfrac{1}{4}\int \dfrac{(x + 3) - (x - 1)}{(x + 3)(x - 1)}dx$

$\qquad = \ln|x^2 + 2x - 3| + \dfrac{1}{4}\int \left[\dfrac{1}{x - 1} - \dfrac{1}{x + 3}\right]dx$

$\qquad = \ln|x^2 + 2x - 3| + \dfrac{1}{4}\ln\left|\dfrac{x - 1}{x + 3}\right| + c$

习题 4 - 2

一、选择题

(1) $\int e^{-2x}dx$ 等于 (　　)

A. $2e^{-x} + c$

B. $\frac{1}{2}e^{-x} + c$

C. $-2e^{-2x} + c$

D. $-\frac{1}{2}e^{-2x} + c$

(2) 设 $F(x)$ 是 $f(x)$ 的一个原函数,则 $\int e^{-x}f(e^{-x})dx$ 等于 (　　)

A. $F(e^{-x}) + c$

B. $-F(e^{-x}) + c$

C. $F(e^x) + c$

D. $-F(e^x) + c$

(3) 不定积分 $\int\left(\frac{1}{\sin^2 x} + 1\right)d(\sin x)$ 等于 (　　)

A. $-\frac{1}{\sin x} + \sin + c$

B. $\frac{1}{\sin x} + \sin x + c$

C. $-\cot x + \sin x + c$

D. $\cot x + \sin x + c$

(4) $\int\frac{e^{\sqrt{x}}}{\sqrt{x}}dx = $ (　　)

A. $2e^{\sqrt{x}} + c$ 　　　 B. $e^{\sqrt{x}} + c$ 　　　 C. $e^x + c$ 　　　 D. $\frac{e^{\sqrt{x}}}{2x} + c$

(5) 已知 $\int f(x)dx = (x^2 - 1)e^{-x} + c$,则 $f(x) = $ (　　)

A. $(x^2 + 2x + 1)e^{-x}$

B. $-(2x - x)e^{-x}$

C. $(2x - x)e^{-x}$

D. $(-x^2 + 2x + 1)e^{-x}$

(6) 设 $f(x)$ 连续,则 $\left[\int f(e^{-x})dx\right]' = $ (　　)

A. $f(e^{-x})$ 　　　 B. $f(e^{-x})dx$ 　　　 C. $e^{-x}f(e^{-x})$ 　　　 D. $-e^{-x}f(e^{-x})$

(7) 设函数可导，则下列各式正确的是 (　　)

A. $\int f'(x)dx = f(x)$

B. $\frac{d}{dx}\int f(x)dx = f(x)$

C. $d\int f'(x)dx = f'(x)$

D. $\int f'(2x)dx = f(2x) + c$

(8) 下列不定积分正确的是 (　　)

A. $\int x^2 dx = x^3 + c$

B. $\int\frac{1}{x^2}dx = \frac{1}{x} + c$

C. $\int \sin x dx = \cos x + c$

D. $\int \cos x dx = \sin x + c$

二、填空题

(1) 设 $f(x)$ 为连续函数，则 $\dfrac{\mathrm{d}}{\mathrm{d}x}\displaystyle\int f(x)\mathrm{d}x =$ _____

(2) 已知 $\displaystyle\int f(u)\mathrm{d}u = F(u) + c$ ，则 $\displaystyle\int \dfrac{f(\ln x)}{x}\mathrm{d}x$ _____

(3) 设 $f(x) = \sin x$ ，则 $\displaystyle\int f'(x)\mathrm{d}x =$ _____

(4) 设 $F(x)$ 是函数 $\dfrac{\mathrm{e}^x}{x}$ 的一个原函数，则 $\mathrm{d}F(x^2) =$ _____

(5) 若 $f'(x^2) = \dfrac{1}{x}(x > 0)$ ，则 $f(x) =$ _____

(6) $\displaystyle\int \ln x\mathrm{d}x =$ _____

(7) 设 $\sin x$ 是 $f(x)$ 的一个原函数，则 $\displaystyle\int xf(x)\mathrm{d}x =$ _____

(8) $\displaystyle\int \dfrac{1}{x^2}\cos\dfrac{1}{x}\mathrm{d}x =$ _____

三、求下列不定积分

1. $\displaystyle\int (3 - 2x)^2\mathrm{d}x$
2. $\displaystyle\int x\sqrt{1 + x^2}\mathrm{d}x$
3. $\displaystyle\int x\sin(x^2 + 1)\mathrm{d}x$

4. $\displaystyle\int \sin^3 x\mathrm{d}x$
5. $\displaystyle\int x\mathrm{e}^{x^2}\mathrm{d}x$
6. $\displaystyle\int \dfrac{x^2}{\sqrt{1 - x^6}}\mathrm{d}x$

7. $\displaystyle\int \dfrac{1}{x\sqrt{1 - \ln^2 x}}\mathrm{d}x$
8. $\displaystyle\int \dfrac{1}{\sqrt{x - x^2}}\mathrm{d}x$
9. $\displaystyle\int \dfrac{(\arctan x)^2}{1 + x^2}\mathrm{d}x$

10. $\displaystyle\int \dfrac{1 - x^5}{x(1 + x^5)}\mathrm{d}x$
11. $\displaystyle\int \dfrac{1 - x}{\sqrt{9 - 4x^2}}\mathrm{d}x$
12. $\displaystyle\int \dfrac{\sin\sqrt{t}}{\sqrt{t}}\mathrm{d}t$

13. $\displaystyle\int \dfrac{1}{x^2}\sin\dfrac{1}{x}\mathrm{d}x$
14. $\displaystyle\int \dfrac{1}{x\sqrt{\ln x + 1}}\mathrm{d}x$
15. $\displaystyle\int 10^{2\arctan x} \cdot \dfrac{\mathrm{d}x}{\sqrt{1 - x^2}}$

16. $\displaystyle\int \cos(3x + 2)\mathrm{d}x$
17. $\displaystyle\int \dfrac{\mathrm{e}^x}{1 + \mathrm{e}^x}\mathrm{d}x$
18. $\displaystyle\int \dfrac{1}{x + x^2}\mathrm{d}x$

19. $\displaystyle\int x\sqrt{1 + x^2}\mathrm{d}x$
20. $\displaystyle\int \dfrac{1}{4 + 9x^2}\mathrm{d}x$

(二) 第二换元积分法

第一类换元法是将积分 $\displaystyle\int f[\varphi(x)]\varphi'(x)\mathrm{d}x$ 代换为积分 $\displaystyle\int f(u)\mathrm{d}u$ ，我们常常遇到相反的情形，如 $\sqrt{a^2 - x^2}$ 用第一类换元法就很困难，但用相反的方法适当地选择变量代换 $x = \varphi(t)$ ，从而将积分 $\displaystyle\int f(x)\mathrm{d}x$ 化为积分 $\displaystyle\int f[\varphi(t)]\varphi'(t)\mathrm{d}t$ ，就能顺利地求出结果。

$$\int f(x)\mathrm{d}x \xrightarrow{\ \ \diamondsuit x = \varphi(t)\ \ } \int f[\varphi(t)]\varphi'(t)\mathrm{d}t = F(t) + c \xrightarrow{\ \ 回代\,t = \varphi(x)\ \ } F[\varphi(x) + c]\ 叫做第二$$

换元积分法。

1. 被积函数中含 $f(\sqrt[n]{ax+b})$ 的情形

例 1 求不定积分 $\displaystyle\int \frac{1}{1 + \sqrt{1+x}}\mathrm{d}x$

解： 令 $t = \sqrt{1+x}$，则 $t^2 = 1+x$，$\mathrm{d}x = 2t\mathrm{d}t$ 代入上式有

$$\int \frac{1}{1 + \sqrt{1+x}}\mathrm{d}x = \int \frac{1}{1+t}\cdot 2t\mathrm{d}t = 2\int \left(1 - \frac{1}{1+t}\right)\mathrm{d}t$$

$$= 2(t - \ln|1+t|) + c = 2[\sqrt{1+x} - \ln(1 + \sqrt{1+x})] + c$$

例 2 求 $\displaystyle\int \frac{\mathrm{d}x}{\sqrt{x}(1 - \sqrt[3]{x})}$

解： 为了去掉被积函数的根号，由于 $\sqrt{x}$、$\sqrt[3]{x}$ 的根指数 2 和 3 的最小公倍数是 6，于是，令 $\sqrt[6]{x} = t\,(t > 0)$，即作代换 $x = t^6\,(t > 0)$，则

$$\int \frac{\mathrm{d}x}{\sqrt{x}(1 - \sqrt[3]{x})} \xrightarrow{\ \ \diamondsuit x = t^6\,(t>0)\ \ } \int \frac{6t^5\mathrm{d}t}{\sqrt{t^6}(1 - \sqrt[3]{t^6})}$$

$$= 6\int \frac{t^5\mathrm{d}t}{t^3(1 - t^2)} = 6\int \frac{t^2 - 1 + 1}{1 - t^2}\mathrm{d}t$$

$$= 6\int \left(\frac{1}{(1 - t^2)} - 1\right)\mathrm{d}t = 3\ln\left|\frac{1+t}{1-t}\right| - 6t + c$$

$$\xrightarrow{\ \ t = \sqrt[6]{x}\,回代\ \ } 3\ln\left|\frac{1 + \sqrt[6]{x}}{1 - \sqrt[6]{x}}\right| - 6\sqrt[8]{x} + c$$

2. 作三角函数代换

被积函数中若含有 $\sqrt{a^2 - x^2}$ 时，为了消去根式，应联想到有关的三角函数平方公式，为此，做三角代换，令

$$x = a\sin t\left(-\frac{\pi}{2} \leqslant t \leqslant \frac{\pi}{2}\right),$$

则 $\sqrt{a^2 - x^2} = a\cos t$ 且 $\mathrm{d}x = a\cos t\mathrm{d}t$

例 3 求不定积分 $\displaystyle\int \sqrt{a^2 - x^2}\,\mathrm{d}x$

解： 令 $x = a\sin t\left(-\dfrac{\pi}{2} \leqslant t \leqslant \dfrac{\pi}{2}\right)$，代入可得：

$$\int \sqrt{a^2 - x^2}\,\mathrm{d}x = \int a^2\cos^2 t\mathrm{d}t = a^2\int \frac{1 + \cos 2t}{2}\mathrm{d}t = \frac{a^2}{2}t + \frac{a^2}{4}\sin 2t + c$$

$$= \frac{a^2}{2}t + \frac{a^2}{2}\sin t\cos t + c$$

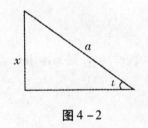

图 4-2

为了把 t 回代成 x 的函数，可根据 $\sin t = \dfrac{x}{a}$ 做辅助直

角三角形如图 4—2 所示，得

$$\cos t = \frac{\sqrt{a^2 - x^2}}{a}，\text{所求的不定积分为}$$

$$\int \sqrt{a^2 - x^2}\,\mathrm{d}x = \frac{a^2}{2}\arcsin \frac{x}{a} + \frac{1}{2}x \sqrt{a^2 - x^2} + c$$

同理可知，当被积函数含有 $\sqrt{a^2 - x^2}$ 时，可作三角代换

$$x = a\tan t$$

例 4 求不定积分 $\displaystyle\int \frac{1}{\sqrt{a^2 + x^2}}\mathrm{d}x$

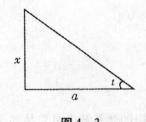

图 4-3

解 令 $x = a\tan t\left(-\dfrac{\pi}{2} < t < \dfrac{\pi}{2}\right)$，即 $\mathrm{d}x = a\sec^2 t\mathrm{d}t$，

而 $\sqrt{a^2 + x^2} = a\sec t$

所以 $\displaystyle\int \frac{\mathrm{d}x}{\sqrt{a^2 + x^2}} = \int \frac{a\sec^2 t}{a\sec t}\mathrm{d}t = \int \sec t\mathrm{d}t$

$$= \ln|\sec t + \tan t| + c_1$$

根据 $\tan t = \dfrac{x}{a}$ 做辅助三角形如图 4—3，得

$$\sec t = \frac{\sqrt{a^2 + x^2}}{a}，\text{则}$$

$$\int \frac{1}{\sqrt{a^2 + x^2}}\mathrm{d}x = \ln\left|\frac{\sqrt{a^2 + x^2}}{a} + \frac{x}{a}\right| + c_1 = \ln|x + \sqrt{a^2 + x^2}| + c(c = c_1 - \ln a)$$

例 5 $\displaystyle\int \frac{\sqrt{x^2 - 9}}{x^2}\mathrm{d}x$

分析： $\because$ 被积函数中含有根式 $\sqrt{x^2 - 9}$，设 $x = 3\sec t$，则 $\mathrm{d}x = 3\sec t \cdot \tan t\mathrm{d}t$

解： 原式 $= \displaystyle\int \frac{\tan t}{9\sec^2 t} \cdot 3\sec t \cdot \tan t\mathrm{d}t$

$$= \int \frac{\tan^2 t}{\sec t}\mathrm{d}t = \int (\sec t - \cos t)\mathrm{d}t$$

$$= \ln|\sec t + \tan t| - \sin t + c$$

$$= \ln\left|\frac{x}{3} + \frac{\sqrt{x^2 - 9}}{3}\right| - \frac{\sqrt{x^2 - 9}}{x} + c_1\ (\text{令 } c = c_1 - \ln 3)$$

$$= \ln\left|x + \sqrt{x^2 - 9}\right| - \frac{\sqrt{x^2 - 9}}{x} + c$$

例 6 $\int \sqrt{\dfrac{e^x - 1}{e^x + 1}} dx$

分析：为了消去根号中的 e^x，采用 第二换元积分法。令 $e^x = t$，则 $x = \ln t$，$dx = \dfrac{1}{t} dt$

解：原式 $= \int \sqrt{\dfrac{t-1}{t+1}} \cdot \dfrac{1}{t} dt = \int \dfrac{t-1}{t \sqrt{t^2-1}} dt$

$$= \int \dfrac{1}{\sqrt{t^2-1}} dt - \int \dfrac{1}{t \sqrt{t^2-1}} dt$$

而第二项 $\int \dfrac{1}{t \sqrt{t^2-1}} dt$（令 $t = \sec u$）$= \int \dfrac{1}{\sec u \cdot \tan u} \sec u \cdot \tan u \, du = u + c$

$$= \arccos \dfrac{1}{t} + c$$

$\therefore$ 原式 $= \ln \left| t + \sqrt{t^2-1} \right| - \arccos \dfrac{1}{t} + c$

$$= \ln \left| e^x + \sqrt{e^{2x}-1} \right| - \arccos(e^{-x}) + c$$

第二类换元法常用于被积函数中含有根式的情况，常用的变量替换可总结如下：

(1) 被积函数为 $f(\sqrt[n_1]{x}, \sqrt[n_2]{x})$，则令 $t = \sqrt[n]{x}$，其中 n 为 n_1, n_2 的最小公倍数；

(2) 被积函数为 $f(\sqrt[n]{ax+b})$，则令 $t = \sqrt[n]{ax+b}$；

(3) 被积函数为 $f(\sqrt{a^2-x^2})$，则令 $x = a\sin t$；

(4) 被积函数为 $f(\sqrt{x^2+a^2})$，则令 $x = a\tan t$；

(5) 被积函数为 $f(\sqrt{x^2-a^2})$，则令 $x = a\sec t$

在做三角代换时，可以利用直角三角形的边角关系确定有关三角函数的关系，以返回原积分变量。

例 7 求 $\int x \sqrt{x+1} dx$

解 1：用第二类换元积分法

令 $x + 1 = t^2$，则 $x = t^2 - 1$，$dx = 2t dt$，于是

$$\int x \sqrt{x+1} dx = \int (t^2-1) t \cdot 2t dt = 2 \int (t^4 - t^2) dt = \dfrac{2}{5} t^5 - \dfrac{2}{3} t^3 + c$$

$$= \dfrac{2}{15} t^3 (3t^2 - 5) + c$$

由于 $x + 1 = t^2$，所以 $t = \sqrt{x+1}$，从而

$$\int x \sqrt{x+1} dx = \dfrac{2}{15} (x+1) \sqrt{x+1} [3(x+1) - 5] + c$$

解 2：用第一类换元积分法

$$\int x\sqrt{x+1}\,dx = \int(x+1-1)\sqrt{x+1}\,dx = \int[(x+1)^{\frac{3}{2}}-(x+1)^{\frac{1}{2}}]dx$$

$$= \frac{2}{5}(x+1)^{\frac{5}{2}} - \frac{2}{3}(x+1)^{\frac{3}{2}} + c$$

$$= \frac{2}{15}(x+1)^{\frac{3}{2}}(3x-2) + c$$

$$= \frac{2}{15}(x+1)(3x-2)\sqrt{x+1} + c$$

在本节中，有一些积分式以后经常会遇到的，所以也作为基本公式列在下面，要求能熟记。

$$\int\tan x\,dx = -\ln|\cos x| + c \qquad \int\frac{dx}{a^2+x^2} = \frac{1}{a}\arctan\frac{x}{a} + c$$

$$\int\cot x\,dx = \ln|\sin x| + c \qquad \int\frac{dx}{x^2-a^2} = \frac{1}{2a}\ln\left|\frac{x-a}{x+a}\right| + c$$

$$\int\sec x\,dx = \ln|\sec x + \tan x| + c \qquad \int\frac{dx}{\sqrt{a^2-x^2}} = \arcsin\frac{x}{a} + c$$

$$\int\frac{dx}{\sqrt{x^2+a^2}} = \ln\left|x+\sqrt{x^2+a^2}\right| + c$$

例 8 求 $\int\dfrac{dx}{x^2+x+1}$

解： $\int\dfrac{dx}{x^2+x+1} = \int\dfrac{d(x+\frac{1}{2})}{(x+\frac{1}{2})^2 + (\frac{\sqrt{3}}{2})^2}$

利用积分公式，得

$$\int\frac{dx}{x^2+x+1} = \frac{2}{\sqrt{3}}\arctan\frac{x+\frac{1}{2}}{\frac{\sqrt{3}}{2}} + c = \frac{2}{\sqrt{3}}\arctan\frac{2x+1}{\sqrt{3}} + c$$

练习：求下列不定积分

(1) $\int\dfrac{dx}{\sqrt{x}(1+x)}$　(2) $\int\dfrac{dx}{(a^2-x^2)^{\frac{3}{2}}}$　(3) $\int\dfrac{dx}{x^2\sqrt{a^2+x^2}}$　(4) $\int\dfrac{\sqrt{x^2-a^2}}{x}dx$

(5) $\int\dfrac{dx}{\sqrt{x}+\sqrt[3]{x^2}}$　(6) $\int\dfrac{x^2}{\sqrt{1-x^2}}dx$　(7) $\int\dfrac{1}{\sqrt{1+e^x}}dx$　(8) $\int\dfrac{dx}{\sqrt{2x-3}+1}$

2. 分部积分法

前面所讲的积分方法很重要，但对某些类型的积分却不能求出。例如：$\int x\cos x dx$，$\int e^x \sin x dx$，$\int \ln x dx$，……，所以下面我们将介绍另一种积分方法，来解决这类问题。

分析：由 $(uv)' = u'v + uv'$ $uv' = (uv)' - u'v$

$$\int uv' dx = \int (uv')dx - \int u'v dx$$

$$\int u dv = uv - \int v du$$

分部积分公式：

$$\int u dv = uv - \int v du$$

分部积分法则主要要解决被积函数的函数乘的情形，经过分部积分法得到的积分 $\int v du$ 应比原积分 $\int u dv$ 简单，特别是 v 应容易求得 u，分部积分公式起到了化易为难的作用。当被积函数分为两类不同函数时，u 选择的顺序为反三角函数、对数函数、幂函数、三角函数、指数函数等。

1. 若被积函数为幂函数与三角函数或指数函数的乘积时，可选幂函数为 u

例9 求 $\int x\cos x dx$

解：设 $u = x, dv = \cos x dx = d(\sin x)$，所以 $du = dv, v = \sin x$，得

$$\int x\cos x dx = \int x d(\sin x) = x\sin x - \int \sin x dx = x\sin x + \cos x + c$$

2. 若被积函数为幂函数与对数函数或反三角函数的乘积，可选对数函数或反三角函数为 u

例10 求 $\int x\arctan x dx$

解：$\int x\arctan x dx = \int \arctan x d(\frac{1}{2}x^2) = \frac{1}{2}x^2\arctan x - \frac{1}{2}\int \frac{x^2}{1+x^2}dx$

$$= \frac{1}{2}x^2\arctan x - \frac{1}{2}\int \frac{1+x^2-1}{1+x^2}dx$$

$$= \frac{1}{2}x^2\arctan x - \frac{1}{2}\int (1 - \frac{1}{1+x^2})dx$$

$$= \frac{1}{2}x^2\arctan x - \frac{x}{2} + \frac{1}{2}\arctan x + c$$

例11 求 $\int x^2 e^x dx$

解：将 x^2 选作 $\mu, e^x dx = de^x$ 选作 dv，所以

$$\int x^2 e^x dx = \int x^2 de^x = x^2 e^x - \int e^x dx^2 = x^2 e^x - 2\int xe^x dx$$

$$= x^2 e^x - 2\int x de^x (再用一次分部积分法)$$

$$= x^2 e^x - 2(xe^x - \int e^x dx)$$

$$= x^2 e^x - 2xe^x + 2e^x + c$$

$$= (x^2 - 2x + 2)e^x + c$$

例 12 $\int e^x \sin^2 x dx$

分析: 被积函数是两项的乘积显然用分部积分法,$\because \sin^2 x = \dfrac{1 - \cos 2x}{2}$

解: 原式 $= \int e^x \cdot \dfrac{1 - \cos 2x}{2} dx = \dfrac{1}{2}\int e^x dx - \dfrac{1}{2}\int e^x \cos 2x dx$

$$= \dfrac{1}{2}e^x - \dfrac{1}{2}\int e^x \cos 2x dx \ \text{由于}$$

$$\int e^x \cos 2x dx = \int \cos 2x de^x$$

$$= e^x \cos 2x - \int e^x(-\sin 2x)\cdot 2 dx$$

$$= e^x \cos 2x + 2\int e^x \sin 2x dx$$

$$= e^x \cos 2x + 2\int \sin 2x de^x$$

$$= e^x \cos 2x + 2e^x \sin 2x - 4\int e^x \cos 2x dx$$

移项得:$5\int e^x \cos 2x dx = e^x(\cos 2x + 2\sin 2x)$

$\therefore \int e^x \cos 2x dx = \dfrac{1}{5}e^x(\cos 2x + 2\sin 2x)$

则 $\int e^x \sin^2 x dx = \dfrac{1}{2}e^x - \dfrac{1}{10}e^x(\cos 2x + 2\sin 2x) + c$

例 13 $\int(x + 1)\arctan x dx$

分析: $\because$ 被积函数是两项的乘积,$\therefore$ 用分部积分法,选幂函数 x 去凑微分

解: 原式 $= \int x\arctan x dx + \int \arctan x dx$

$$= \int \dfrac{1}{2}\arctan x d(x^2) + x\arctan x + \int x d(\arctan x)$$

$$= \dfrac{1}{2}x^2 \arctan x - \dfrac{1}{2}\int x^2 d(\arctan x) + x\arctan x - \int \dfrac{x}{1 + x^2} dx$$

$$= \frac{1}{2}x^2 \arctan x - \frac{1}{2}\int \frac{x^2}{1+x^2}dx + x\arctan x - \frac{1}{2}\int \frac{1}{1+x^2}d(1+x^2)$$

$$= \frac{1}{2}x^2 \arctan x - \frac{1}{2}\int \left(1 - \frac{1}{1+x^2}\right)dx + x\arctan x - \frac{1}{2}\ln(1+x^2) + c$$

$$= \frac{1}{2}x^2 \arctan x - \frac{1}{2}x + \frac{1}{2}\arctan x + x\arctan x - \frac{1}{2}\ln(1+x^2) + c$$

习题 4 - 3

1. 求下列不定积分

(1) $\displaystyle\int \frac{\sqrt{x}}{1+\sqrt{x}}dx$

(2) $\displaystyle\int \frac{x^2}{\sqrt{2-x}}dx$

(3) $\displaystyle\int \frac{x}{1+\sqrt{x+1}}dx$

(4) $\displaystyle\int \sqrt{e^x - 1}dx$

(5) $\displaystyle\int \frac{1}{(4-x^2)^{\frac{3}{2}}}dx$

(6) $\displaystyle\int \frac{1}{x^2\sqrt{4+x^2}}dx$

2. 求下列不定积分

(1) $\displaystyle\int x\sin dx$

(2) $\displaystyle\int xe^{-x}de x$

(3) $\displaystyle\int x\ln x dx$

(4) $\displaystyle\int \arcsin x dx$

(5) $\displaystyle\int e^{\sqrt[3]{x}}dx$

(6) $\displaystyle\int e^{2x}(\tan x + 1)^2 dx$

3. 求下列不定积分

(1) $\displaystyle\int x\sin 3x dx$

(2) $\displaystyle\int xe^{-2x}dx$

(3) $\displaystyle\int x^2\ln x dx$

(4) $\displaystyle\int x^2 e^{-x}dx$

(5) $\displaystyle\int e^{ax}\cos bx dx$

(6) $\displaystyle\int e^{\sqrt{x}}dx$

(7) $\displaystyle\int x^2\cos^2\frac{x}{2}dx$

(8) $\displaystyle\int \frac{\ln^3 x}{x^2}dx$

(9) $\displaystyle\int \sin(\ln x)dx$

(10) $\displaystyle\int x^2\arccos x dx$

4. 设 $\dfrac{4}{1-x^2}\cdot f(x) = \dfrac{d}{dx}[f(x)]^2$，且 $f(0)=0$，求 $f(x)$。

第四章总复习题

一、选择题

(1) 初等函数 $y=f(x)$ 在其定义区间 $[a,b]$ 上一定（ 　 ）

A. 可导 　　　 B. 连续 　　　 C. 可积 　　　 D. 可微

(2) $\displaystyle\int (3e)^x dx = ($ 　 $)$

A. $(3e)^x + c$ 　 B. $3e^x + c$ 　 C. $\dfrac{1}{3}(3e)^x + c$ 　 D. $\dfrac{(3e)^x}{\ln 3 + 1} + c$

(3) 设 $\int f(x)\mathrm{d}x = \dfrac{1}{x^2} + c$，则 $\int f(\sin x)\cos x\,\mathrm{d}x = ($ 　　$)$

A. $-\dfrac{1}{\sin^2 x} + c$　　　B. $\dfrac{1}{\cos^2 x} + c$　　　C. $\dfrac{1}{\sin^2 x} + c$　　　D. $-\dfrac{1}{\cos^2 x} + c$

(4) 设 $f'(\ln x) = 1 + x$，则 $f(x) = ($ 　　$)$

A. $e^x + \dfrac{1}{2}e^{2x} + c$　　B. $2e^{2x} + c$　　　C. $\dfrac{x^3}{3}$　　　D. $2x + c$

5. 设 $f(x)$ 是可导函数，则 $\left[\int f(x)\,\mathrm{d}x\right]'$ 为（　　）

A. $f(x)$　　　　　B. $f(x) + c$　　　C. $f'(x)$　　　D. $f'(x) + c$

二、填空题

1. 设 x^2 为 $f(x)$ 的一个原函数，则 $f(x) = $ _____

2. 设 $\int xf(x)\,\mathrm{d}x = \arccos x + c$，则 $\int \dfrac{\mathrm{d}x}{f(x)} = $ _____

3. $\int x\cos x\,\mathrm{d}x = $ _____；$\int \dfrac{1}{f(x)}f'(x)\,\mathrm{d}x = $ _____

4. 设 $\int f(x)\,\mathrm{d}x = \dfrac{1-x}{1+x} + c$，则 $f(x) = $ _____

5. 已知 $\dfrac{x}{\ln x}$ 是 $f(x)$ 的一个原函数，则 $\int xf'(x)\,\mathrm{d}x = $ _____

6. 在积分曲线族 $\int \dfrac{2}{x\sqrt{x}}\mathrm{d}x$ 中，过点 $(1,0)$ 的积分曲线的方程是_____

7. $\int \dfrac{1}{x+1}\mathrm{d}x = $ _____；$\int \dfrac{e^x}{\sqrt{1 - e^{2x}}}\mathrm{d}x = $ _____

8. $\int f(x)e^{-\frac{1}{x}}\mathrm{d}x = -e^{-\frac{1}{x}} + c$，则 $f(x) = $ _____

9. 已知 $f'(x) = 1 + x^2$，且 $f(0) = 1$，则 $f(x) = $ _____

10. $\int \dfrac{x^4}{1+x^2}\mathrm{d}x = $ _____

三、求下列不定积分：

1. $\int \dfrac{1}{x^2\sqrt{x}}$　　　2. $\int\left(\dfrac{2}{1+x^2} - \dfrac{3}{\sqrt{1-x^2}}\right)\mathrm{d}x$　　　3. $\int \tan^{10}x \cdot \sec^2 x\,\mathrm{d}x$

4. $\int \dfrac{\mathrm{d}x}{\sin x\cos x}$　　　5. $\int \dfrac{\sin x + \cos x}{\sqrt[3]{\sin x - \cos x}}\mathrm{d}x$　　　6. $\int \dfrac{1 + \ln x}{(x\ln x)^2}\mathrm{d}x$

7. $\int \dfrac{x+4}{x^2 + 8x - 6}\mathrm{d}x$　　　8. $\int \dfrac{\sqrt{x^2 - 9}}{x}\mathrm{d}x$　　　9. $\int x\tan^2 x\,\mathrm{d}x$

10. $\int x\sin x\cos x\,\mathrm{d}x$　　　11. $\int \dfrac{\mathrm{d}x}{x^4\sqrt{1+x^2}}$　　　12. $\int \ln^2 x\,\mathrm{d}x$

13. $\int x\sqrt{x^2-5}\,dx$ 14. $\int e^x \cos e^x\,dx$ 15. $\int \dfrac{x}{\sqrt{4-x^2}}\,dx$

16. $\int xe^{3x}\,dx$ 17. $\int \arctan x\,dx$ 18. $\int \dfrac{\sqrt{4+\ln x}}{x}\,dx$

四、已知曲线在横坐标为 x 的点处的切线斜率为 e^x，且过坐标原点，求该曲线方程。

第四章测试题

一、填空题

1. $\int \dfrac{x\,dx}{\sqrt{1-x^2}} = $ _____

2. $\int x\cos(x^2)\,dx = $ _____

3. $\int \left(2e^x + \dfrac{3}{x}\right)dx = $ _____

4. 已知 e^{-x^2} 是 $f(x)$ 的一个原函数，则 $\int f(\tan x)\sec^2 x\,dx = $ _____

5. $\int xf(x^2)f'(x^2)\,dx = $ _____

6. 函数 $\dfrac{1}{\sqrt{x^2-1}}$ 的原函数是 _____

7. $\int x\sin 5x\,dx = $ _____

8. 设 $e^x + \sin x$ 为 $f(x)$ 的一个原函数，则 $f''(x) = $ _____

9. 经过点 $(1,0)$ 且切线斜率为 $3x^2$ 的曲线方程是 _____

10 求 $\int \dfrac{1}{x\sqrt{x^2-1}}\,dx$，用了那一种变量替换 _____

二、求下列积分

1. $\int \sin^3 x\,dx$ 2. $\int \dfrac{\sec^2 x}{\sqrt{1+\tan x}}\,dx$ 3. $\int x^2 \arccos x\,dx$

4. $\int \dfrac{(x+1)^2}{\sqrt{x}}\,dx$ 5. $\int \dfrac{x}{\sqrt{3x^2-2}}\,dx$ 6. $\int \dfrac{\sqrt{x^2-9}}{x}\,dx$

7. $\int xe^{-x}\,dx$ 8. $\int \dfrac{1}{x^2}e^{\frac{1}{x}}\,dx$

第五章 定积分及其应用

定积分是积分学中的另一组成部分。本章从实际问题出发，引出定积分的概念，并讨论定积分的性质、计算方法和它在几何、物理的应用等。

第一节 定积分的概念及计算

一、定积分概念

1. 定积分定义

曲边梯形的面积

在直角坐标系中，由连续曲线 $y = f(x)$，直线 $x = a, x = b$ 及 x 轴所围成的图形 $AabB$，叫做曲边梯形（如图 5－1）

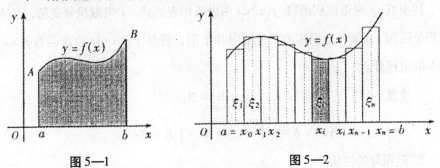

图 5—1   图 5—2

设 $f(x) \geqslant 0$，按以下四步来计算曲边梯形的面积 A：

（1）分割：（如图 5－2）任意取分点 $a = x_0 < x_1 < x_2 < \cdots < x_{n-1} < x_n = b$，将区间 $[a,b]$ 分成 n 个小区间 $[x_0,x_1]$，$[x_1,x_2]$，$\cdots$，$[x_{n-1},x_n]$，这些小区间的长度分别记为 $\Delta x_i = x_i - x_{i-1}(i = 1,2,3,\cdots,n)$，过每一分点作平行于 y 轴的直线，将曲边梯形分成 n 个窄的曲边梯形片。

（2）取近似值：在每个小区间 $[x_{i-1},x_i]$ 上任意取一点 $\xi_i(x_{i-1} \leqslant \xi_i \leqslant x_i)$，以 $f(\xi_i)$ 作高，Δx_i 为底作窄矩形片，则面积 $f(\xi_i)\Delta x_i$ 作为相应窄曲边梯形片面积近似值，即 $\Delta A_i \approx f(\xi_i)\Delta x_i(i = 1,2,\cdots,n)$。

（3）求和：将 n 个窄矩形片的面积相加，总和为 A_n，即

$$A_n = f(\xi_1)\Delta x_1 + f(\xi_2)\Delta x_2 + \cdots + f(\xi_n)\Delta x_n = \sum_{n=1}^{n} f(\xi_i)\Delta x_i$$

（4）取极限：用 $\lambda = \max\{\Delta x_i\}(i = 1,2,\cdots,n)$ 表示所有小区间中最大区间的

长度，当分点数 n 无限增大，且 $\lambda \to 0$ 时，总和 A_n 的极限即为所求曲边梯形的面积。即

$$A = \lim_{\lambda \to 0} \sum_{i=1}^{n} f(\xi_i) \Delta x_i$$

由此可引出定积分定义：

定义 5.1.1 设 $y = f(x)$ 在 $[a,b]$ 上有定义，在 $[a,b]$ 中任取分点

$$a = x_0 < x_1 < x_2 < \cdots < x_{n-1} < x_n = b$$

把区间 $[a,b]$ 分割成 n 个小区间 $[x_{i-1}, x_i]$，长度为 $\Delta x_i = x_i - x_{i-1}(i = 1,2,\cdots n)$。在每个小区间 $[x_{i-1}, x_i]$ 上任取一点 $\xi_i(x_{i-1} \leqslant \xi_i \leqslant x_i)$，作对应函数值 $f(\xi_i)$ 与小区间长度 Δx_i 的乘积 $f(\xi_i) \Delta x_i (i = 1,2,\cdots,n)$，总和 $S_n = \sum_{i=1}^{n} f(\xi_i) \Delta x_i$，记最大的小区间长度 $\lambda = \max\{\Delta x_1, \Delta x_2, \cdots, \Delta x_n\}$，如果不论对 $[a,b]$ 怎样的分法，也不论在小区间 $[x_{i-1}, x_i]$ 上点 ξ_i 怎样取法，只要当 $\lambda \to 0$ 时，总和 S_n 的极限存在，我们就称这个极限为函数 $f(x)$ 在区间 $[a,b]$ 上的定积分，记为

$$\int_a^b f(x)\,\mathrm{d}x = \lim_{\lambda \to 0} \sum_{i=1}^{n} f(\xi_i) \Delta x_i$$

其中 $f(x)$ 叫做被积函数，$f(x)\mathrm{d}x$ 叫做被积表达式，x 叫做积分变量，$[a,b]$ 叫做积分区间，a 和 b 分别称为积分下限和上限，符号 $\int_a^b f(x)\,\mathrm{d}x$ 读作函数 $f(x)$ 从 a 到 b 的定积分。

注意：（1）当 $a = b$ 时，$\int_a^b f(x)\,\mathrm{d}x = 0$；

（2）当 $a > b$ 时，$\int_a^b f(x)\,\mathrm{d}x = -\int_b^a f(x)\,\mathrm{d}x$。

2. 定积分的性质：

性质 1 如果被积函数 $f(x) = 1$，则

$$\int_a^b 1 \cdot \mathrm{d}x = \int_a^b \mathrm{d}x = b - a$$

性质 2 被积函数中的常数因子可以提到积分号外面：

$$\int_a^b kf(x)\,\mathrm{d}x = k \int_a^b f(x)\,\mathrm{d}x, (k \text{ 为常数})$$

性质 3 和函数可以逐项积分：

$$\int_a^b [f(x) \pm g(x)]\,\mathrm{d}x = \int_a^b f(x)\,\mathrm{d}x \pm \int_a^b g(x)\,\mathrm{d}x$$

性质 4（可加性）对任意点 c：

$$\int_a^b f(x)\,\mathrm{d}x = \int_a^c f(x)\,\mathrm{d}x + \int_c^b f(x)\,\mathrm{d}x$$

性质 5（单调性）若在区间 $[a,b]$ 上有 $f(x) \leqslant g(x)$，则

$$\int_a^b f(x)\,\mathrm{d}x \leqslant \int_a^b g(x)\,\mathrm{d}x,(a < b)$$

推论 1 若在区间 $[a,b]$ 上 $f(x) \geqslant 0$，则 $\int_a^b f(x)\,\mathrm{d}x \geqslant 0,(a < b)$

推论 2 $\left| \int_a^b f(x)\,\mathrm{d}x \right| \leqslant \int_a^b | f(x) |\,\mathrm{d}x$ $(a < b)$

性质 6（介值定理）   设 $f(x)$ 在区间 $[a,b]$ 上的最大值及最小值是 M 及 m 则

$$m(b - a) \leqslant \int_a^b f(x)\,\mathrm{d}x \leqslant M(b - a)$$

性质 7（中值定理） 如果函数 $f(x)$ 在闭区间 $[a,b]$ 上连续，则在 $[a,b]$ 上至少存在一个点 ξ，使

$$\int_a^b f(x)\,\mathrm{d}x = f(\xi)(b - a)，\quad (a \leqslant \xi \leqslant b)$$

3. 定积分的几何意义

如果函数 $f(x)$ 在 $[a, b]$ 上连续且 $f(x) \geqslant 0$ 时，那么定积分 $\int_a^b f(x)\,\mathrm{d}(x)$ 就表示以 $y = f(x)$ 为曲边，以 x 轴上 $[a, b]$ 为底的曲边梯形的面积。

定积分 $\int_a^b f(x)\,\mathrm{d}(x)$ 在各种实际问题所代表的实际意义尽管不同，但它的数值在几何上都可以用曲边梯形面积的代数和来表示，这就是定积分的几何意义（如图 5—3）。即

$$\int_a^b f(x)\,\mathrm{d}x = A_1 - A_2 + A_3$$

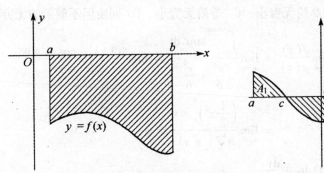

图 5 - 3

二、定积分的计算

（一）牛顿—莱布尼兹公式

1. 积分上限函数

设函数 $f(x)$ 在区间 $[a,b]$ 上连续，x 为区间 $[a,b]$ 上任意一点，由于 $f(x)$ 在 $[a,b]$ 上连续，因而在 $[a,x]$ 上也连续，因此，由定积分存在定理可知，定积分

$\int_a^x f(t)\mathrm{d}t$ 存在。这个变上限的定积分，对每一个 $x \in [a,b]$ 都有一个确定的值与之相对应，因此，它是定义在 $[a,b]$ 上的函数，记为 $\Phi(x)$ ，即

$$\Phi(x) = \int_a^x f(t)\mathrm{d}t \ (a \leqslant x \leqslant b)$$

函数 $\Phi(x)$ 称为定义在区间 $[a,b]$ 上的积分上限函数。

定理 5.1.1 设函数 $f(x)$ 在 $[a,b]$ 上连续，则积分上限函数 $\Phi(x) = \int_a^x f(t)\mathrm{d}t$ 在 $[a,b]$ 上可导，且

$$\Phi'(x) = \left[\int_a^x f(t)\mathrm{d}t\right]' = f(x)$$

例1 $\Phi(x) = \int_a^x \mathrm{e}^{t^2}\mathrm{d}t$ 求 $\Phi'(0)$

解： 由定理，$\Phi'(x) = \mathrm{e}^{x^2}$，则 $\Phi'(0) = 1$

例2 求 $\dfrac{\mathrm{d}}{\mathrm{d}x}\int_0^{x^2}\sin(t^2)\mathrm{d}t$

解： $\Phi(x^2) = \int_0^{x^2}\sin(t^2)\mathrm{d}t$ 是 $\Phi(u) = \int_0^u \sin(t^2)\mathrm{d}t$ 与 $u = x^2$ 的复合函数，于是

$$\frac{\mathrm{d}}{\mathrm{d}x}\left[\int_0^{x^2}\sin(t^2)\mathrm{d}t\right] = \frac{\mathrm{d}}{\mathrm{d}u}\left[\int_0^u\sin(t^2)\mathrm{d}u\right]\frac{\mathrm{d}u}{\mathrm{d}x} = [\sin(u^2)]2x = 2x\sin(x^4)$$

例3 设 $f(x) = \int_0^{1-\cos x}\sin t^2\mathrm{d}t, g(x) = \dfrac{x^5}{5} - \dfrac{x^6}{6}$，则当 $x \to 0$ 时，$f(x)$ 是比 $g(x)$ 的

（　　）

A. 低阶无穷小　B. 高阶无穷小　C. 等阶无穷小　D. 同阶但不等阶的无穷小

解： 由罗必达法则 $\lim\limits_{x \to 0}\dfrac{f(x)}{g(x)} = \lim\limits_{x \to 0}\dfrac{\displaystyle\int_0^{1-\cos x}\sin t^2\mathrm{d}t}{\dfrac{x^5}{5} + \dfrac{x^6}{6}} = \lim\limits_{x \to 0}\dfrac{\sin(1-\cos x)^2\sin x}{x^4 + x^5}$

$$= \lim\limits_{x \to 0}\frac{\left(\dfrac{1}{2}x^2\right)^2 \cdot x}{x^4(1 + x)} = 0$$

例4 设 $y = \int_0^{x^2}xf(t)\mathrm{d}t$，求 $\dfrac{\mathrm{d}y}{\mathrm{d}x}$

解： $\because y = \int_0^{x^2}xf(t)\mathrm{d}t = x\int_0^{x^2}f(t)\mathrm{d}t$

$\therefore \dfrac{\mathrm{d}y}{\mathrm{d}x} = \left[x\int_0^{x^2}f(t)\mathrm{d}t\right]' = x'\int_0^{x^2}f(t)\mathrm{d}t + x\left[\int_0^{x^2}f(t)\mathrm{d}t\right]'$

$\qquad = \int_0^{x^2}f(t)\mathrm{d}t + xf(x^2) \cdot (x^2)' = \int_0^{x^2}f(t)\mathrm{d}t + 2x^2 f(x^2)$

2. 牛顿—莱布尼兹公式

定理 5.1.2　设函数 $F(x)$ 是连续函数 $f(x)$ 在区间 $[a,b]$ 上的一个原函数，则

$$\int_a^b f(x)\mathrm{d}x = F(b) - F(a)$$

证　因为 $\Phi(x) = \int_a^x f(t)\mathrm{d}t$ 是一个原函数，所以 $F(x) - \Phi(x) = c$（c 为常数）

即

$$F(x) - \int_a^x f(t)\mathrm{d}t = c$$

令 $x = a$，代入上式，得，$F(a) = c$ 于是

$$F(x) = \int_a^x f(t)\mathrm{d}t + F(a)$$

再令 $x = b$，代入上式，得

$$\int_a^b f(x)\mathrm{d}x = F(b) - F(a)$$

公式也可以写成下面的形式：

$\int_a^b f(x)\mathrm{d}x = \left[F(x) \right]_a^b = F(x) \Big|_a^b$ 称为牛顿—莱布尼兹公式，也称为微积分基本公式。

例 5　求定积分 $\int_1^2 2x\mathrm{d}x$

解：原式 $= x^2 \Big|_1^2 = 2^2 - 1^2 = 3$

例 6　求定积分 $\int_0^{\frac{\pi}{2}} \cos^5 x \sin x \mathrm{d}x$

解：原式 $= \int_0^{\frac{\pi}{2}} \cos^5 x \mathrm{d}\cos x = -\frac{1}{6}\cos^6 x \Big|_0^{\frac{\pi}{2}} = \frac{1}{6}$

例 7　计算 $\int_0^1 \dfrac{x^2}{1+x^2}\mathrm{d}x$

解：

$$\int_0^1 \frac{x^2}{1+x^2}\mathrm{d}x = \int_0^1 \frac{x^2+1-1}{1+x^2}\mathrm{d}x = \int_0^1 \left(1 - \frac{1}{1+x^2}\right)\mathrm{d}x$$

$$= x \Big|_0^1 - \arctan x \Big|_0^1 = 1 - \frac{\pi}{4}$$

例 8　函数 $f(x) = \begin{cases} x-1, & x \le 0 \\ x+1, & x > 0 \end{cases}$，求 $\int_{-1}^2 f(x)\mathrm{d}x$ 的值

解：$\displaystyle\int_{-1}^2 f(x)\mathrm{d}x = \int_{-1}^0 f(x)\mathrm{d}x + \int_0^2 f(x)\mathrm{d}x = \int_{-1}^0 (x-1)\mathrm{d}x + \int_0^2 (x+1)\mathrm{d}x$

$$= \left[\frac{x^2}{2} - x\right]_{-1}^0 + \left[\frac{x^2}{2} - x\right]_0^2 = \frac{5}{2}$$

例 9 $\int_0^{\frac{\pi}{2}} \dfrac{x + \sin x}{1 + \cos x} \mathrm{d}x$

解：原式 $= \int_0^{\frac{\pi}{2}} \dfrac{x}{1 + \cos x} \mathrm{d}x + \int_0^{\frac{\pi}{2}} \dfrac{\sin x}{1 + \cos x} \mathrm{d}x$

$$= \int_0^{\frac{\pi}{2}} \dfrac{x}{2\cos^2 \frac{x}{2}} \mathrm{d}x - \int_0^{\frac{\pi}{2}} \dfrac{1}{1 + \cos x} \mathrm{d}(1 + \cos x)$$

$$= \int_0^{\frac{\pi}{2}} x \mathrm{d}\left(\tan \frac{x}{2}\right) - \ln(1 + \cos x)\ \Big|_0^{\frac{\pi}{2}} = x\tan \frac{x}{2}\ \Big|_0^{\frac{\pi}{2}} - \int_0^{\frac{\pi}{2}} \tan \frac{x}{2} \mathrm{d}x + \ln 2$$

$$= \ln 2 + \dfrac{\pi}{2} + 2\int_0^{\frac{\pi}{2}} \tan \frac{x}{2} \mathrm{d}\left(\frac{x}{2}\right) = \ln 2 + \dfrac{\pi}{2} + 2\ln\cos \frac{x}{2}\ \Big|_0^{\frac{\pi}{2}} = \dfrac{\pi}{2}$$

例 10 计算 $\int_{\frac{1}{e}}^{e} \ln|x| \mathrm{d}x$

解：由 $\ln|x| = 0$ 得 $x = 1$ $\quad \therefore$ 区间 $\left[\dfrac{1}{e}, e\right]$ 分成 $\left[\dfrac{1}{e}, 1\right]$ 和 $[1, e]$

当 $\dfrac{1}{e} < x \leqslant 1$ 时，$\ln x \leqslant 0$，$\ln|x| = -\ln x$

当 $1 < x \leqslant e$ 时，$\ln x > 0$，$\ln|x| = \ln x$

$$\therefore \ln|x| = \begin{cases} -\ln x & \dfrac{1}{e} < x < 1 \\ \ln x & 1 < x < e \end{cases}$$

则 $\int_{\frac{1}{e}}^{e} \ln|x| \mathrm{d}x = \int_{\frac{1}{e}}^{1} (-\ln x) \mathrm{d}x + \int_1^e \ln x \mathrm{d}x$

又 $\because \int \ln x \mathrm{d}x = x\ln x - \int x \cdot \dfrac{1}{x} \mathrm{d}x = x\ln x - x + c$

$$\therefore \int_{\frac{1}{e}}^{e} \ln|x| \mathrm{d}x = -(\ln x - x)\ \Big|_1^e = 2 - \dfrac{2}{e}$$

习题 5 - 1

一、选择题

（1）设 $f(x)$ 在 $[a, b]$ 上连续，则 $\int_a^b f(x)\mathrm{d}x - \int_a^b f(t)\mathrm{d}t$ 的值（　　）

A. 小于 0　　　　　B. 大于 0　　　　　C. 等于 0　　　　　D. 不确定

（2）设函数 $y = \int_0^x (t - 1)\mathrm{d}t$，则 y 有（　　）

A. 极小值 $\dfrac{1}{2}$　　　B. 极小值 $-\dfrac{1}{2}$　　　C. 极大值 $\dfrac{1}{2}$　　　D. 极大值 $-\dfrac{1}{2}$

(3) 设 $f(x)$ 在 $[a,b]$ 上连续, $F(x) = \int_a^{x^2} f(t)dt$, 则 $f'(x)$ 等于（　　）

A. $f(x)$ 　　　　　　B. $f(x^3)$ 　　　　　　C. $3x^2 f(x)$ 　　　　　　D. $3x^2 f(x^3)$

(4) 设 $f(x)$ 为连续函数, 则 $\dfrac{d}{dx}\int_a^b f(x)dx = $（　　）

A. $f(b) - f(a)$ 　　　　B. $f(b)$ 　　　　C. $-f(a)$ 　　　　D. 0

(5) 若 $f(x)$ 为连续函数, 则积分上限函数 $\int_a^x f(t)dt$ 是（　　）

A. $f(x)$ 的一个原函数 　　　　　　　　B. $f'(x)$ 的一个原函数

C. $f'(x)$ 的全体原函数 　　　　　　　　D. $f(x)$ 的全体原函数

(6) 若 $\int_1^b \ln x\,dx = 1$, 则 $b = $（　　）

A. 1 　　　　　　B. 2 　　　　　　C. 3 　　　　　　D. e

(7) $\lim\limits_{x \to 0} \dfrac{\int_0^x \tan t\,dt}{x^2} = $（　　）

A. 1 　　　　　　B. 0 　　　　　　C. 2 　　　　　　D. $\dfrac{1}{2}$

(8) $\int_0^{\frac{\pi}{4}} \cos 2x\,dx$ 等于（　　）

A. $-\dfrac{1}{2}$ 　　　　B. 0 　　　　C. $\dfrac{1}{4}$ 　　　　D. $\dfrac{1}{2}$

(9) $\int_0^1 \dfrac{1}{\sqrt{1+x}}dx$ 等于（　　）

A. $\sqrt{2} - 1$ 　　　B. $2\sqrt{2}$ 　　　C. $2(\sqrt{2} - 1)$ 　　　D. $2(\sqrt{2} + 1)$

(10) 设 $0 < a < b$, 则 $\int_a^b \dfrac{\ln x}{x}dx$ 等于（　　）

A. $\dfrac{1}{2}(\ln^2 a - \ln^2 b)$ 　　　　　　　B. $\dfrac{1}{2}(\ln^2 b - \ln^2 a)$

C. $(\ln^2 a - \ln^2 b)$ 　　　　　　　　　D. $(\ln^2 b - \ln^2 a)$

二、填空题

(1) $\int_0^1 e^{-x}dx = $ _____

(2) 如果 $f(x)$ 有连续导数, $f(b) = 5$, $f(a) = 3$, 则 $\int_a^b f'(x)dx = $ _____

(3) $\int_0^1 \dfrac{x^2}{1+x^2}dx = $ _____

(4) 设 $\Phi(x) = \int_0^x \tan t\,dt$, 则 $\Phi'(x) = $ _____

（5）已知 $\int_0^x f(t)\,\mathrm{d}t = x\sin x$，则 $f'(x) = \underline{\hspace{2cm}}$

三、求下列极限

（1）$\lim\limits_{x \to 0} \dfrac{\int_0^x \sin t^2\,\mathrm{d}t}{x^3}$

（2）$\lim\limits_{x \to 1} \dfrac{\int_1^x e^{t^2}\,\mathrm{d}x}{\ln x}$

（3）$\lim\limits_{x \to 0} \dfrac{\int_x^0 \ln(1+t)\,\mathrm{d}t}{x^2}$

（4）$\lim\limits_{x \to 0} \dfrac{\int_0^x \frac{\sin t^2}{t}\,\mathrm{d}t}{x^2}$

四、计算下列定积分：

1. $\int_{\frac{1}{2}}^1 e^{\frac{1}{x}} \frac{1}{x^2}\,\mathrm{d}x$

2. $\int_1^e \frac{\ln^3 x}{x}\,\mathrm{d}x$

3. $\int_2^6 (x^2 - 1)\,\mathrm{d}x$

4. $\int_0^1 \frac{x}{x^2 + 1}\,\mathrm{d}x$

5. $\int_0^3 |x - 2|\,\mathrm{d}x$

6. $\int_0^\pi \cos^2 \frac{x}{2}\,\mathrm{d}x$

7. $\int_0^a (\sqrt{a} - \sqrt{x})^2\,\mathrm{d}x$

8. $\int_1^e \frac{\mathrm{d}x}{x(1 + 2x)}$

9. $\int_0^1 (x^2 + 1)^5 x\,\mathrm{d}x$

10. $\int_0^2 \sqrt{x^2 - 4x + 4}\,\mathrm{d}x$

11. $\int_1^2 (x^2 + \frac{1}{x^4})\,\mathrm{d}x$

12. $\int_1^{\sqrt{3}} \frac{1}{1 + x^2}\,\mathrm{d}x$

13. $\int_4^9 \sqrt{x}(1 + \sqrt{x})\,\mathrm{d}x$

14. $\int_0^{\sqrt{3}a} \frac{\mathrm{d}x}{a^2 + x^2}$

15. $\int_{-1}^0 \frac{3x^4 + 3x^2 + 1}{x^2 + 1}\,\mathrm{d}x$

16. $\int_0^{2\pi} |\sin x|\,\mathrm{d}x$

17. 设 $f(x) = \begin{cases} 1 + x, & x \leqslant 1 \\ 3x^2, & x > 1 \end{cases}$ 计算 $\int_1^2 f(x)\,\mathrm{d}x$。

五、设连续函数 $f(x)$ 满足 $f(x) = \ln x - \int_1^e f(x)\,\mathrm{d}x$，求 $f(x)$。

六、若 $\int_0^{+\infty} \frac{k}{1 + x^2}\,\mathrm{d}x = 1$，$k$ 为常数，求 k。

（二）定积分的换元积分法与分部积分法

（1）定积分的换元积分法

定理 5.1.3 设函数 $f(x)$ 在闭区间 $[a, b]$ 上连续，函数 $x = \varphi(t)$ 在区间 I（$I = [\alpha, \beta]$ 或 $[\beta, \alpha]$）上单调且具有连续的导数，又 $\varphi(\alpha) = a, \varphi(\beta) = b, \alpha \leqslant \varphi(t) \leqslant b(t \in I)$，则

$$\int_a^b f(x)\,\mathrm{d}x = \int_\alpha^\beta f[\varphi(t)]\varphi'(t)\,\mathrm{d}t$$

称为定积分的换元积分公式。

例 1 求 $\int_0^{\frac{\pi}{2}} \cos^3 x \sin x\,\mathrm{d}x$ 的值。

解法一 设 $t = \cos x$ ，则 $\mathrm{d}t = -\sin x\mathrm{d}x$ ，当 $x = 0$ 时，$t = 1$ ；当 $x = \dfrac{\pi}{2}$ 时，$t = 0$ ；所以，原积分

$$\int_0^{\frac{\pi}{2}} \cos^3 x\sin x\mathrm{d}x = -\int_1^0 t^3 \mathrm{d}t = \int_0^1 t^3 \mathrm{d}t = \frac{1}{4}t^4 \Big|_0^1 = \frac{1}{4}$$

解法二 $\displaystyle\int_0^{\frac{\pi}{2}} \cos^3 x\sin x\mathrm{d}x = -\int_0^{\frac{\pi}{2}} \cos^3 x\mathrm{d}(\cos x) = -\frac{1}{4}\cos^4 x \Big|_0^{\frac{\pi}{2}} = \frac{1}{4}$

例 2 计算 $\displaystyle\int_1^{\sqrt{e}} \frac{\mathrm{d}x}{x\sqrt{1-(\ln x)^2}}$

解： $\displaystyle\int_1^{\sqrt{e}} \frac{\mathrm{d}x}{x\sqrt{1-(\ln x)^2}} = \int_1^{\sqrt{e}} \frac{\mathrm{d}(\ln x)}{\sqrt{1-(\ln x)^2}} = \arcsin\ln x \Big|_1^{\sqrt{e}} = \arcsin\frac{1}{2} = \frac{\pi}{6}$

例 3 设函数 $f(x)$ 在区间 $[-a, a]$ 上连续 $(a > 0)$ ，证明

（1）当 $f(x)$ 为偶函数时，$\displaystyle\int_{-a}^a f(x)\mathrm{d}x = 2\int_0^a f(x)\mathrm{d}x$

（2）当 $f(x)$ 为奇函数时，$\displaystyle\int_{-a}^a f(x)\mathrm{d}x = 0$

证 （1）由定积分的可加性，有

$$\int_{-a}^a f(x)\mathrm{d}x = \int_{-a}^0 f(x)\mathrm{d}x + \int_0^a f(x)\mathrm{d}x$$

当 $f(x)$ 为偶函数，对于等号右端的第一项，令 $x = -t$ ，则 $\mathrm{d}x = -\mathrm{d}t$ ，且当 $x = -a$ 时，$t = a$ ；当 $x = 0$ 时，$t = 0$ ；

所以 $\displaystyle\int_{-a}^0 f(x)\mathrm{d}x = -\int_a^0 f(-t)\mathrm{d}t = \int_0^a f(t)\mathrm{d}t = \int_0^a f(x)\mathrm{d}x$

则

$$\int_{-a}^a f(x)\mathrm{d}x = \int_0^a f(x)\mathrm{d}x + \int_0^a f(x)\mathrm{d}x = 2\int_0^a f(x)\mathrm{d}x$$

所以（1）得证。对（2）同理可得 $\displaystyle\int_{-a}^a f(x)\mathrm{d}x = 0$

例 4 计算 $\displaystyle\int_0^4 \mathrm{e}^{\sqrt{x}}\mathrm{d}x$

解： 设 $\sqrt{x} = t, x = t^2$ ，则 $\mathrm{d}x = 2t\mathrm{d}t$ ；

当 $x = 0$ 时，$t = 0$ ；当 $x = 4$ 时，$t = 2$ ；

$\displaystyle\int_0^4 \mathrm{e}^{\sqrt{x}}\mathrm{d}x = 2\int_0^2 t\mathrm{e}^t\mathrm{d}t = 2\int_0^2 t\mathrm{d}(\mathrm{e}^t) = 2t\mathrm{e}^t \Big|_0^2 - 2\int_0^2 \mathrm{e}^t\mathrm{d}t = 4\mathrm{e}^2 - 2\mathrm{e}^t \Big|_0^2 = 2\mathrm{e}$

例 5 求 $\displaystyle\int_{\frac{a}{2}}^{\frac{\sqrt{3}}{2}a} \frac{x^2}{\sqrt{a^2-x^2}}\mathrm{d}x$

解： 为去掉被积函数中的根式，令 $x = a\sin t$. 则 $\mathrm{d}x = a\cos t\mathrm{d}t$ ，

当 $x = \dfrac{a}{2}$ 时, $t = \dfrac{\pi}{6}$; 当 $x = \dfrac{\sqrt{3}}{2} a$ 时, $t = \dfrac{\pi}{3}$

则原式 $= \displaystyle\int_{\frac{\pi}{6}}^{\frac{\pi}{3}} \dfrac{a^2 \sin^2 t \cdot \cos t}{a |\cos t|} \mathrm{d}t = a^2 \displaystyle\int_{\frac{\pi}{6}}^{\frac{\pi}{3}} \sin^2 t \mathrm{d}t$

$= \dfrac{a^2}{2} \displaystyle\int_{\frac{\pi}{6}}^{\frac{\pi}{3}} (1 - \cos 2t) \mathrm{d}t = \dfrac{a^2}{2} \Big(t - \dfrac{1}{2} \sin 2t\Big) \Big|_{\frac{\pi}{6}}^{\frac{\pi}{3}} = \dfrac{a^2}{12} \pi$

例 6 证明: $\displaystyle\int_0^1 x^m (1 - x)^n \mathrm{d}x = \displaystyle\int_0^1 x^n (1 - x)^m \mathrm{d}x$ (m , n 为正整数)

证: 令 $1 - x = t$,则 $x = 1 - t$, $\mathrm{d}x = - \mathrm{d}t$. 当 $x = 0$ 时, $t = 1$;当 $x = 1$ 时, $t = 0$

则左 $= \displaystyle\int_0^1 x^m (1 - x)^n \mathrm{d}x = \displaystyle\int_1^0 (1 - t)^m t^n (- \mathrm{d}t) = \displaystyle\int_0^1 t^n (1 - t)^m \mathrm{d}t$

$= \displaystyle\int_0^1 x^n (1 - x)^m \mathrm{d}x = $ 右

$\therefore \displaystyle\int_0^1 x^m (1 - x)^n \mathrm{d}x = \displaystyle\int_0^1 x^n (1 - x)^m \mathrm{d}x$

（2）定积分的分部积分法

定理 5.1.4 设 $u(x) , v(x)$ 在闭区间 $[a , b]$ 上具有连续导数 $u'(x) , v'(x)$,则

$$\int_a^b u \mathrm{d}v = [uv]_a^b - \int_a^b v \mathrm{d}u$$

例 7 求定积分 $\displaystyle\int_1^e \ln x \mathrm{d}x$

解: 原式 $= x \ln x \Big|_1^e - \displaystyle\int_1^e x \cdot \dfrac{1}{x} \mathrm{d}x = e - x \Big|_1^e = 1$

例 8 求 $\displaystyle\int_0^1 x e^{-x} \mathrm{d}x$ 的值

解: $\displaystyle\int_0^1 x e^{-x} \mathrm{d}x = - \displaystyle\int_0^1 x \mathrm{d}(e^{-x}) = - x e^{-x} \Big|_0^1 + \displaystyle\int_0^1 e^{-x} \mathrm{d}x$

$= - e^{-1} - e^{-x} \Big|_0^1 = 1 - \dfrac{2}{e}$

例 9 求 $\displaystyle\int_0^{\frac{\pi}{2}} x^2 \sin x \mathrm{d}x$

解: $\displaystyle\int_0^{\frac{\pi}{2}} x^2 \sin x \mathrm{d}x = - \displaystyle\int_0^{\frac{\pi}{2}} x^2 \mathrm{d}(\cos x) = - x^2 \cos x \Big|_0^{\frac{\pi}{2}} + \displaystyle\int_0^{\frac{\pi}{2}} \cos x \mathrm{d}(x^2)$

$= - x^2 \cos x \Big|_0^{\frac{\pi}{2}} + 2 \displaystyle\int_0^{\frac{\pi}{2}} x \cos x \mathrm{d}x = 0 + 2 \displaystyle\int_0^{\frac{\pi}{2}} x \cos x \mathrm{d}x$

$= 2 \displaystyle\int_0^{\frac{\pi}{2}} x \mathrm{d}(\sin x) = 2 \Big(x \sin x \Big|_0^{\frac{\pi}{2}} - \displaystyle\int_0^{\frac{\pi}{2}} \sin x \mathrm{d}x\Big) = \pi + 2 \cos x \Big|_0^{\frac{\pi}{2}} = \pi - 2$

（3）广义积分

定义 5.1.2　设函数 $f(x)$ 在区间 $[a, +\infty)$ 内连续，b 是区间 $[a, +\infty)$ 内的任意数值，如果极限 $\lim\limits_{b \to +\infty} \int_a^b f(x)\mathrm{d}x$ 存在，则将这个极限值称为函数 $f(x)$ 在无限区间 $[a, +\infty)$ 内的广义积分，记为 $\int_a^{+\infty} f(x)\mathrm{d}x$，即

$$\int_a^{+\infty} f(x)\mathrm{d}x = \lim_{b \to +\infty} \int_a^b f(x)\mathrm{d}x$$

这时称广义积分 $\int_a^{+\infty} f(x)\mathrm{d}x$ 收敛；如果极限不存在，则称广义积分 $\int_a^{+\infty} f(x)\mathrm{d}x$ 发散。同样地，可以定义下限为负无穷大或上、下限是无穷大的广义积分：

$$\int_{-\infty}^b f(x)\mathrm{d}x = \lim_{a \to -\infty} \int_a^b f(x)\mathrm{d}x$$

$$\int_{-\infty}^{+\infty} f(x)\mathrm{d}x = \int_{-\infty}^0 f(x)\mathrm{d}x + \int_0^{+\infty} f(x)\mathrm{d}x = \lim_{a \to -\infty} \int_a^0 f(x)\mathrm{d}x + \lim_{b \to +\infty} \int_0^b f(x)\mathrm{d}x$$

计算广义积分时，为了书写方便，实际计算中常常略去极限符号，形式上直接利用牛顿—莱布尼兹公式的计算式。

设 $F(x)$ 是连续函数 $f(x)$ 的一个原函数，记 $F(+\infty) = \lim\limits_{x \to +\infty} F(x)$，

$F(-\infty) = \lim\limits_{x \to -\infty} F(x)$，则 $\int_a^{+\infty} f(x)\mathrm{d}x = F(x)\Big|_a^{+\infty} = F(+\infty) - F(a)$；

$$\int_{-\infty}^b f(x)\mathrm{d}x = F(x)\Big|_{-\infty}^b = F(b) - F(-\infty)；$$

$$\int_{-\infty}^{+\infty} f(x)\mathrm{d}x = F(x)\Big|_{-\infty}^{+\infty} = F(+\infty) - F(-\infty)。$$

例 10　计算 $\int_0^{+\infty} \mathrm{e}^{-2x}\mathrm{d}x$

解：

$$\int_0^{+\infty} \mathrm{e}^{-2x}\mathrm{d}x = \lim_{b \to +\infty} \int_0^b \mathrm{e}^{-2x}\mathrm{d}x = \lim_{b \to +\infty} \left(-\frac{1}{2}\mathrm{e}^{-2x}\right)\Big|_0^b$$

$$= \lim_{b \to +\infty} \left(-\frac{1}{2}\mathrm{e}^{-2b} + \frac{1}{2}\right) = \frac{1}{2}$$

上式计算也可简记为 $\int_0^{+\infty} \mathrm{e}^{-2x}\mathrm{d}x = -\frac{1}{2}\mathrm{e}^{-2x}\Big|_0^{+\infty} = \frac{1}{2}$

例 11　计算 $\int_{-\infty}^{+\infty} \dfrac{\mathrm{d}x}{1 + x^2}$

解： $\int_{-\infty}^{+\infty} \dfrac{\mathrm{d}x}{1 + x^2} = \arctan x\Big|_{-\infty}^{+\infty} = \dfrac{\pi}{2} - \left(-\dfrac{\pi}{2}\right) = \pi$

习题 5 − 2

一、选择题

(1) 计算 $\int_0^{\sqrt{3}} \sqrt{3 - x^2} \, dx = ($ 　　 $)$

A. $\dfrac{4}{3}\pi$ 　　　　 B $\dfrac{4}{3}\pi$ 　　　　 C. $\dfrac{3}{4}\pi$ 　　　　 D. $-\dfrac{3}{4}\pi$

(2) 下列广义积分收敛的是（　　　）

A. $\int_1^{+\infty} \dfrac{dx}{\sqrt{x}}$ 　　 B. $\int_1^{+\infty} \dfrac{dx}{x}$ 　　 C. $\int_1^{+\infty} \dfrac{dx}{x^2}$ 　　 D. $\int_1^{+\infty} \sqrt{x} \, dx$

(3) $\dfrac{d}{dx} \int_0^x \sin(x - t)^2 \, dt = ($ 　 $)$

A. 0 　　　　　 B. 1 　　　　　 C. 2 　　　　　 D. $\sin x^2$

(4) 下列定积分等于零的是（　　　）

A. $\int_{-1}^1 x^4 \cos x \, dx$ 　　　　　　　 B. $\int_{-1}^1 x \sin^3 x \, dx$

C. $\int_{-1}^1 (x^3 + \sin x) \, dx$ 　　　　　 D. $\int_{-1}^1 (e^x + x) \, dx$

(5) 广义积分 $\int_0^{+\infty} \dfrac{k}{1 + x^2} \, dx = 1$，其中 k 为常数，则 $k = ($ 　 $)$

A. $\dfrac{2}{\pi}$ 　　　　 B. $\dfrac{\pi}{2}$ 　　　　 C. $-\dfrac{2}{\pi}$ 　　　　 D. $-\dfrac{\pi}{2}$

二、填空题

(1) 计算 $\int_1^e x \ln x \, dx = $ _____

(2) $\int_1^{+\infty} x^{-\frac{4}{3}} \, dx = $ _____

(3) 设函数 $f(x)$ 在 $[0,2]$ 上连续，令 $t = 2x$，则 $\int_0^1 f(2x) \, dx = $ _____

(4) 计算 $\int_0^{\ln 2} x e^{-x} \, dx = $ _____

(5) 定积分 $\int_{-\pi}^{\pi} (x^2 + \sin x) \, dx = $ _____

(6) 当 $k = $ _____ 时，广义积分 $\int_{-\infty}^0 e^{-kx} \, dx$ 收敛。$(k < 0)$

三、计算下列定积分

1. $\int_0^{\pi} \sqrt{1 + \cos 2x} \, dx$ 　　 2. $\int_0^1 (1 - x)^{100} \, dx$ 　　 3. $\int_0^1 \dfrac{\sqrt{x}}{1 + x} \, dx$

4. $\int_0^{\pi} x \cos x \, dx$ 　　　　 5. $\int_0^1 x \arctan x \, dx$ 　　　　 6. $\int_0^{\frac{1}{2}} (\arcsin)^2 \, dx$

7. $\int_0^1 (1 + x^2)^{-\frac{3}{2}} dx$ 8. $\int_0^3 \frac{x^2}{\sqrt{1 + x}} dx$

四、求函数

$F(x) = \int_0^x t(t - 4) dt$ 在区间 $[-1, 5]$ 上的最大值与最小值

五、计算下列广义积分并判定它的敛散性

(1) $\int_0^{+\infty} x e^{-2x} dx$ (2) $\int_{-\infty}^{+\infty} \frac{1}{x^2 + 2x + 2} dx$

(3) $\int_0^{+\infty} \frac{x}{(1 + x)^2} dx$ (4) $\int_e^{+\infty} \frac{1}{x \ln x} dx$

六、计算下列定积分

(1) $\int_2^{-13} \frac{dx}{\sqrt[5]{(3 - x)^4}}$ (2) $\int_1^4 \frac{1}{\sqrt{x}(1 + x)} dx$ (3) $\int_0^1 \frac{dx}{1 + e^x}$

(4) $\int_0^{\ln 2} \sqrt{e^x - 1} dx$ (5) $\int_0^{\frac{\pi}{2}} e^x \cos x dx$

七、已知 $\int_0^x (x - t) f(t) dt = 1 - \cos x$，证明：$\int_0^{\frac{\pi}{2}} f(x) dx = 1$

八、设 $f(n) = \int_0^{\frac{\pi}{4}} \tan^n x dx$（$n$ 为正整数），证明：$f(3) + f(5) = \frac{1}{4}$

第二节　定积分的应用

1. 定积分的微元法

下面我们先介绍利用定积分解决实际问题的微元法：

我们知道，由函数 $y = f(x)$ 在区间 $[a, b]$ 上连续，且 $f(x) \geq 0$，则以曲线 $y = f(x)$ 为曲边，$[a, b]$ 为底的曲边梯形的面积 A 可表示为

$$A = \lim_{\lambda \to 0} \sum_{i=1}^n f(\xi_i) \Delta x_i = \int_a^b f(x) dx$$

它的四个步骤是：

（1）分割：被研究的量 A 能分割成为部分量 ΔA_i 之和：

$$A = \sum_{i=1}^n \Delta A_i$$

（2）取近似：在第 i 个小曲边梯形的底 $[x_{i-1}, x_i]$ 上任取一点 $\xi_i (x_{i-1} \leq \xi_i \leq x_i)$，以 $f(\xi_i)$ 代替变动的长 $f(x)$，用相应的小曲边梯形的面积 $f(\xi_i) \Delta x_i$ 近似地代替 ΔA_i，即

$$\Delta A_i \approx f(\xi_i) \Delta x_i (i = 1, 2, \cdots, n)$$

（3）求和：将 n 个小矩形面积相加，就得到曲边梯形面积 A 的近似值。即

$$A \approx \sum_{i=1}^{n} f(\xi_i) \Delta x_i$$

（4）取极限：当 $\lambda \to 0$ 时，这个和式极限即是曲边梯形 A。即

$$A = \lim_{\lambda \to 0} \sum_{i=1}^{n} f(\xi_i) \Delta x_i = \int_a^b f(x) \, \mathrm{d}x$$

在这些步骤中，第二步的 $\Delta A_i \approx f(\xi_i) \Delta x_i$ 是关键，一旦能在 $[x_{i-1}, x_i]$ 上求得部分量的近似值 $\Delta A_i \approx f(\xi_i) \Delta x_i$，然后求和取极限即能将所求量表示为积分式：

$$A = \lim_{\lambda \to 0} \sum_{i=1}^{n} f(\xi_i) \Delta x_i = \int_a^b f(x) \, \mathrm{d}x$$

在实际中，如果所求区间 $[a,b]$ 上某个量 F 具有以下性质：

（1）所求量对于区间具有可加性（所求两等于部分量之和）；

（2）以 $f(x) \, \mathrm{d}x$ 代替 ΔA_i 时，ΔA_i 与 $f(x) \, \mathrm{d}x$ 之间只相差一个较 Δx_i 较高阶的无穷小，则所求量可用定积分来解决。

2. 定积分在几何中的应用

（1）求平面图形面积

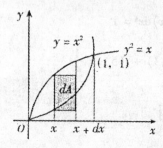

图 5 - 4

例 1 计算由两条抛物线 $y^2 = x$ 和 $x^2 = y$ 所围成图形的面积。

解：（1）作图，求交点，如图 5 - 4

$$\begin{cases} y^2 = x \\ x^2 = y \end{cases} \Rightarrow (0,0), (1,1)$$

（2）确定积分变量为 x，所以积分区间为 $[0,1]$

（3）求面积元素：在 $[x, x + \mathrm{d}x]$ 上，$\mathrm{d}A = $ 长 $\times$ 宽 $= [\sqrt{x} - x^2] \mathrm{d}x$（为小区间上面积的近似值）

（4）所求面积为 $A = \int_0^1 \mathrm{d}A = \int_0^1 (\sqrt{x} - x^2) \, \mathrm{d}x$

$$= \left(\frac{2}{3} x^{\frac{3}{2}} - \frac{1}{3} x^3 \right) \Big|_0^1 = \frac{1}{3} \text{（平方单位）}$$

由以上例题可以归纳出求平面图形面积的基本步骤：

（1）作图，确定积分变量及积分区间

（2）求面积元素

（3）计算定积分

平面图形 D 若由连续曲线 $y = f(x)$、x 轴及直线 $x = a, x = b$ 所围成

（1）若 $x \in [a,b]$ 时，$f(x) \geq 0$，则 $A = \int_a^b f(x) \, \mathrm{d}x$

（2）若 $x \in [a,b]$ 时，$f(x) < 0$，则 $A = -\int_a^b f(x) \, \mathrm{d}x$

（3）若 $x \in [a,b]$ 时，$f(x)$ 有正有负，则 $A = \int_a^b |f(x)| \, \mathrm{d}x$

一般地，如果 $y = f_1(x), y = f_2(x)$ 在 $[a,b]$ 上连续，且 $f_1(x) \leqslant f_2(x)$，$x \in [a,b]$，则由 $y = f_1(x), y = f_2(x)$ 及 $x = a, x = a, y = b$ 所围图形的面积为

$$A = \int_a^b [f_2(x) - f_1(x)] \mathrm{d}x$$

其中 $[f_2(x) - f_1(x)] \mathrm{d}x$ 为面积元素。

如果 $x = \varphi_1(y), x = \varphi_2(y)$ 在 $[c,d]$ 上连续且 $\varphi_1(y) \leqslant \varphi_2(y), y \in [c,d]$，则 $x = \varphi_1(y), x = \varphi_2(y)$ 及 $y = c, y = d$ 围成的图形面积为

$$A = \int_c^d [\varphi_2(y) - \varphi_1(y)] \mathrm{d}y$$

其中 $[\varphi_2(y) - \varphi_1(y)] \mathrm{d}y$ 为面积元素。

例 2　计算由抛物线 $y^2 = 2x$ 与直线 $y = x - 4$ 所围成图形的面积

解：（1）作图，求交点，如图 5 - 5

$$\begin{cases} y^2 = 2x \\ y = x - 4 \end{cases} \Rightarrow (2, -2), (8, 4)$$

（2）确定积分变量为 y，所以以积分区间为

（3）所求面积为 $A = \int_{-2}^4 \left[(y + 4) - \frac{1}{2} y^2 \right] \mathrm{d}y =$

$\left[\frac{1}{2} y^2 + 4y - \frac{1}{6} y^3 \right] \Big|_{-2}^4 = 18$

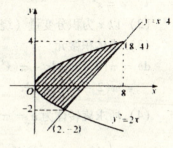

图 5 - 5

例 3　直线 $y = x$ 将椭圆 $x^2 + 3y^2 = 6y$ 分成两块，设小块面积为 A，求 A。

解：将椭圆 $x^2 + 3y^2 = 6y$ 化为标准形为：

$$\left(\frac{x}{\sqrt{3}} \right)^2 + \left(\frac{y - 1}{1} \right)^2 = 1$$

所求面积如图 5 - 6 所示

选择 y 为积分变量，由 $\begin{cases} y = x \\ x^2 + 3y^2 = 6y \end{cases}$ 得交点

$P \left(\dfrac{3}{2}, \dfrac{3}{2} \right)$

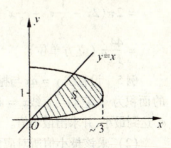

图 5 - 6

所求面积 $A = \int_0^{\frac{3}{2}} (\sqrt{6y - 3y^2} - y) \mathrm{d}y = \int_0^{\frac{3}{2}} \sqrt{3} \sqrt{1 - (y - 1)^2} \mathrm{d}y - \dfrac{p}{8}$

而 $\sqrt{3} \int_0^{\frac{3}{2}} \sqrt{1 - (y - 1)^2} \mathrm{d}y \xlongequal{(令 y - 1 = \sin t)} \sqrt{3} \int_{-\frac{\pi}{2}}^{\frac{\pi}{6}} |\cos t| \cos t \mathrm{d}t$

$= \sqrt{3} \int_{-\frac{\pi}{2}}^{\frac{\pi}{6}} \dfrac{1 + \cos 2t}{2} \mathrm{d}t = \dfrac{\sqrt{3}}{3} \pi + \dfrac{3}{8}, \therefore A = \dfrac{\sqrt{3}}{3} \pi - \dfrac{3}{4}$

（2）求旋转体的体积

一般地，由曲线 $y = f(x)$，$x = a, x = b, x$ 轴所围成平面图形绕 x 轴旋转而成

的旋转体体积为

$$v_x = \pi \int_a^b [f(x)]^2 dx$$

同样由曲线 $x = \varphi(y)$，直线 $y = c, y = d$ 和 y 轴围成的曲边梯形绕 y 轴旋转而成的旋转体体积为

$$v_y = \pi \int_c^d [\varphi(y)]^2 dy$$

例4 求由 $x^2 + y^2 = 2$ 和 $y = x^2$ 所围成的图形绕 x 轴旋转而成的旋转体体积。

解：（1）作图求交点。如图5—7

$$\begin{cases} x^2 + y^2 = 2 \\ y = x^2 \end{cases} \Rightarrow (-1,1),(1,1)$$

（2）以 x 为积分变量（绕 x 轴旋转），积分区间为 $\Rightarrow [1,1]$

（3）求体积微元

$$\begin{aligned} dv &= \pi(2 - x^2)dx - \pi(x^2)dx \\ &= \pi(2 - x^2 - x^4)dx \end{aligned}$$

（4）所求旋转体为 $v = \pi \int_{-1}^1 (2 - x^2 - x^4)dx$

$$= 2\pi \int_0^1 (2 - x^2 - x^4)dx$$

$$= 2\pi(2x - \frac{1}{3}x^3 - \frac{1}{5}x^5) \Big|_0^1$$

$$= \frac{44}{15}\pi \text{（立方单位）}$$

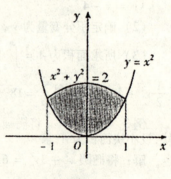

图 5 - 7

例5 设直线 $y = ax$ 与抛物线 $y = x^2$ 所围成图形的面积为 s_1，它们与直线 $x = 1$ 所围成的面积为 s_2，并且 $a < 1$，（1）试确定 a 值，使 $s_1 + s_2$ 达到最小，并求出最小值。

（2）求该最小值所对应的平面图形绕 x 轴旋转一周所得旋转体的体积。

解：（1）当 $0 < a <$ 时（如图5 - 8）$\begin{cases} y = x^2 \\ y = ax \end{cases}$ 交点

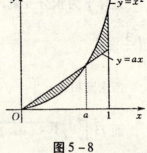

图 5 - 8

$(0,0),(a,a^2)$

$$s_1 + s_2 = \int_0^a (ax - x^2)dx + \int_a^1 (x^2 - ax)dx = \frac{a^3}{3} - \frac{a}{2}$$

$+ \frac{1}{3}$

令 $\dfrac{d(s_1 + s_2)}{da} = a^2 - \dfrac{1}{2} = 0, a = \dfrac{1}{\sqrt{2}}$

$$\frac{\mathrm{d}^2(s_1 + s_2)}{\mathrm{d}a^2} = 2a > 0$$

$\therefore a = \dfrac{1}{\sqrt{2}}$ 为唯一极小值点，即最小值点，则

$$\min(s_1 + s_2) = (s_1 + s_2)\Big|_{a=\frac{1}{\sqrt{2}}} = \frac{2 - \sqrt{2}}{6}$$

当 $a \leqslant 0$ 时，（如图）$s_1 + s_2 = \displaystyle\int_a^0 (ax - x^2)\mathrm{d}x + \int_0^1 (x^2 - ax)\mathrm{d}x = -\frac{a^3}{6} - \frac{a}{2} + \frac{1}{3}$

$$\frac{\mathrm{d}(s_1 + s_2)}{\mathrm{d}a} = -\frac{a^2}{2} - \frac{1}{2} < 0, \therefore s_1 + s_2 \text{ 在 } a = 0 \text{ 时取得最小值}(s_1 + s_2)\Big|_{a=0} = \frac{1}{3}$$

综合以上讨论：$s_1 + s_2 = \dfrac{2 - \sqrt{2}}{6}$ 为最小值。

$$(2)\ V = \pi \int_0^{\frac{1}{\sqrt{2}}} \left(\frac{x^2}{2} - x^4\right)\mathrm{d}x + \pi \int_{\frac{1}{\sqrt{2}}}^1 \left(x^4 - \frac{x^2}{2}\right)\mathrm{d}x$$

$$= \pi\left(\frac{x^3}{6} - \frac{x^5}{5}\right)\Big|_0^{\frac{1}{\sqrt{2}}} + \pi\left(\frac{x^5}{5} - \frac{x^6}{6}\right)\Big|_{\frac{1}{\sqrt{2}}}^1 = \frac{\sqrt{2} + 1}{30}\pi$$

3. 定积分在物理上的应用

（1）功的计算

由物理学可知，在一个常力 F 的作用下，物体沿力的方向做直线运动，当物体移动一段距离 s 时，F 所做的功为

$$W = FS$$

但在实际问题中，经常需要计算变力所做的功，下面通过例子来说明变力做功的求法。

例 6 已知弹簧每拉长 $0.02\mathrm{m}$ 要用 $9.8\mathrm{N}$ 的力，求把弹簧拉长 $0.1\mathrm{m}$ 所做的功。

解 已知弹簧在弹性限度内，拉伸（或压缩）弹簧所需的力 F 和弹簧的伸长量（或压缩量）x 成正比，即

$$F = kx,$$

其中 k 为比例系数（如图 5 – 9 所示）

根据题意 $x = 0.02\mathrm{m}$ 时，$F = 9.8N$，所以

$k = 4.9 \times 10^2$

这样得到变力的函数为

$F = 4.9 \times 10^2 x$

下面用微元法求此变力所做的功

（1）取积分变量为 x，积分区间为 $[0, 0.1]$

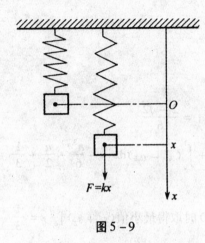

图 5 - 9

（2）在 $[0,0.1]$ 上，任取一小区间 $[x,x+dx]$，与它对应的变力 F 所做的功近似于把变力 F 看做常力所做的功，从而得到功元素为

$$dW = 4.9 \times 10^2 x dx$$

（3）写出定积分的表达式，得弹簧所做功为

$$W = \int_0^{0.1} 4.9 \times 10^2 x dx = 4.9 \times 10^2 \left(\frac{x^2}{2}\right)\Big|_0^{0.1} = 2.45(\text{J})$$

定积分不仅可以解决变力做功问题，同样通过微元法还可以解决其他问题。

（2）液体的压力计算

由物理学可知，一水平放置在液体中的薄片，若其面积为 A，距离液体表明的深度为 h，则该薄片一侧所受的压力 p 等于以 A 为底、h 为高的液体的重量，即

$$p = \rho \cdot g \cdot A \cdot h$$

其中 ρ 为液体的密度（单位为 kg/m^3）

但在实际问题中，往往要计算与液面垂直放置的薄片（如水渠的闸门）一侧所受的压力。由于薄片上每个位置距液体表明的深度不一样，因此不能直接利用上述公式进行计算。下面举例说明这种薄片所受液体压力的求法。

例7 有一竖直的闸门，形状是等腰梯形，尺寸与坐标系如图 5 - 10 所示，当水面齐闸门顶时，求闸门所受水的压力。

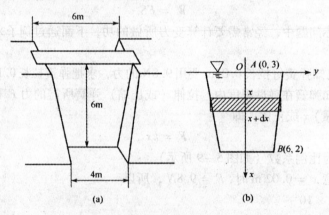

图 5 - 10

解 （1）取积分变量为 x，积分区间为 $[0,6]$

（2）在图 5 - 10 中所示的坐标系中，AB 的方程为

$$y = -\frac{x}{6} + 3$$

在区间 $[0,6]$ 上任取一小区间 $[x, x + dx]$，它与相应的小薄片的面积近似于宽为 dx，长为

$$2y = 2\left(-\frac{x}{6} + 3\right)$$

的小矩形面积。这个小矩形上受到的压力近似于把这个小矩形放在平行于液体表面且距液体表面深度为 x 的位置上一侧所受到得压力。由于

$$\rho g = 9.8 \times 10^3, dA = 2\left(-\frac{x}{6} + 3\right)dx, h = x,$$

所以压力元素

$$dp = 9.8 \times 10^3 \times x \times 2\left(-\frac{x}{6} + 3\right)dx,$$

即

$$dp = 9.8 \times 10^3 \times \left(-\frac{x^2}{3} + 6x\right)dx$$

（3）写出定积分的表达式，得所求水压力为

$$p = \int_0^6 9.8 \times 10^3\left(-\frac{x^2}{3} + 6x\right)dx = 9.8 \times 10^3\left(-\frac{x^3}{9} + 3x^2\right)\Big|_0^6$$

$$= 9.8 \times 10^3(-24 + 108) = 84 \times 9.8 \times 10^3 \approx 8.23 \times 10^5 (\text{N})$$

习题 5 - 3

一、选择题

（1）设函数 $f(x)$ 在 $[a,b]$ 上连续,则曲线 $y = f(x)$ 与直线 $x = a, x = b, y = 0$ 所围成的平面图形的面积等于（   ）

A. $\int_a^b f(x)dx$ B. $\left|\int_a^b f(x)dx\right|$

C. $\int_a^b |f(x)|dx$ D. $f'(\xi)(b - a)(a < g < b)$

（2）曲线 $y = x^2$ 与直线 $y = 0, x = 1$ 所围成的平面图形的面积等于（   ）

A. 3 B. $\frac{1}{3}$ C. 2 D. $\frac{1}{2}$

（3）曲线 $y = -x^3 + x^2 + 2x$ 与 x 轴所围成的平面图形的面积等于（   ）

A. $\frac{12}{35}$ B. $\frac{35}{12}$ C. $\frac{12}{37}$ D. $\frac{37}{12}$

（4）由曲线 $y = \cos x\left(-\frac{\pi}{2} \leq x \leq \frac{\pi}{2}\right)$ 与 x 轴所围成的平面图形绕 x 轴旋转而成的旋转体的体积等于（   ）

A. π^2 B. π C. $\frac{\pi^2}{2}$ D. $\frac{\pi}{2}$

（5）曲线 $y = \sqrt{x}$ 与直线 $y = x$ 所围成的平面图形绕 x 轴旋转一周所成的旋转体的体积 $V = ($ $)$

A. $\dfrac{\pi}{3}$ B. π C. $\dfrac{\pi}{6}$ D. $\dfrac{\pi}{2}$

二、解答题

（1）求由曲线 $y = e^x, y = 0, x = 0, x = 1$ 所围成的平面图形的面积。

（2）求由曲线 $y = 2 - x^2$，直线 $y = 2x + 2$ 所围成的平面图形的面积。

（3）求有曲线 $y = \dfrac{1}{x}$ 与直线 $y = x, x = 2$ 所围成的平面图形的面积。

（4）求 $c(c > 0)$ 的值，使两曲线 $y = x^2$ 与 $y = cx^3$ 所围成的图形的面积为 $\dfrac{2}{3}$。

（5）求由曲线 $y = x^3$ 与直线 $x = 2, y = 0$ 所围成的图形分别绕 ox 轴与 oy 轴旋转而成的体积。

（6）求由抛物线 $y = 1 - x^2$ 及其在点 $(0,1)$ 处的切线和 y 轴所围成的平面图形的面积。

（7）已知曲线 c 为 $y = 2x^2$，直线 L 为 $y = 4x$

①求由曲线 c 和直线 L 所围成的平面图形的面积 A

②求由上述平面图形 D 绕 x 轴旋转一周所围成的旋转体的体积 V_x

（8）曲线 $x^2 + (y - 2)^2 = 1$ 分别绕 x 轴，y 轴旋转而成的旋转体的体积 V。

（9）设平面图形 D 由曲线 $y = x^3$，直线 $x = 1$ 及 $y = 0$ 围成

①求 D 的面积 A

②求 D 绕 x 轴旋转一周所得旋转体的体积 V

（10）已知曲线 $x = \dfrac{1}{k}y^2 (k > 0)$ 与直线 $y = -x$ 所围成的图形的面积为 $\dfrac{9}{48}$，求 k。

第五章总复习题

一、选择题

（1）若 $\displaystyle\int_0^1 (2x + k)\mathrm{d}x = 2$，则 $k = ($ $)$

A. 0   B. -1 C. 1   D. $\dfrac{1}{2}$

（2）设 $f(x)$ 为连续函数，则 $\displaystyle\int_{\frac{1}{n}}^{n} \left(1 - \dfrac{1}{t^2}\right) f\left(t + \dfrac{1}{t}\right)\mathrm{d}t = ($ $)$

A. 1   B. 0   C. n   D. $\dfrac{1}{n}$

（3）设 $F(x) = \int_{x^2}^{x} \arctan t\, dt$，则 $f'(x) = $（　　　）

A. $\arctan x$

B. $\arctan x^2$

C. $\arctan x - \arctan x^2$

D. $\arctan x - 2x\arctan x^2$

（4）$\int_{0}^{\frac{\pi}{4}} \sin 2x\, dx$ 等于（　　　）

A. $-\dfrac{1}{2}$　　　　B. 0　　　　C. $\dfrac{1}{4}$　　　　D. $\dfrac{1}{2}$

（5）计算 $\int_{0}^{+\infty} \dfrac{dx}{\sqrt{x}(1+x)} = $（　　　）

A. $\dfrac{\pi}{2}$　　　　B. $-\dfrac{\pi}{2}$　　　　C. π　　　　D. $-\pi$

（6）设 $f(x)$ 在区间 $[a,b]$ 上可积，则下列各结论中不正确的是（　　　）

A. $\int_{a}^{b} f(x)\, dx = \int_{a}^{b} f(y)\, dy$

B. $\int_{a}^{a} f(x)\, dx = 0$

C. 若 $f(x) \geqslant b - a$，则 $\int_{a}^{b} f(x)\, dx \geqslant (b-a)^2$

D. $\left[\int_{a}^{b} f(x)\, dx\right]' = f(x)$

（7）下列积分公式中可以直接使用牛顿—莱布尼兹公式的有（　　　）

A. $\int_{-1}^{1} \dfrac{dx}{x^2}$

B. $\int_{-1}^{2} \dfrac{x\, dx}{\sqrt{1-x^2}}$

C. $\int_{-a}^{a} \dfrac{dx}{\sqrt{a^2 - x^2}}$

D. $\int_{0}^{4} \dfrac{x\, dx}{(x^{\frac{3}{2}} - 5)^2}$

（8）求由曲线 $y = e^x$ 及直线 $x = 1, x = 3, y = 0$ 所围平面图形绕 x 轴旋转一周所成的旋转体的体积 $V_x = $（　　　）

A. 0　　　　B. $\ln 5$　　　　C. $\dfrac{1}{2}\ln 5$　　　　D. $2\ln 3$

（9）下列不等式中，正确的是（　　　）

A. $\int_{0}^{1} e^x\, dx < \int_{0}^{1} e^{x^2}\, dx$

B. $\int_{1}^{2} e^x\, dx < \int_{1}^{2} e^{x^2}\, dx$

C. $\int_{0}^{1} e^{-x}\, dx < \int_{1}^{2} e^{-x}\, dx$

D. $\int_{-2}^{1} x^2\, dx < \int_{-2}^{-1} x^3\, dx$

（10）下列广义积分收敛的是（　　　）

A. $\int_{e}^{+\infty} \dfrac{\ln x}{x}\, dx$　　B. $\int_{e}^{+\infty} \dfrac{dx}{x\ln x}$　　C. $\int_{e}^{+\infty} \dfrac{dx}{x(\ln x)^2}$　　D. $\int_{e}^{+\infty} \dfrac{dx}{x\sqrt{\ln x}}$

二、填空题

（1）设 $0 < a < 1$，且 $\int_{0}^{a} \dfrac{\cos 2x}{\cos x - \sin x}\, dx = 1$，则 $a = $ _____

(2) $\lim\limits_{x \to 0^+} \dfrac{\int_0^{x^2} \sin \sqrt{t}\,dt}{x^3} = $ _____

(3) 函数 $f(x) = \int_1^x \dfrac{\ln t}{t}\,dt$ 的拐点坐标为 _____

(4) $\int_{-5}^{5} \dfrac{x^3 \sin^2 x}{(x^4 + 2x^2 + 1)^2}\,dx = $ _____

(5) 曲线 $y = x^2 + 3$ 在区间 $[0,1]$ 上的曲边梯形面积为 _____

(6) 已知 $\int_0^a 3t^2\,dt = 8$，则 $\int_0^a x\mathrm{e}^{-x^2}\,dx = $ _____

(7) 设 $f(x)$ 是连续函数，且 $f(x) = x + 2\int_0^1 f(t)\,dt$，则 $f(x) = $ _____

(8) $\int_0^3 \mathrm{e}^{-\frac{(x-1)^2}{4}}\,dx$ 经过 $u = \dfrac{x-1}{2}$ 代替后，变量 u 的积分区间是 _____

(9) $\int_0^{\frac{\pi}{2}} |\sin x - \cos x|\,dx = $ _____

(10) $\int_{-2}^{1} \dfrac{dy}{(11 + 5x)^2} = $ _____

(11) $\int_{-\pi}^{\pi} x^4 \sin x\,dx = $ _____

(12) $\int_1^{+\infty} \dfrac{1}{x^3}\,dx = $ _____

(13) 设 $f(x) = \int_1^{x^2} \dfrac{\ln(1+t)}{t}\,dt$，则 $f'(2) = $ _____

三、方程 $\int_0^y (1 + x^2)\,dx + \int_x^0 \mathrm{e}^{t^2}\,dt = 0$ 确定 y 是 x 的函数，求 $\dfrac{dy}{dx}$

四、计算下列积分

1. $\int_0^{\pi} (1 - \sin^3 \theta)\,d\theta$ 2. $\int_0^{\frac{\pi}{4}} \cos^2 2x\,dx$ 3. $\int \dfrac{x \arcsin x}{\sqrt{1 - x^2}}\,dx$

4. $\int_0^3 \dfrac{x}{\sqrt{1 + x}}\,dx$ 5. $\int_0^{10\pi} |\sin x|\,dx$ 6. $\int_1^4 \dfrac{\ln x}{\sqrt{x}}\,dx$

7. $\int_2^{+\infty} \dfrac{1 - \ln x}{x^2}\,dx$ 8. $\int_0^{+\infty} \dfrac{x}{(1 + x)^3}\,dx$ 9. $\int_1^2 \dfrac{(1 - \ln x)^2}{x}\,dx$

10. 设 $f(x) = \begin{cases} x + 1, & x \leqslant 0 \\ \mathrm{e}^{-x}, & x > 0 \end{cases}$，求 $\int_{-1}^{\ln 2} f(x)\,dx$

五. 已知 $g(x)$ 处处连续，设 $f(x) = \dfrac{1}{2}\int_0^x (x - t)^2 g(t)\,dt$，证明：

$$f'(x) = x\int_0^x g(t)\,dt - \int_0^x t g(t)\,dt$$

六、求在区间 $[0,\pi]$ 上曲线 $y = \sin x, y = \cos x$ 与直线 $x = 0, x = \pi$ 所围成图形的面积。

七、一条长 50m，质量为 30kg 的均匀链条悬挂于一建筑物顶部，问把这链条全部拉上建筑物顶端，需做多少功？

八、设 $\int_0^\pi [f(x) + f''(x)] \sin x dx = 5$ 且 $f(\pi) = 2$，求 $f(0)$。

九、求由曲线 $y = x^3$ 与直线 $x = 2, y = 0$ 所围成的图形分别绕 ox 轴和 oy 轴旋转一周所成的旋转体的体积。

第五章测试题

一、填空题

1. $\int_1^2 \ln x dx - \int_1^2 \ln u du = $ _____

2. $\int_{-\frac{\pi}{2}}^{\frac{\pi}{2}} \frac{\sin^3 x}{1 + x^2} dx = $ _____ ; $\int_1^2 (x^2 - \frac{3}{x} + 2) dx = $ _____

3. $\int_{-1}^1 |x| dx = $ _____ ; $\int_4^9 \frac{\sqrt{x} - 1}{x} dx = $ _____

4. $\int_0^1 e^x \sin x dx = $ _____ ; $\int_1^{+\infty} \frac{1}{x^2} dx = $ _____

5. $\int_0^4 \frac{dx}{1 + \sqrt{x}} = $ _____

6. $\int_0^1 (2x + k) dx = 2$，则 $k = $ _____

7. 设 $f(x) = \begin{cases} 0, & x < 0 \\ \lambda e^{\lambda x}, & x \geqslant 0 \end{cases} (\lambda > 0)$，则 $\int_{-\infty}^{+\infty} f(x) dx = $ _____

8. 由 $y = x^2, y = 4$ 所围成平面图形的面积 $A = $ _____

9. 已知函数 $y = \int_0^x \sin t dt$，则 $y'|_{x = \frac{\pi}{4}} = $ _____

二、求下列定积分

1. $\int_0^{\frac{\pi}{3}} \frac{\sin x}{\sqrt{\cos x}} dx$　　　　2. $\int_1^e \frac{1 + \ln x}{x} dx$　　　　3. $\int_0^8 \frac{dx}{1 + \sqrt[3]{x}}$

4. $\int_1^2 \frac{\sqrt{x^2 - 1}}{x} dx$　　　　5. $\int_{-\pi}^{\pi} x \sin 2x dx$　　　　6. $\int_0^{\frac{1}{2}} \arcsin x dx$

7. $\int_0^2 x|x - 1| dx$

三、求由曲线 $y = e^x, y = e$ 及直线 $x = 0$ 所围成图形的面积。

四、求抛物线 $y = -x^2 + 4x - 3$ 及其在点 $(0, -3)$ 和 $(3,0)$ 处的切线所围成的图形的面积。

五、求函数 $f(x) = \int_{\frac{1}{2}}^{x} \ln t \, dt$ 的极值点与极值。

第六章　常微分方程

在科学研究和管理的许多问题中，常常需要建立变量问题的函数关系，但能够得到含有未知函数导数或微分的关系式。本章主要介绍微分方程的基本概念及几种常见的微分方程的解法。

第一节　常微分方程的基本概念与分离变量法

一、常微分方程的概念

为了便于叙述微分方程的基本概念，先看下面的例子：

引例　一曲线过点 $(1,1)$，且在曲线上任一点 $M(x,y)$ 处的切线斜率等于 $3x^2$，求曲线的方程。

先对问题进行分析，设所求曲线方程 $y = f(x)$，根据导数的几何意义，对曲线上任一点 $M(x,y)$ 有如下的关系

$$y' = 3x^2$$

由于所求曲线 $y = f(x)$ 通过点 $(1,1)$，因此曲线需满足条件 $x = 1$ 时，$y = 1$，即

$$y|_{x=1} = 1$$

式 $y' = 3x^2$ 就是曲线 $y = f(x)$ 应满足的关系式，式中含有未知函数 $y = f(x)$ 的一阶导数。

这样，问题就归结为要求一个满足关系式 $y' = 3x^2$ 和条件式 $y|_{x=1} = 1$ 的函数 $y = f(x)$

一般地，含有未知函数的导数或微分的方程称为微分方程。例如：$\dfrac{dy}{dx} + 2xy = 2xe^{-x^2}$，$xy' = \ln y$，$\dfrac{d^2y}{dx^2} - y = 0$，…… 未知函数是一元函数的微分方程称为常微分方程；微分方程中所出现的未知函数的导数的最高阶数，称为微分方程的阶数；未知函数及其各阶导数的次数均为一次的微分方程称为线性微分方程。在线性微分方程中，如果未知函数及其各阶导数的系数都是常数，则称为常系数线性微分方程。

如果将函数及其导数代入微分方程，能使方程成为恒等式，则称 $y = f(x)$ 是微分方程的解。

对于 n 阶线性微分方程，若解中含有 n 个独立的任意常数，则称这样的解为该方程的通解；不含任意常数的解称为微分方程的特解。

根据具体条件可以确定通解中的任意常数取某定值，从而可以得到微分方程的一个特解，而这些具体条件称为初始条件。微分方程的解所对应的几何曲线叫做积分曲线。

例如：$\dfrac{dy}{dx} = 10^{x+y}$ 是一阶常微分方程

$10^x + 10^{-y} = c$ 为它的通解，$10^x + 10^{-y} = 11$ 为在初始条件下 $y|_{x=1} = 0$ 时的特解。

二、分离变量法

如果一个方程可化为 $\dfrac{dy}{dx} = f(x)g(y)$ 的形式，则这个方程称为可分离变量的微分方程。这种方程的解法称为分离变量法。

求解步骤为

（1）分离变量

$$\frac{dy}{g(y)} = f(x)\,dx$$

（2）两边求积分

$$\int \frac{dy}{g(y)} = \int f(x)\,dx$$

（3）求出积分，得通解

$$G(y) = F(x) + C\,(C\text{ 为任意常数})$$

其中 $G(y), F(x)$ 分别是 $\dfrac{1}{g(y)}, f(x)$ 的原函数。

例 1 求微分方程 $xy' = \ln x$ 的通解

解： $\qquad x\dfrac{dy}{dx} = \ln x$

可分离变量： $\quad dy = \dfrac{\ln x}{x}dx$

分别积分： $\qquad \int dy = \int \dfrac{\ln x}{x}dx$

通解为： $\qquad y = \dfrac{1}{2}\ln^2 x + C$

例 2 求方程 $\dfrac{dy}{dx} = 10^{x+y}$ 满足初始条件 $y|_{x=1} = 0$ 的特解

解： $\qquad \dfrac{dy}{dx} = 10^x 10^y$

$$10^{-y}\mathrm{d}y = 10^x\mathrm{d}x$$

$$\int 10^{-y}\mathrm{d}y = \int 10^x\mathrm{d}x$$

$$-10^{-y} \cdot \frac{1}{\ln 10} = 10^x \cdot \frac{1}{\ln 10} + c_1 \quad (令 c = -c_1 \ln 10)$$

得　　　　　　　　　　$10^x + 10^{-y} = c$

将初始条件代入 $y\big|_{x=1} = 0$ 即有 $10 + 10^{-0} = c$ 解得 $c = 11$ 于是特解为

$10^x + 10^{-y} = 11$

例3　已知 $y = C_1\mathrm{e}^x + C_2\mathrm{e}^{-2x}$ 是 $\dfrac{\mathrm{d}^2 y}{\mathrm{d}x^2} + \dfrac{\mathrm{d}y}{\mathrm{d}x} - 2y = 0$ 的解，求满足初始条件

$y\big|_{x=0} = 1, y'\big|_{x=0} = 1$ 的特解

分析：所给解是已知方程的通解，求特解，就是用所给的两个条件确定通解中任意常数 C_1 和 C_2 的特定值。

解：$y = C_1\mathrm{e}^x + C_2\mathrm{e}^{-2x}, y' = C_1\mathrm{e}^x - 2C_2\mathrm{e}^{-2x}$

由 $y\big|_{x=0} = 1$ 得　　　　$C_1 + C_2 = 1$

由 $y'\big|_{x=0} = 1$ 得　　　　$C_1 - 2C_2 = 1$

解上述方程组得 $C_1 = 1, C_2 = 0, \therefore$ 所求特解为 $y = \mathrm{e}^x$

例4　求方程 $(1 + \mathrm{e}^x)yy' = \mathrm{e}^x$ 满足 $y\big|_{x=1} = 1$ 的特解

分析：可看出这是可分离变量的微分方程

解：分离变量 $y\mathrm{d}y = \dfrac{\mathrm{e}^x}{1 + \mathrm{e}^x}\mathrm{d}x$

求积分 $\int y\mathrm{d}y = \int \dfrac{\mathrm{e}^x}{1 + \mathrm{e}^x}\mathrm{d}x + c$

得 $y^2 = 2\ln(1 + \mathrm{e}^x) + c, y = \pm\sqrt{2\ln(1 + \mathrm{e}^x) + c}$

由 $y\big|_{x=1} = 1$ 知，根号前只能取正号 $\therefore$ 通解为 $y = \sqrt{2\ln(1 + \mathrm{e}^x) + C}$

再求特解：将 $y\big|_{x=1} = 1$ 代入上式得 $c = 1 - 2\ln(1 + \mathrm{e})$

$\therefore$ 特解为 $y = \sqrt{\ln\left(\dfrac{1 + \mathrm{e}^x}{1 + \mathrm{e}}\right)^2 + 1}$

习题 6 – 1

一、选择题

(1) 微分方程 $y' = 2x$ 的一条积分曲线是（　　　）

A. $y = cx^2$　　　　B. $y = x^2 + 1$　　　　C. $y = x^3 + c$　　　　D. $y = \dfrac{1}{2}x^2 + c$

(2) 微分方程 $xyy'' + x(y')^3 - y^4 y' = 0$ 的阶数是（　　　）

A. 1　　　　　　B. 2　　　　　　C. 3　　　　　　D. 4

（3）微分方程 $y' - y = 1$ 的通解为（　　　）

A. $y = ce^x$ B. $y = ce^x + 1$ C. $y = ce^x - 1$ D. $y = e^x - 1$

（4）下列微分方程中，属于变量可分离的微分方程是（　　　）

A. $x\sin(xy)\mathrm{d}x + y\mathrm{d}y = 0$ B. $y' = \ln(x + y)$

C. $y' + \dfrac{1}{x}y = y^2 e^x$ D. $y' = x\sin y$

（5）已知 $f'(x) = 1 + x^2$，且 $f(0) = 1$，则 $f(x) = $（　　　）

A. $x + \dfrac{1}{3}x^3 + 1$ B. $x + \dfrac{1}{3}x^3 + c$ C. $x - \dfrac{1}{3}x^3 + 1$ D. $-x + \dfrac{1}{3}x^3 + 1$

二、填空题

（1）求微分方程 $y' = x$ 的通解为 _____

（2）微分方程 $\dfrac{\mathrm{d}^4 s}{\mathrm{d}t^4} + s = s^6$ 的自变量为 _____，未知函数为 _____，方程的阶数为 _____

（3）微分方程 $y' = e^{-\frac{x}{2}}$ 的通解是 _____

（4）微分方程 $xyy' = 1 - x^2$ 的通解为 _____

三、求下列微分方程的通解

（1）$\dfrac{\mathrm{d}y}{\mathrm{d}x} = -\dfrac{x}{y}$ （2）$(x + xy^2)\mathrm{d}x + (y - x^2 y)\mathrm{d}y = 0$

（3）$xy' - y\ln x = 0$ （4）$y' - xy' = a(y^2 + y')$

四、求下列微分方程满足所给初始条件的特解

（1）$x\mathrm{d}y + 2y\mathrm{d}x = 0$，$y\big|_{x=2} = 1$

（2）$y'\sin x = y\ln y$，$y\big|_{x=\frac{\pi}{2}} = e$

第二节　一阶线性微分方程

未知函数及其导数都是一次的一阶微分方程，称为一阶线性微分方程。其一般式为

$$\frac{\mathrm{d}y}{\mathrm{d}x} + P(x)y = Q(x)（其中 Q(x) \neq 0）\cdots\cdots（1）称为一阶线性非齐次微分方程。$$

当如果 $Q(x) = 0$，即

$$\frac{\mathrm{d}y}{\mathrm{d}x} + P(x)y = 0 \cdots\cdots（2）称为一阶线性齐次微分方程。$$

一、一阶线性齐次微分方程的通解

为了求方程式（1）的解，先讨论对应的齐次方程 $\dfrac{\mathrm{d}y}{\mathrm{d}x} + P(x)y = 0$ 的解，该方

程是可分离变量的，分离变量后，得

$$\frac{\mathrm{d}y}{y} = -P(x)\mathrm{d}x$$

两边积分，得

$$\ln y = -\int P(x)\mathrm{d}x + C_1 \tag{3}$$

令 $C_1 = \ln c(c \neq 0)$

得通解：

$$y = ce^{-\int P(x)\mathrm{d}x}$$

二、一阶线性非齐次微分方程的通解

由上面得方程（2）的通解为：$y = ce^{-\int P(x)\mathrm{d}x}$，令常数 $c = u(x)$ 即

$$y = u(x)e^{-\int P(x)\mathrm{d}x} \text{ 是方程（1）的解}$$

两边求导得：$\dfrac{\mathrm{d}y}{\mathrm{d}x} = u'(x)e^{-\int P(x)\mathrm{d}x} - u(x)P(x)e^{-\int P(x)\mathrm{d}x}$

将 y、$\dfrac{\mathrm{d}y}{\mathrm{d}x}$ 代入方程（1）得：$u'(x)e^{-\int P(x)\mathrm{d}x} = Q(x)$

两边积分后得：$u(x) = \int Q(x)e^{\int P(x)\mathrm{d}x}\mathrm{d}x + c$

从而 $y = e^{-\int p(x)\mathrm{d}x}\left[\int Q(x)e^{\int P(x)\mathrm{d}x}\mathrm{d}x + c\right]$ 是方程（1）的解。

可看出方程(1)的解由两部分组成,第一部分为方程(1)对应的齐次方程(2)的通解,第二部分为非齐次方程(1)的一个特解。

这种将常数变易为待定函数的方法，我们通常称为常数变易法。

例1 求微分方程 $\dfrac{\mathrm{d}y}{\mathrm{d}x} + 2xy = 2xe^{-x^2}$ 的通解

解：（1）先求齐次解 $\dfrac{\mathrm{d}y}{\mathrm{d}x} + 2xy = 0$

即：

$$\frac{1}{y}\mathrm{d}y = -2x\mathrm{d}x$$

$$\ln|y| = -x^2 + c$$

$$y = ce^{-x^2}$$

（2）令上式中 $c = c(x)$ 代入非齐次方程

$$y' = c'(x)e^{-x^2} + c(x) \cdot e^{-x^2} \cdot (-2x)$$

$$c'(x)e^{-x^2} + c(x) \cdot e^{-x^2} \cdot (-2x) + 2x \cdot c(x)e^{-x^2} = 2xe^{-x^2}$$

$$c'(x) = 2x$$

$$c(x) = x^2 + c$$

于是非齐次方程的通解为 $y = (x^2 + c)e^{-x^2}$

例 2 求方程 $\dfrac{\mathrm{d}y}{\mathrm{d}x} - \dfrac{2y}{x+1} = (x+1)^{\frac{5}{2}}$ 的通解

解法一： 由通解公式

$$y = \mathrm{e}^{-\int P(x)\mathrm{d}x}\Big[C + \int Q(x)\mathrm{e}^{\int P(x)\mathrm{d}x}\mathrm{d}x \Big]$$

$$= \mathrm{e}^{\int \frac{2}{x+1}\mathrm{d}x}\Big[C + \int (x+1)^{\frac{5}{2}}\mathrm{e}^{-\int \frac{2}{x+1}\mathrm{d}x}\mathrm{d}x \Big]$$

$$= (x+1)^2\Big[C + \int (x+1)^{\frac{5}{2}}\dfrac{1}{(x+1)^2}\mathrm{d}x \Big]$$

$$= (x+1)^2\Big[C + \int (x+1)^{\frac{1}{2}}\mathrm{d}x \Big]$$

$$= (x+1)^2\Big[C + \dfrac{2}{3}(x+1)^{\frac{3}{2}} \Big]$$

解法二： 原方程对应的齐次方程为

$$\dfrac{\mathrm{d}y}{\mathrm{d}x} - \dfrac{2y}{x+1} = 0$$

分离变量后得

$$\dfrac{\mathrm{d}y}{y} = \dfrac{2\mathrm{d}x}{x+1}$$

两端积分得

$$\ln y = 2\ln(x+1) + \ln c$$

整理得

$$y = c(x+1)^2$$

令 $y = u(x)(x+1)^2$ 为非齐次方程的解，

$$\dfrac{\mathrm{d}y}{\mathrm{d}x} = u'(x+1)^2 + 2u(x+1)$$

将 y、$\dfrac{\mathrm{d}y}{\mathrm{d}x}$ 代入非齐次方程得 $u' = (x+1)^{\frac{1}{2}}$

两端积分得

$$u = \dfrac{2}{3}(x+1)^{\frac{3}{2}} + c$$

因此，原方程的通解为

$$y = (x+1)^2\Big[c + \dfrac{2}{3}(x+1)^{\frac{3}{2}} \Big]$$

求解非线性微分方程的步骤：先求解对应的齐次方程的通解，再用常数变易法求出原方程的一个特解，最后得到原方程的通解或直接代入通解公式。

例 3 求方程 $x^2\mathrm{d}y + (y - 2xy - 2x^2)\mathrm{d}x = 0$ 的通解

解： 将方程两端同除 $x^2\mathrm{d}x$，得 $\dfrac{\mathrm{d}y}{\mathrm{d}x} + \dfrac{1-2x}{x^2}y - 2 = 0$ 即为一阶线性微分方程

先求线性齐次方程的通解：将方程 $\dfrac{\mathrm{d}y}{\mathrm{d}x} + \dfrac{1-2x}{x^2}y = 0$ 分离变量

$$\dfrac{\mathrm{d}y}{y} = -\dfrac{1-2x}{x^2}\mathrm{d}x \ \text{积分得} \ y = cx^2\mathrm{e}^{\frac{1}{x}}$$

用常数变易法：

令 $c = u(x)$，则 $y = u(x)x^2 \mathrm{e}^{\frac{1}{x}}$

求导 $\dfrac{\mathrm{d}y}{\mathrm{d}x} = \left[2x\mathrm{e}^{\frac{1}{x}} + \mathrm{e}^{\frac{1}{x}}\left(-\dfrac{1}{x^2}\right)x^2\right]u(x) + x^2\mathrm{e}^{\frac{1}{x}}\dfrac{\mathrm{d}u(x)}{\mathrm{d}x}$

$\qquad\quad = \mathrm{e}^{\frac{1}{x}}(2x - 1)u(x) + x^2\mathrm{e}^{\frac{1}{x}}\dfrac{\mathrm{d}u}{\mathrm{d}x}$

将 y, y' 代入原方程，并化简得：$x^2\mathrm{e}^{\frac{1}{x}}\dfrac{\mathrm{d}u}{\mathrm{d}x} = 2$

分离变量并积分得 $u(x) = 2\displaystyle\int \dfrac{1}{x^2}\mathrm{e}^{-\frac{1}{x}}\mathrm{d}x = 2\mathrm{e}^{-\frac{1}{x}} + c$

$\therefore$ 所求通解为 $y = x^2\mathrm{e}^{\frac{1}{x}}\left(2\mathrm{e}^{-\frac{1}{x}} + c\right) = x^2\left(2 + c\mathrm{e}^{\frac{1}{x}}\right)$

例 4　$y = \mathrm{e}^x$ 是微分方程 $xy' + p(x)y = x$ 的一个解，求此微分方程满足条件 $y\big|_{x=\ln2} = 0$ 的特解。

解：　以 $y = \mathrm{e}^x$ 代入原方程得 $x\mathrm{e}^x + p(x)\mathrm{e}^x = x$

解出　　$p(x) = x\mathrm{e}^{-x} - x$

代入原方程得　$xy' + (x\mathrm{e}^{-x} - x)y = x$

解其对应的齐次方程　$y' + (\mathrm{e}^{-x} - 1)y = 0$

$$\frac{\mathrm{d}y}{y} = (-\mathrm{e}^{-x} + 1)\mathrm{d}x$$

$$\ln y - \ln C = \mathrm{e}^{-x} + x$$

得齐次方程的通解为：$y = c\mathrm{e}^{x+\mathrm{e}^{-x}}$

$\therefore$ 原方程的通解为 $y = \mathrm{e}^x + c\mathrm{e}^{x+\mathrm{e}^{-x}}$

由 $y\big|_{x=\ln2} = 0$ 得 $2 + 2\mathrm{e}^{\frac{1}{2}}c = 0$ 　　　 $c = -\mathrm{e}^{-\frac{1}{2}}$

$\therefore$ 特解为 $y = \mathrm{e}^x - \mathrm{e}^{x+\mathrm{e}^{\left(-x-\frac{1}{2}\right)}}$

例 5　求方程 $x^2\mathrm{d}y + (2xy - x + 1)\mathrm{d}x = 0$ 满足初始条件 $y\big|_{x=1} = 0$ 的特解

解： 原方程可改写为

$$\frac{\mathrm{d}y}{\mathrm{d}x} + \frac{2}{x}y = \frac{x-1}{x^2}$$

这是一阶非齐次线性方程，对应的齐次方程是 $\dfrac{\mathrm{d}y}{\mathrm{d}x} + \dfrac{2}{x}y = 0$

用分离变量法求得它的通解为

$$y = C\frac{1}{x^2}$$

用常数变易法，设非齐次方程的解为

$$y = C(x)\frac{1}{x^2}$$

则
$$y' = C'(x)\frac{1}{x^2} - \frac{2}{x^3}C(x)$$

把 y 和 y' 代入原方程并化简，得 $C'(x) = x - 1$

两边积分，得
$$C(x) = \frac{1}{2}x^2 - x + C$$

因此，非齐次方程的通解为
$$y = \frac{1}{2} - \frac{1}{x} + \frac{C}{x^2}$$

将初始条件 $y|_{x=1} = 0$ 代入上式，求得 $C = \frac{1}{2}$，故所求微分方程的特解为

$$y = \frac{1}{2} - \frac{1}{x} + \frac{1}{2x^2}$$

求一阶线性微分方程的几种类型和解法如下：

类型		标准方程	解法
可分离变量		$\dfrac{\mathrm{d}y}{\mathrm{d}x} = f(x)g(y)$	分离变量、两边积分
一阶线性	齐次	$\dfrac{\mathrm{d}y}{\mathrm{d}x} + P(x)y = 0$	(1) 分离变量、两边积分 (2) 公式法：$y = Ce^{-\int P(x)\mathrm{d}x}$
	非齐次	$\dfrac{\mathrm{d}y}{\mathrm{d}x} + P(x)y = Q(x)$	常数变易法 公式法： $y = e^{-\int P(x)\mathrm{d}x}\left[\int Q(x)e^{\int P(x)\mathrm{d}x}\mathrm{d}x + C\right]$

习题 6 - 2

一、选择题

（1）下列方程为一阶线性微分方程的是（　　　）

A. $(y')^2 + 2y = x$ 　　　　　　　　B. $y' + 2y^2 = x$

C. $y' + y = x$ 　　　　　　　　　　D. $y'' + y' = x$

（2）微分方程 $y' + 2y = 4x$ 的通解为（　　）

A. $y = 2x - 1 + ce^{-2x}$ 　　　　　　B. $y = 2x - 1$

C. $y = ce^{-2x}$ 　　　　　　　　　　D. $y = 2x + 1 + ce^{-2x}$

（3）微分方程 $y' + \dfrac{1}{x}y = \dfrac{1}{x^2}$ 满足初始条件 $y(1) = 0$ 的特解为（　　）

A. $y = \ln x$ 　　B. $y = \dfrac{1}{x}$ 　　C. $y = \dfrac{\ln x}{x^2}$ 　　D. $y = \dfrac{\ln x}{x}$

（4）方程 $(y - x^3)\mathrm{d}x + x\mathrm{d}y = 2xy\mathrm{d}x + x^2\mathrm{d}y$ 是（　　　）

A. 可分离变量方程　　　B. 一阶线性方程　　　C. 不属于以上两类方程

（5）微分方程 $(x + y)\mathrm{d}y = (x - y)\mathrm{d}x$ 是（ ）

A. 线性方程   B. 可分离变量方程

C. 齐次方程   D. 一阶线性非齐次方程

（6）微分方程 $2x\sqrt{1 - y^2}\mathrm{d}x + y\mathrm{d}y = 0$ 的解有（ ）

A. $x^2 = \sqrt{1 - y^2}$ B. $\sqrt{1 - y^2} - x^2 = c$

C. $y = 1$ D. $y = -1$

（7）设 $y_1(x)$ 是方程 $y' + p(x)y = Q(x)$ 的一个特解，c 是任意常数，则该方程的通解是（ ）

A. $y = y_1 + e^{-\int p(x)\mathrm{d}x}$ B. $y = y_1 + ce^{-\int p(x)\mathrm{d}x}$

C. $y = y_1 + e^{-\int p(x)\mathrm{d}x} + c$ D. $y = y_1 + ce^{\int p(x)\mathrm{d}x}$

（8）若连续函数 $f(x)$ 满足 $f(x) = \int_0^{2x} f\left(\frac{t}{2}\right)\mathrm{d}t + \ln2$，则 $f(x) = $（ ）

A. $e^x\ln2$ B. $e^{2x}\ln2$ C. $e^x + \ln2$ D. $e^{2x} + \ln2$

二、解答题

（1）求 $xy' + y = x^2 + 3x + 2$ 的通解

（2）求 $xy' - 2y = 2x^4$ 的通解

（3）求 $(1 - x^2)y' + xy = 1$ 满足 $y(0) = 1$ 的特解

（4）求 $(xy + e^x)\mathrm{d}x = x\mathrm{d}y$ 的通解

（5）求 $\dfrac{\mathrm{d}y}{\mathrm{d}x} - \dfrac{2y}{x + 1} = (x + 1)^3$ 的通解

（6）求 $(x^2 + 1)\dfrac{\mathrm{d}y}{\mathrm{d}x} + 2xy = 4x^2$ 的通解

（7）求 $x\dfrac{\mathrm{d}y}{\mathrm{d}x} - 2y = x^3 e^x$，满足 $y\big|_{x=1} = 0$ 的特解

（8）求 $xy' + y = 3$ 满足 $y\big|_{x=1} = 0$ 的特解

三、设曲线 $y = f(x)$ 上任一点 (x, y) 处的切线斜率为 $\dfrac{y}{x} + x^2$，且该曲线经过点 $\left(1, \dfrac{1}{2}\right)$

（1）求曲线方程。

（2）求由曲线 $y = f(x)$，直线 $x = 1$ 及 x 轴所围成的平面区域 D 的面积 A

（3）求区域 D 绕 x 轴旋转一周所得旋转体的体积。

* 第三节　二阶常系数线性齐次微分方程

二阶常系数线性微分方程：如果一个二阶微分方程中出现的未知数及未知数

的一阶、二阶导数都是一次的，并且他们的系数都是常数，那么这个方程称为二阶系数线性微分方程。其一般形式为：

$$y'' + py' + qy = f(x),\qquad(1)$$

其中 p,q 为常数，$f(x)$ 是关于 x 的连续函数。

当 $f(x) = 0$ 时，

$$y'' + py' + qy = 0 \qquad (2)$$

称为二阶常系数线性齐次微分方程。

当 $f(x) \neq 0$ 时，式 (1) 称为二阶常系数线性非齐次微分方程。

1. 二阶常系数线性齐次微分方程的性质

定义 6.3.1　设 $y_1(x)$ 与 $y_2(x)$ 是定义在区间 (a,b) 内的函数，

（1）若对于任意 $x \in (a,b)$，$\dfrac{y_1(x)}{y_2(x)} =$ 常数，则称 $y_1(x)$ 与 $y_2(x)$ 在该区间内线性相关；

（2）若对于任意 $x \in (a,b)$，$\dfrac{y_1(x)}{y_2(x)} \neq$ 常数，则称 $y_1(x)$ 与 $y_2(x)$ 在该区间内线性无关。

例：$y_1 = \sin 2x$，$y_2 = 2\sin 2x$ 因为 $\dfrac{y_2}{y_1} = 2$，所以 y_2 与 y_1 是线性相关的。

$y_1 = \sin 2x$，$y_2 = \cos 2x$ 因为 $\dfrac{y_2}{y_1} = \dfrac{\cos 2x}{\sin 2x} = \cot 2x \neq$ 常数，所以 y_2 与 y_1 是线性无关的。

性质　若 y_1, y_2 都是二阶常系数线性齐次微分方程的解，则 y_1 与 y_2 的线性组合 $y = k_1 y_1 + k_2 y_2$ 也是该方程的解，并且当 y_1 与 y_2 线性无关时，$y = k_1 y_1 + k_2 y_2$ 是方程的通解，其中 k_1, k_2 是任意常数。

例：$y_1 = \sin 2x$，$y_2 = \cos 2x$ 是方程 $y'' + 4y = 0$ 的两个线性无关的特解，所以 $y = c_1 \sin 2x + c_2 \cos 2x$ 是方程 $y'' + 4y = 0$ 的通解。

2. 二阶常系数线性齐次微分方程的解法

由性质可知，齐次方程的通解是由两个线性无关的特解分别乘以任意常数相加而得的，因此，求方程的通解，关键在于求出它的两个线性无关的特解 y_1, y_2 即可。由方程的特点，可以看出 y, y', y'' 必须是同类型的函数，所以 $y = \mathrm{e}^{rx}$（r 为常数）有可能是方程的解。

令 $y = \mathrm{e}^{rx}$ 为方程的解，将 y, y', y'' 代入方程得

$$r^2 \mathrm{e}^{rx} + pr \mathrm{e}^{rx} + q \mathrm{e}^{rx} = 0$$

因为 $\mathrm{e}^{rx} \neq 0$，所以有

$$r^2 + pr + q = 0 \qquad (3)$$

只要 r 满足方程 (3)，函数 $y = \mathrm{e}^{rx}$ 就是方程 (2) 的解。我们称方程 (3) 为微分方

程(2)的特征方程,称特征方程的根为特征根,它是以 r 为未知数的二次方程,它的系数与方程(2)的系数相同。由此可见,求微分方程(2)的解变为求代数方程(3)的根。

在解特征方程时,所得的特征根 r_1,r_2 有三种情形分别讨论:

(1) 当特征方程有两个不相等的实根 r_1 和 r_2 时,方程有两个线性无关的解 $y_1 = e^{r_1x}$ 和 $y_2 = e^{r_2x}$,根据性质,得方程的通解为:

$$y = C_1e^{r_1x} + C_2e^{r_2x}$$

例1 求微分方程 $y'' - 4y' - 5y = 0$ 的通解

解:方程 $y'' - 4y' - 5y = 0$ 的特征方程为

$$r^2 - 4r - 5 = 0$$

特征根为 $r_1 = -1, r_2 = 5$,所以该方程的通解为

$$y = C_1e^{-x} + C_2e^{5x}(C_1,C_2 为任意常数)$$

(2) 当特征方程有两个相等的实根 r_1 和 r_2 时,即 $r_1 = r_2 = r$,方程只有一个特解 $y_1 = e^{rx}$,验证得知 $y_2 = e^{rx}$ 也是方程的另一个特解,并且 y_1 与 y_2 线性无关,则方程通解为:

$$y = C_1y_1 + C_2y_2 = (C_1 + C_2x)e^{rx}$$

例2 求微分方程 $y'' + 2y' + y = 0$ 的通解

解:方程 $y'' + 2y' + y = 0$ 的特征方程为

$$r^2 + 2r + 1 = 0$$

有相等的特征根为 $r_1 = r_2 = r = -1$,所以该方程的通解为:

$$y = e^{-x}(C_1 + C_2x)(C_1,C_2 为任意常数)$$

当特征方程有一对共轭复根时,即 $r = \alpha \pm i\beta$(其中 α,β 均为实常数且 $\beta \neq 0$),这时方程有两个线性无关的解 $y_1 = e^{(\alpha+i\beta)x}$ 和 $y_2 = e^{(\alpha-i\beta)x}$,由欧拉公式 $e^{i\theta} = \cos\theta + i\sin\theta$,

$$y = Ae^{(\alpha+i\beta)x} + Be^{(\alpha-i\beta)x} = Ae^{(\alpha x+i\beta x)} + Be^{(\alpha x-i\beta x)} = e^{\alpha x}(Ae^{i\beta x} + Be^{-i\beta x})$$

得通解为:

$$y = e^{\alpha x}(C_1\cos\beta x + C_2\sin\beta x)$$

例3 求微分方程 $y'' - 4y' + 13y = 0$ 的通解

解:方程 $y'' - 4y' + 13y = 0$ 的特征方程为

$$r^2 - 4r + 13 = 0$$

特征根为 $r_1 = 2 + 3i, r_2 = 2 - 3i$ 故所求通解为:

$$y = e^{2x}(C_1\cos3x + C_2\sin3x) \quad (C_1,C_2 为任意常数。)$$

求二阶常系数线性齐次微分方程通解的一般步骤为:

(1) 写出齐次线性方程所对应的特征方程 $r^2 + pr + q = 0$

(2) 求出特征根

（3）根据特征根的三种情况写出所给方程的通解

特征方程的根	通解形式
两个不相等的实根 $r_1 \neq r_2$	$y = C_1 e^{r_1 x} + C_2 e^{r_2 x}$
两个相等的实根 $r_1 = r_2$	$y = C_1 e^{rx} + C_2 x e^{rx} = (C_1 + C_2 x) e^{rx}$
一对共轭复根 $r = \alpha \pm i\beta$	$y = e^{\alpha x}(C_1 \cos\beta x + C_2 \sin\beta x)$

习题 6 – 3

求下列微分方程的通解：

（1）$y'' - 4y' - 5y = 0$ （2）$y'' + 2y' + y = 0$

（3）$y'' - 4y' + 13y = 0$ （4）$y'' + 6y' + 13y = 0$

第六章总复习题

一、填空题

（1）通解为 $y = ce^x + x$ 的微分方程为 _____

（2）微分方程 $y\mathrm{d}x + (x^2 - 4x)\mathrm{d}y = 0$ 的通解为 $y = $ _____

（3）微分方程 $y' + y\tan x = \cos x$ 的通解为 $y = $ _____

（4）曲线 $y = f(x)$ 过点 $\left(0, -\dfrac{1}{2}\right)$，且其上任一点 (x, y) 处的切线的斜率为 $x\ln(1 + x^2)$ 则 $f(x) = $ _____

（5）设函数 $y = f(x)$ 由微分方程 $\begin{cases} xy' + y = 2x \\ y\big|_{x=1} = 0 \end{cases}$ 确定，则函数 $y = f(x)$ 的表达式为 _____，$y = f(x)$ 在 $(0, +\infty)$ 内的单调性为 _____

二、一曲线 $y = f(x)$ 上任一点的切线率等于该点横坐标的 2 倍，且过点 $(1, 2)$，求此曲线的方程。

三、一质量为 m 的质点自由下落，设 t = 0 时的初始位移为 s_0，初始速度为 v_0，求其运动规律 $s = s(t)$

四、求下列微分方程的通解或特解

（1）$x \dfrac{\mathrm{d}x}{\mathrm{d}y} = x - y, y\big|_{x=\sqrt{2}} = 0$

（2）$y' + \dfrac{1}{x}y = \dfrac{1}{x(1 + x^2)}$

（3）$xy' + (1 - y)y = e^{2x}(x > 0), y(1) = 0$

(4) $x\ln x\mathrm{d}y + (y - \ln x)\mathrm{d}x = 0, y\big|_{x=e} = 1$

(5) $(y - x^3)\mathrm{d}x - 2x\mathrm{d}y = 0$

(6) $\cos y\dfrac{\mathrm{d}y}{\mathrm{d}x} - \sin y = e^x$

(7) $(y^2 - 6x)\mathrm{d}y - 2y\mathrm{d}x = 0$

(8) $\dfrac{\mathrm{d}y}{\mathrm{d}x} - \dfrac{n}{x}y = e^x x^n$

(9) $y' + y\cot x = 5e^{\cos x}, y\big|_{x=\frac{\pi}{2}} = -4$

(10) $\dfrac{\mathrm{d}y}{\mathrm{d}x} = \dfrac{y}{x + y^4}$

五、设 $f(x)$ 为连续函数,满足 $\displaystyle\int_1^x tf(t)\mathrm{d}t = xf(x) + x^2$,求 $f(x)$

第六章测试题

一、填空题

(1) $\dfrac{\mathrm{d}y}{\mathrm{d}x} = y$ 的通解为 _____

(2) 微分方程 $y - x\dfrac{\mathrm{d}y}{\mathrm{d}x} = y^2 + \dfrac{\mathrm{d}^3 y}{\mathrm{d}x^3}$ 的阶数为 _____

(3) 微分方程 $\dfrac{\mathrm{d}y}{\mathrm{d}x} = y\sin^2 x$ 的通解为 _____

(4) 一条曲线通过点 $(-1,1)$ 且它在任一点 (x,y) 处的切线率等于 $2x + 1$,则曲线方程为 _____

(5) 微分方程 $(1 + e^x)yy' = e^y, y\big|_{x=0} = 0$ 的特解为 _____

二、求下列微分方程的通解或特解

1. $y' + 2y = e^{-x}$
　　　　　　　　　　2. $\dfrac{\mathrm{d}y}{\mathrm{d}x} = \dfrac{1 + x^2}{2x^2 y}$

3. $\dfrac{\mathrm{d}y}{\mathrm{d}x} - y\tan x = \sec x, y\big|_{x=0} = 0$
　　　4. $y' - \dfrac{2}{x}y = x^2\sin 3x$

5. $y' = \dfrac{y}{2y\ln y + y - x}$
　　　　　　　6. $y' - \dfrac{2}{x}y = \dfrac{1}{2}x, y\big|_{x=1} = 2$

三、当 $x \geq 1$ 时,函数 $f(x) > 0$,将曲线 $y = f(x)$,三直线 $x = 1, x = a(a > 1)$, $y = 0$ 所围成的图形绕 x 轴旋转一周所产生的主体的体积

$$v(a) = \dfrac{\pi}{3}[a^2 f(a) - f(1)]$$,又曲线过点 $M\left(2, \dfrac{2}{9}\right)$,求曲线 $y = f(x)$。

四、求满足方程 $y(x) = \displaystyle\int_0^x y(t)\mathrm{d}t + e^x$ 的 $y(x)$。

第七章 行列式与矩阵

行列式与矩阵是数学中的重要的工具，它们有着广泛的应用。本章主要介绍行列式与矩阵的基本概念和运算，以及用矩阵求解简单的线性方程组。

第一节 行列式

一、行列式的概念

设二元线性方程组为

$$\begin{cases} a_{11}x_1 + a_{12}x_2 = b_1 \\ a_{21}x_1 + a_{22}x_2 = b_2 \end{cases} \quad (1)$$

当 $a_{11}a_{22} - a_{12}a_{21} \neq 0$ 时，用消元法解得

$$\begin{cases} x_1 = \dfrac{b_1 a_{22} - a_{12}b_2}{a_{11}a_{22} - a_{12}a_{21}} \\[3mm] x_2 = \dfrac{a_{11}b_2 - a_{21}b_1}{a_{11}a_{22} - a_{12}a_{21}} \end{cases} \quad (2)$$

用记号

$$\begin{vmatrix} a_{11} & a_{12} \\ a_{21} & a_{22} \end{vmatrix}$$

表示代数和 $a_{11}a_{22} - a_{12}a_{21}$，称为二阶行列式。

二阶行列式的定义：四个数 $a_{11}, a_{12}, a_{21}, a_{22}$ 按它们在方程组中的位置，排成两行两列，两边加上两条竖线，这样的数学表达式叫二阶行列式。并记作：

$$\begin{vmatrix} a_{11} & a_{12} \\ a_{21} & a_{22} \end{vmatrix}, \quad 且 \begin{vmatrix} a_{11} & a_{12} \\ a_{21} & a_{22} \end{vmatrix} = a_{11}a_{22} - a_{12}a_{21}$$

线性方程组（1）的解（2）可以表示为

$$\begin{cases} x_1 = \dfrac{D_1}{D} \\[3mm] x_2 = \dfrac{D_2}{D} \end{cases} \quad (D \neq 0)$$

$$D = \begin{vmatrix} a_{11} & a_{12} \\ a_{21} & a_{22} \end{vmatrix}$$

称为方程组（1）的系数行列式，D_1 和 D_2 是以 b_1、b_2 分别替换行列式 D 中的第一列，第二列的元素所得到的二阶行列式，即

$$D_1 = \begin{vmatrix} b_1 & a_{12} \\ b_2 & a_{22} \end{vmatrix}, \quad D_2 = \begin{vmatrix} a_{11} & b_1 \\ a_{21} & b_2 \end{vmatrix}$$

例 1 解二元线性方程组

$$\begin{cases} 2x_1 - 3x_2 = 9 \\ 4x_1 - x_2 = 8 \end{cases}$$

解因为 $D = \begin{vmatrix} 2 & -3 \\ 4 & -1 \end{vmatrix} = 2 \times (-1) - 4 \times (-3) = 10$

$D_1 = \begin{vmatrix} 9 & -3 \\ 8 & -1 \end{vmatrix} = 9 \times (-1) - 8 \times (-3) = 15$

$D_2 = \begin{vmatrix} 2 & 9 \\ 4 & 8 \end{vmatrix} = 2 \times 8 - 4 \times 9 = -20$

所以方程组的解是

$$\begin{cases} x_1 = \dfrac{D_1}{D} = 1.5 \\[2mm] x_2 = \dfrac{D_2}{D} = -2 \end{cases}$$

2. 三阶行列式

三阶行列式用记号

$$D = \begin{vmatrix} a_{11} & a_{12} & a_{13} \\ a_{21} & a_{22} & a_{23} \\ a_{31} & a_{32} & a_{33} \end{vmatrix} \text{表示}$$

对于三阶行列式，可用如下方法计算：

$\begin{vmatrix} a_{11} & a_{12} & a_{13} \\ a_{21} & a_{22} & a_{23} \\ a_{31} & a_{32} & a_{33} \end{vmatrix} = a_{11}a_{22}a_{33} + a_{12}a_{23}a_{31} + a_{21}a_{32}a_{13} - a_{13}a_{22}a_{31} - a_{12}a_{21}a_{33} -$

$a_{23}a_{32}a_{11}$

上式中共有六项，每项都是不同行、不同列的三个元素的乘积，前三项前面附有"＋"号，另三项前面附有"－"号，因此，三阶行列式的展开式是三个不同元素乘积的代数和。三阶行列式的展开法可用如下画线的方法记忆：

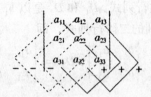

其中各实线联结的三个元素的乘积是代数和中的正项，各虚线联结的三个元素的乘积是代数和中的负项。这种展开三阶行列式的方法叫做对角线展开法。

3. n 阶行列式

在三阶行列式

$$\begin{vmatrix} a_{11} & a_{12} & a_{13} \\ a_{21} & a_{22} & a_{23} \\ a_{31} & a_{32} & a_{33} \end{vmatrix}$$

中，划去 $a_{ij}(i=1,2,3;j=1,2,3)$ 所在的第 i 行和第 j 列的元素，余下的元素按原来的次序排成的二阶行列式称为元素 a_{ij} 的余子式，记为 M_{ij}，并称 $(-1)^{i+j}M_{ij}$ 为元素 a_{ij} 的代数余子式，记为 A_{ij}，即

$$A_{ij} = (-1)^{i+j}M_{ij}$$

例如，元素 a_{21} 余子式

$$M_{21} = \begin{vmatrix} a_{12} & a_{13} \\ a_{32} & a_{33} \end{vmatrix}$$

代数余子式

$$A_{21} = (-1)^{2+1}M_{21} = -\begin{vmatrix} a_{12} & a_{13} \\ a_{32} & a_{33} \end{vmatrix}$$

由三阶行列式的定义，不难得到

$$\begin{vmatrix} a_{11} & a_{12} & a_{13} \\ a_{21} & a_{22} & a_{23} \\ a_{31} & a_{32} & a_{33} \end{vmatrix} = a_{11}\begin{vmatrix} a_{22} & a_{23} \\ a_{32} & a_{33} \end{vmatrix} - a_{12}\begin{vmatrix} a_{21} & a_{23} \\ a_{31} & a_{33} \end{vmatrix} + a_{13}\begin{vmatrix} a_{21} & a_{22} \\ a_{31} & a_{32} \end{vmatrix}$$

$= a_{11}A_{11} + a_{12}A_{12} + a_{13}A_{13}$ （按第一行展开）

即一个三阶行列式可以表示成第一行的各元素与对应于它们的代数余子式的乘积之和，也就是说，一个三阶行列式可以由相应的三个二阶行列式来定义。

定义 7.1.1 设 $n-1$ 阶行列式已定义，则规定 n 阶行列式

$$D = \begin{vmatrix} a_{11} & a_{12} & \cdots & a_{1n} \\ a_{21} & a_{22} & \cdots & a_{2n} \\ \vdots & \vdots & \ddots & \vdots \\ a_{n1} & a_{n2} & \cdots & a_{nn} \end{vmatrix} = a_{11}A_{11} + a_{12}A_{12} + \cdots + a_{1n}A_{1n} = \sum_{j=1}^{n} a_{1j}A_{1j}$$

其中 A_{1j} 是元素 $a_{ij}(j = 1, 2, \cdots, n)$ 的代数余子式，是 $n-1$ 阶行列式。

4. 行列式的性质

性质1 行列式的行与相应的列互换，行列式的值不变，即行列式与它的转置行列式相等。

性质2 交换行列式的任意两行（列），行列式的值只改变符号，例如

$$
\begin{vmatrix} a_{11} & a_{12} & a_{13} \\ a_{21} & a_{22} & a_{23} \\ a_{31} & a_{32} & a_{33} \end{vmatrix} = - \begin{vmatrix} a_{31} & a_{32} & a_{33} \\ a_{21} & a_{22} & a_{23} \\ a_{11} & a_{12} & a_{13} \end{vmatrix}
$$

推论1 如果行列式中某两行（列）的各元素有公因子，公因子可提到行列式的外面。

推论2 如果行列式的两行（列）的元素都是两项和，则行列式的值为零。

性质3 如果行列式某行（列）的元素都是两项和，那么这个行列式等于把该行（列）各取一项作为相应行（列），而其余的行（列）不变的两个行列式的和。例如

$$
\begin{vmatrix} a_{11} & a_{12} & a_{13} \\ a_{21}+b_1 & a_{22}+b_2 & a_{23}+b_3 \\ a_{31} & a_{32} & a_{33} \end{vmatrix} = \begin{vmatrix} a_{11} & a_{12} & a_{13} \\ a_{21} & a_{22} & a_{23} \\ a_{31} & a_{32} & a_{33} \end{vmatrix} + \begin{vmatrix} a_{11} & a_{12} & a_{13} \\ b_1 & b_2 & b_3 \\ a_{31} & a_{32} & a_{33} \end{vmatrix}
$$

性质4 用常数 k 乘行列式的某行（列）的各元素加到另一行（列）的对应元素上去，行列式的值不变。例如

$$
\begin{vmatrix} a_{11} & a_{12} & a_{13} \\ a_{21} & a_{22} & a_{23} \\ a_{31} & a_{32} & a_{33} \end{vmatrix} = \begin{vmatrix} a_{11}+ka_{31} & a_{12}+ka_{32} & a_{13}+ka_{33} \\ a_{21} & a_{22} & a_{23} \\ a_{31} & a_{32} & a_{33} \end{vmatrix}
$$

性质5 行列式按行(列)展开性质

行列式等于它的任意一行(列)的各元素与对应的代数余子式乘积的和。例如

$$
\begin{vmatrix} a_{11} & a_{12} & a_{13} \\ a_{21} & a_{22} & a_{23} \\ a_{31} & a_{32} & a_{33} \end{vmatrix} = \sum_{k=1}^{3} a_{ik}A_{ik}(i = 1, 2, 3)
$$

$$
= \sum_{k=1}^{3} a_{kj}A_{kj}(i = 1, 2, 3)
$$

性质6 行列式某一行(列)的各元素与另一行(列)对应元素的代数余子式乘积的和等于零。

例2 计算行列式

$$\begin{vmatrix} 0 & -1 & -1 & 2 \\ 1 & -1 & 0 & 2 \\ -1 & 2 & -1 & 0 \\ 2 & 1 & 1 & 0 \end{vmatrix}$$
的值

解：$\begin{vmatrix} 0 & -1 & -1 & 2 \\ 1 & -1 & 0 & 2 \\ -1 & 2 & -1 & 0 \\ 2 & 1 & 1 & 0 \end{vmatrix} \xrightarrow[r_4 - 2r_2]{r_3 + r_2} \begin{vmatrix} 0 & -1 & -1 & 2 \\ 1 & -1 & 0 & 2 \\ 0 & 1 & -1 & 2 \\ 0 & 3 & 1 & -4 \end{vmatrix}$ 按第一列展开

$- \begin{vmatrix} -1 & -1 & 2 \\ 1 & -1 & 2 \\ 3 & 1 & -4 \end{vmatrix} \xrightarrow[r_4 - 2r_2]{r_3 + r_2} - \begin{vmatrix} 2 & 0 & -2 \\ 4 & 0 & -2 \\ 3 & 1 & -4 \end{vmatrix}$ 按第一列展开

$- \begin{vmatrix} 2 & -2 \\ 4 & -2 \end{vmatrix} = 4$

运用行列式的性质，把某行(列)化为只有一个非零元素后，再按该行(列)展开，是计算行列式的主要方法。

5. 克莱姆法则

克莱姆法则：如果 n 元线性方程组

$$\begin{cases} a_{11}x_1 + a_{12}x_2 + \cdots + a_{1n}x_n = b_1 \\ a_{21}x_1 + a_{22}x_2 + \cdots + a_{2n}x_n = b_2 \\ \vdots \qquad \vdots \qquad \vdots \qquad \vdots \qquad \vdots \\ a_{n1}x_1 + a_{n2}x_2 + \cdots + a_{nn}x_n = b_n \end{cases}$$

的系数行列式

$$D = \begin{vmatrix} a_{11} & a_{12} & \cdots & a_{1n} \\ a_{21} & a_{22} & \cdots & a_{2n} \\ \vdots & \vdots & \cdots & \vdots \\ a_{n1} & a_{n2} & \cdots & a_{nn} \end{vmatrix} \neq 0$$

则它有惟一解 $x_j = \dfrac{D_j}{D}(j = 1, 2, \cdots, n)$

其中 D_j 是将 D 的第 j 列的元素对应地换为方程组右端的常数项后所得到的行列式。

$$D_j = \begin{vmatrix} a_{11} & a_{12} & \cdots & a_{1j-1} & b_1 & a_{1j+1} & \cdots & a_{1n} \\ a_{21} & a_{22} & \cdots & a_{2j-1} & b_2 & a_{2j+1} & \cdots & a_{2n} \\ \vdots & \vdots & \cdots & \vdots & \vdots & \vdots & \cdots & \vdots \\ a_{n1} & a_{n2} & \cdots & a_{nj-1} & b_n & a_{nj+1} & \cdots & a_{nn} \end{vmatrix}$$

注意：

1. n 阶行列式等于它的任意一行（列）元素与它们各自的代数余子式乘积之和

2. 行列式的 6 个性质（行列式中行与列具有同等的地位，行列式的性质凡是对行成立的对列也同样成立）

3. 计算行列式常用方法：（1）利用定义；（2）利用性质把行列式化为上（下）三角形行列式，从而算得行列式的值；（3）利用行列式按行（列）展开法则把高阶行列式化为低阶行列式计算。

4. 克莱姆法则解线性方程组的条件：（1）方程的数目与变量数目相等；（2）系数行列式 $D \neq 0$

习题 7 - 1

1. 当元素 x 为何值时，使得三阶行列式 D = $\begin{vmatrix} 2 & 1 & 5 \\ x & 3 & 0 \\ 1 & 0 & x \end{vmatrix} = 0$

2. 计算下列行列式

(1) $\begin{vmatrix} a & -d \\ b & c \end{vmatrix}$

(2) $\begin{vmatrix} -2 & -4 & 7 \\ 5 & 0 & 3 \\ 6 & 3 & -2 \end{vmatrix}$

(3) $\begin{vmatrix} 1 & 2 & 1 \\ 5 & -7 & 3 \\ 0 & 1 & 2 \end{vmatrix}$

(4) $\begin{vmatrix} 1 & 0 & 0 & 2 \\ 1 & 3 & -2 & 1 \\ 0 & 2 & 4 & 3 \\ 5 & 6 & 2 & 1 \end{vmatrix}$

(5) $\begin{vmatrix} x & a & a & a \\ a & x & a & a \\ a & a & x & a \\ a & a & a & x \end{vmatrix}$

(6) $\begin{vmatrix} 8 & 1 & -5 & 1 \\ 9 & -3 & 0 & -6 \\ -5 & 2 & -1 & 2 \\ 0 & 4 & -7 & 6 \end{vmatrix}$

第二节 矩阵及其运算

一、概念

定义 7.2.1 $m \times n$ 个数排成 m 行 n 列的数表，两边用圆括号或方括号括起来，即

$$\begin{bmatrix} a_{11} & a_{12} & \cdots & a_{1n} \\ a_{21} & a_{22} & \cdots & a_{2n} \\ \vdots & \vdots & \vdots & \vdots \\ a_{m1} & a_{m2} & \cdots & a_{mn} \end{bmatrix}$$

称为 m 行 n 列矩阵，简称 $m \times n$ 矩阵，其中 a_{ij} 称为矩阵的第 i 行第 j 列元素（$i = 1, 2, \cdots, m, j = 1, 2, \cdots, n$）。

矩阵通常用大写字母 $A, B, C \cdots$ 表示。即

$$A = (a_{ij})_{m \times n}, \quad A_{m \times n}, \quad A$$

都表示矩阵 A

特别地，当 $m = n$ 时，称为 n 阶方阵。

方阵从左上角元素到右下角元素这条对角线称为主对角线，从右上角元素到左下角元素这条对角线称为次对角线。

当 $m = 1$，矩阵只有一行

$$A = [a_{11} \quad a_{12} \quad \cdots \quad a_{1n}]$$

称为行矩阵，或行向量。

当 $n = 1$，矩阵只有一列： $A = \begin{bmatrix} a_{11} \\ a_{21} \\ \cdots \\ a_{n1} \end{bmatrix}$

称为列矩阵，或列向量。

负矩阵：矩阵 A 的所有元素前面都添上负号（即 a_{ij} 的相反数）得到的矩阵，称为 A 的负矩阵，记作： $-A = (-a_{ij})_{m \times n}$

例如 $A = \begin{bmatrix} 1 & -2 \\ 2 & 3 \\ -1 & 0 \end{bmatrix}$, $-A = \begin{bmatrix} -1 & 2 \\ -2 & -3 \\ 1 & 0 \end{bmatrix}$

零矩阵：一个矩阵的所有元素都为零时，叫做零矩阵，记作 O

例如 $O = \begin{bmatrix} 0 & 0 & 0 \\ 0 & 0 & 0 \end{bmatrix}$

转置矩阵：矩阵 $A = (a_{ij})_{m \times n}$ 的行列互换，并且不改变原来各元素的顺序得到的矩阵称为矩阵 A 的转置矩阵，记作 A^T，A^T 的第 i 行是 A 的第 i 列，A^T 的第 j 列是 A 的第 j 行，$i = 1, 2, \cdots n$，$j = 1, 2, \cdots m$

例如 $A = \begin{bmatrix} 1 & 1 & 1 & 1 \\ 2 & 2 & 2 & 2 \end{bmatrix}$, $A^T = \begin{bmatrix} 1 & 2 \\ 1 & 2 \\ 1 & 2 \\ 1 & 2 \end{bmatrix}$

上（下）三角矩阵：主对角线以下的元素全是零的方阵称为上三角矩阵；主对角线以上的元素全是零的方阵称为下三角矩阵。即

$$
\begin{bmatrix} a_{11} & a_{12} & \cdots & a_{1n} \\ 0 & a_{22} & \cdots & a_{2n} \\ \vdots & \vdots & \vdots & \vdots \\ 0 & 0 & \cdots & a_{nn} \end{bmatrix}, \quad
\begin{bmatrix} b_{11} & 0 & \cdots 0 \\ b_{21} & b_{22} & \cdots & 0 \\ \vdots & \vdots & \vdots & \vdots \\ b_{n1} & b_{n2} & \cdots & b_{nn} \end{bmatrix}
$$

对角矩阵主对角线以外的元素全是零的方阵称为对角矩阵。

单位矩阵 主对角线上元素都等于 1 的对角阵，用字母 E_n 表示.

例如 $$ E_3 = \begin{bmatrix} 1 & 0 & 0 \\ 0 & 1 & 0 \\ 0 & 0 & 1 \end{bmatrix} $$

对称矩阵：如果 n 阶方阵 A 中，$a_{ij} = a_{ji}$（$i, j = 1, 2, \cdots, n$），即它的元素以主对角线为对称轴对应相等，则称 A 为对称矩阵。

例 1 设 A_1、A_2、A_3 三个城市向某工厂订购了甲、乙、丙三种产品，订购的数量如下表所示，单价和重量如另一表所示。问各城市订购三种产品的总金额和总重量分别是多少？

产品数量表　　　单位：箱

	甲	乙	丙
A_1	2	5	6
A_2	3	1	2
A_3	4	2	7

单价和重量表

	单价（万元/箱）	每箱重（吨）
甲	1.2	0.2
乙	1.4	0.1
丙	1.5	0.3

解：将产品数量表用矩阵 A 表示，单价和数量表用矩阵 B 表示，总金额和总数量表用矩阵 C 表示，则 $C = AB$

$$
C = \begin{pmatrix} 2 & 5 & 6 \\ 3 & 1 & 2 \\ 4 & 2 & 7 \end{pmatrix} \begin{pmatrix} 1.2 & 0.2 \\ 1.4 & 0.1 \\ 1.5 & 0.3 \end{pmatrix} = \begin{pmatrix} 18.4 & 2.7 \\ 8 & 1.3 \\ 18.1 & 3.1 \end{pmatrix}
$$

即 A_1、A_2、A_3 三个城市所订购三种产品的总金额和总重量分别为 18.4 万元，8 万元，18.1 万元和 2.7 吨，1.3 吨，3.1 吨。

二、矩阵的运算

1. 矩阵的相等

定义 7.2.2 设 $A = (a_{ij})_{m \times n}, B = (b_{ij})_{m \times n}$ 而且 $a_{ij} = b_{ij}$（$i = 1, 2, \cdots, m$，$j = 1, 2, \cdots, n$）称矩阵 A 与矩阵 B 相等，记作 $A = B$。即两个行数与列数对应相同且对应位置上元素相等的矩阵是相等的。

2. 矩阵的加减法

加减法的条件：只有行数和列数都相同的两个矩阵才能相加减。

$$A = \begin{bmatrix} 1 & 2 & -1 \\ -2 & 3 & 0 \end{bmatrix}, B = \begin{bmatrix} -2 & 0 & 1 \\ 1 & 3 & -1 \end{bmatrix}$$

$$A + B = \begin{bmatrix} 1 + (-2) & 2 + 0 & -1 + 1 \\ -2 + 1 & 3 + 3 & 0 + (-1) \end{bmatrix} = \begin{bmatrix} -1 & 2 & 0 \\ -1 & 6 & -1 \end{bmatrix}$$

定义 7.2.3 把两个矩阵 A 与 B 相减，即差 $A - B$，定义成 $A + (-B) = A + (-1)B$

3. 数与矩阵的乘法

定义 7.2.4 设 k 是一个实数，$A = (a_{ij})_{m \times n}$，则 kA 是实数 k 乘矩阵 A 的每一元素而形成的矩阵，称为数与矩阵的乘法，记为 kA，即

$$kA = \begin{bmatrix} ka_{11} & ka_{12} & \cdots & ka_{1n} \\ ka_{21} & ka_{22} & \cdots & ka_{2n} \\ \vdots & \vdots & \vdots & \vdots \\ ka_{m1} & ka_{m2} & \cdots & ka_{mn} \end{bmatrix}$$

特别地，$(-1)A = -A$

例 1 $A = \begin{bmatrix} 4 & 0 & -2 \\ -6 & 4 & 2 \end{bmatrix}, B = \begin{bmatrix} 1 \\ 0 \\ 2 \end{bmatrix}$

计算：$\frac{1}{2}A, kB, -A$

解：

$$\frac{1}{2}A = \begin{bmatrix} \frac{1}{2} \times 4 & \frac{1}{2} \times 0 & \frac{1}{2} \times (-2) \\ \frac{1}{2} \times (-6) & \frac{1}{2} \times 4 & \frac{1}{2} \times 2 \end{bmatrix} = \begin{bmatrix} 2 & 0 & -1 \\ 3 & 2 & 1 \end{bmatrix}, kB = \begin{bmatrix} k \\ 0 \\ 2k \end{bmatrix}$$

$$-A = (-1)A = \begin{bmatrix} -1 \times 4 & -1 \times 0 & -1 \times (-2) \\ -1 \times -6 & -1 \times 4 & -1 \times 2 \end{bmatrix} = \begin{bmatrix} -4 & 0 & 2 \\ 6 & -4 & -2 \end{bmatrix}$$

4. 矩阵的运算规律：

（1）加法交换率 $A + B = B + A$

（2）加法结合率 $(A + B) + C = A + (B + C)$

（3）零矩阵对任意 A 都有 $A + 0 = A$

（4）数对矩阵分配率 $k(A + B) = kA + kB$，其中 k 为实常数

（5）矩阵对数分配率 $(k + m)A = kA + mA$，其 k, m 为实常数

5. 矩阵的乘法

定义 7.2.5 设 $A = (a_{ij})_{m \times s}$，$B = (b_{ij})_{s \times n}$，用 A 的第 i 行的元素分别乘 B 的第 j 列上的对应元素，然后再相加，得

$$c_{ij} = a_{i1}b_{1j} + a_{i2}b_{2j} + \cdots + a_{is}b_{sj} = \sum_{k=1}^{s} a_{ik}b_{kj}$$

即 $c_{ij} = AB$

矩阵相乘的条件：当且仅当矩阵 A 的列数与矩阵 B 的行数相等时，乘法 AB 才有意义。

例 2　设 $A = \begin{bmatrix} 4 & 3 & 1 \\ 1 & 2 & 5 \end{bmatrix}$，$B = \begin{bmatrix} 7 & 0 \\ 3 & 2 \\ 1 & 0 \end{bmatrix}$ 求 AB, BA

解：

$$AB = \begin{bmatrix} 4 & 3 & 1 \\ 1 & 2 & 5 \end{bmatrix} \begin{bmatrix} 7 & 0 \\ 3 & 2 \\ 1 & 0 \end{bmatrix} = \begin{bmatrix} 4 \times 7 + 3 \times 3 + 1 \times 1 & 4 \times 0 + 3 \times 2 + 1 \times 0 \\ 1 \times 7 + 2 \times 3 + 5 \times 1 & 1 \times 0 + 2 \times 2 + 5 \times 0 \end{bmatrix}$$

$$= \begin{bmatrix} 38 & 6 \\ 18 & 4 \end{bmatrix}$$

$$BA = \begin{bmatrix} 7 & 0 \\ 3 & 2 \\ 1 & 0 \end{bmatrix} \begin{bmatrix} 4 & 3 & 1 \\ 1 & 2 & 5 \end{bmatrix} = \begin{bmatrix} 7 \times 4 + 0 \times 1 & 7 \times 3 + 0 \times 2 & 1 \times 1 + 0 \times 5 \\ 3 \times 4 + 2 \times 1 & 3 \times 3 + 2 \times 2 & 3 \times 1 + 2 \times 5 \\ 1 \times 4 + 0 \times 1 & 1 \times 3 + 0 \times 2 & 1 \times 1 + 0 \times 5 \end{bmatrix}$$

$$= \begin{bmatrix} 28 & 21 & 1 \\ 30 & 14 & 13 \\ 4 & 3 & 1 \end{bmatrix}$$

注意：

（1）矩阵相乘一般不满足交换律，即 $AB \neq BA$，矩阵相乘必须注意顺序，AB 称为 A 左乘 B，BA 称为 A 右乘 B，一般情况下两者不相等。

如果有两个矩阵 A, B 满足 $AB = BA$，则称 A, B 是可交换的。

（2）矩阵相乘一般不适合消去律，虽然 $AC = BC$，但 $A \neq B$。

（3）两个非零矩阵相乘，乘积可能是零矩阵，即虽然 $A \neq 0, B \neq 0$，但可能 $AB = 0$。

6. 矩阵乘法的运算规律

（1）结合律　$(AB)C = A(BC)$

（2）分配律　$A(B+C) = AB + AC$，$(B+C)A = BA + CA$

（3）数乘矩阵结合律　$k(AB) = (kA)B = A(kB)$，其中 k 为实常数

（4）设 A、B 同为 n 阶方阵，k 为实常数，则

$$(kA)^T = kA^T, \quad (AB)^T = B^T A^T$$

例2　设 A、B 为 n 阶矩阵，且 A 为对称矩阵，证明 $B^T AB$ 也是对称矩阵。

证：因为 A 为对称矩阵，所以 $A^T A$，则

$$(B^T AB)^T = B^T (B^T A)^T = B^T A^T B = B^T AB$$

从而 $B^T AB$ 也是对称矩阵。

习题 7−2

1. 计算下列乘积：

（1）$\begin{bmatrix} 4 & 5 & 1 \\ 1 & -2 & 3 \\ 6 & 0 & -9 \end{bmatrix} \begin{bmatrix} 8 \\ 2 \\ 1 \end{bmatrix}$

（2）$(1 \quad 2 \quad 3) \begin{bmatrix} 3 \\ 0 \\ 1 \end{bmatrix}$

（3）$\begin{bmatrix} 2 & 5 & 1 \\ 1 & -3 & 7 \end{bmatrix} \begin{bmatrix} 2 & 0 \\ 6 & 1 \\ 1 & 0 \end{bmatrix}$

（4）$\begin{bmatrix} 1 & 5 & -1 \\ 2 & 3 & 2 \\ -1 & 0 & 4 \end{bmatrix}^2$

2. 设 $A = \begin{bmatrix} 1 & 1 & 7 \\ 1 & 0 & -1 \\ 2 & -1 & 1 \end{bmatrix}$，$B = \begin{bmatrix} 1 & 2 & 3 \\ -1 & -2 & 4 \\ 0 & 5 & 1 \end{bmatrix}$，求 $3AB - 2A$，及 $A^T B$

3. 设 $A = \begin{bmatrix} 2 & 3 & 0 \\ 1 & 4 & 1 \\ 2 & 0 & 1 \end{bmatrix}$，求 $A^2 - 6A + 5e$

4. 求解矩阵方程　$\begin{bmatrix} 2 & 1 \\ 1 & 2 \end{bmatrix} X = \begin{bmatrix} 1 & 2 \\ -1 & 4 \end{bmatrix}$，（$X$ 为二阶方阵）

第三节　矩阵的秩与逆矩阵

一、矩阵的初等变换

为了书写方便，在计算时我们用 r_i 表示第 i 行，用 c_i 表示第 i 列，$r_i \leftrightarrow r_j$（或 $c_i \leftrightarrow c_j$）表示交换第 i，j 两行（或列）的对应元素，$r_i + kr_j$（或 $c_i + kc_j$）表示把第 j 行（或列）所有元素的 k 倍加到第 i 行（或列）的对应元素上。

定义 7.3.1　矩阵的下列变换称为初等行（列）变换：

（1）交换矩阵的第 i 行（列）与第 j 行（列）的位置；

（2）用一个非零常数 k 乘矩阵的第 i 行（列），用符号 ki 表示；

（3）把矩阵第 i 行（列）的 k 倍加到第 j 行（列）对应元素上；

矩阵的初等行变换和初等列变换统称为矩阵的初等变换.

矩阵 A 经过初等变换后变为矩阵 B，称矩阵 B 与 A 等价，记为 $A \leftrightarrow B$

阶梯形矩阵：一个矩阵 $A = (a_{ij})_{m \times n}$ 称为阶梯形矩阵，如果它满足：

（1）矩阵的零行全在非零行下方；

（2）首非零元（即非零行第一个不为零的元素）的列标随着行标的递增而严格增大。

例如：

$$\begin{bmatrix} -1 & 0 & 1 \\ 0 & 2 & 1 \\ 0 & 0 & 3 \end{bmatrix}, \begin{bmatrix} 1 & -2 & 3 & 4 \\ 0 & 0 & 1 & 3 \\ 0 & 0 & 0 & 0 \end{bmatrix}$$

都是阶梯形矩阵

简化阶梯形矩阵：首非零元等于 1，并且所有首非零元 1 所在列的其它元素全为零的阶梯形矩阵称为简化阶梯形矩阵。

如下矩阵：

$$\begin{bmatrix} 1 & 0 & 0 & 4 \\ 0 & 1 & 0 & 1 \\ 0 & 0 & 1 & -5 \end{bmatrix}, \begin{bmatrix} 1 & 0 & 0 & -3 & 6 \\ 0 & 1 & 1 & 6 & -4 \\ 0 & 0 & 0 & 0 & 0 \end{bmatrix}$$

为简化阶梯形矩阵。

定理 7.3.1 对 $A_{m \times n}$ 进行一次初等行（列）变换相当于用相应的 m 阶（n 阶）初等矩阵左（右）乘 $A_{m \times n}$。

定理 7.3.2 任意一个非空矩阵 $A_{m \times n}$，总可以经过有限次初等行变换化为阶梯形矩阵，进而化为简化阶梯形矩阵。

2. 矩阵的秩

定义 7.3.2 在 $m \times n$ 矩阵 A 中，任取 k 行 k 列（$k \leq m$，$k \leq n$），位于这些行列交叉处的 k^2 个元素，不改变它们在 A 中所处的位置次序而得的 k 阶行列式，称为矩阵 A 的 k 阶子式。

定义 7.3.3 设在矩阵 A 中有一个不等于 0 的 r 阶子式 D，且所有 $r+1$ 阶子式全等于 0，那么 D 称为矩阵 A 的最高阶非零子式，数 r 称为矩阵 A 的秩，记为 R (A)。并规定零矩阵的秩等于 0

可以证明，矩阵经初等变换后不改变它的秩。因此，可以通过施行初等行变换的方法求矩阵的秩。

矩阵 A 的阶梯形矩阵中非零行的数目称为矩阵 A 的秩，记为 $R(A)$

例3 用初等变换求矩阵

$$A = \begin{bmatrix} 1 & 2 & 3 & 4 \\ 1 & -3 & -3 & 7 \\ 3 & 0 & 1 & 2 \end{bmatrix} \text{ 的秩}$$

解：$A = \begin{bmatrix} 1 & 2 & 3 & 4 \\ 1 & -3 & -3 & 7 \\ 3 & 6 & 1 & 2 \end{bmatrix} \xrightarrow[r_3 - 3r_1]{r_2 - r_1} \begin{bmatrix} 1 & 2 & 3 & 4 \\ 0 & -5 & -6 & 3 \\ 0 & 0 & -8 & -10 \end{bmatrix} = B$

因为 $R(B) = 3$，所以 $R(A) = 3$

例4 将矩阵

$$A = \begin{bmatrix} 1 & 1 & 2 & 2 & 1 \\ 0 & 2 & 1 & 5 & -1 \\ 2 & 0 & 3 & -1 & 3 \\ 1 & 1 & 0 & 4 & -1 \end{bmatrix} \text{ 化为行简化阶梯形矩阵}$$

解：$A = \begin{bmatrix} 1 & 1 & 2 & 2 & 1 \\ 0 & 2 & 1 & 5 & -1 \\ 2 & 0 & 3 & -1 & 3 \\ 1 & 1 & 0 & 4 & -1 \end{bmatrix} \xrightarrow[r_4 - r_1]{r_3 - 2r_1} \begin{bmatrix} 1 & 1 & 2 & 2 & 1 \\ 0 & 2 & 1 & 5 & -1 \\ 0 & -2 & -1 & -5 & 1 \\ 0 & 0 & -2 & 2 & -2 \end{bmatrix} \xrightarrow{r_3 + r_2}$

$\begin{bmatrix} 1 & 1 & 2 & 2 & 1 \\ 0 & 2 & 1 & 5 & -1 \\ 0 & 0 & 0 & 0 & 0 \\ 0 & 0 & -2 & 2 & -2 \end{bmatrix} \xrightarrow{r_2 \leftrightarrow r_4} \begin{bmatrix} 1 & 1 & 2 & 2 & 1 \\ 0 & 2 & 1 & 5 & -1 \\ 0 & 0 & -2 & 2 & -2 \\ 0 & 0 & 0 & 0 & 0 \end{bmatrix}$

$\xrightarrow[\frac{1}{2}r_2 \quad -\frac{1}{2}r_3]{} \begin{bmatrix} 1 & 1 & 2 & 2 & 1 \\ 0 & 1 & \frac{1}{2} & \frac{5}{2} & -\frac{1}{2} \\ 0 & 0 & 1 & -1 & 1 \\ 0 & 0 & 0 & 0 & 0 \end{bmatrix} \xrightarrow{r_1 - r_2} \begin{bmatrix} 1 & 0 & \frac{3}{2} & -\frac{1}{2} & \frac{3}{2} \\ 0 & 1 & \frac{1}{2} & \frac{5}{2} & -\frac{1}{2} \\ 0 & 0 & 1 & -1 & 1 \\ 0 & 0 & 0 & 0 & 0 \end{bmatrix}$

$\xrightarrow[r_1 - \frac{1}{2}r_3]{r_2 - \frac{1}{2}r_3} \begin{bmatrix} 1 & 0 & 0 & 1 & 0 \\ 0 & 1 & 0 & 3 & -1 \\ 0 & 0 & 1 & -1 & 1 \\ 0 & 0 & 0 & 0 & 0 \end{bmatrix}$

定义 7.3.4 设 n 阶方阵为 A，若 $R(A) = n$，则称 A 为满秩矩阵，或非奇异矩阵。

例如

$$\begin{bmatrix} 1 & 2 & 2 \\ 0 & 3 & 1 \\ 0 & 0 & 5 \end{bmatrix}, \quad \begin{bmatrix} 1 & 0 & 0 & 0 \\ 1 & 1 & 0 & 0 \\ 1 & 1 & 1 & 0 \\ 1 & 1 & 1 & 1 \end{bmatrix}$$ 都是满秩矩阵。

定理 7.3.3　任意满秩矩阵都能通过初等行变换化成单位矩阵。

推论　n 阶矩阵 A 为满秩矩阵的充分必要条件是：A 可以表示成一系列初等矩阵的乘积。

三、矩阵的逆

定义 7.3.5　对于 n 阶方阵 A，如果存在 n 阶方阵 B，满足

$$AB = BA = E$$

则称矩阵 A 为可逆矩阵，简称 A 可逆。这时，称 B 为 A 的逆矩阵，记为 A^{-1}，即 $A^{-1} = B$，于是

$$AA^{-1} = A^{-1}A = E$$

称 A 是 B 的逆矩阵，且 $B^{-1} = A$，常称 A，B 互为逆矩阵，或 A，B 是互逆的。

例如：　$A = \begin{bmatrix} 1 & -3 & 2 \\ -3 & 0 & 1 \\ 1 & 1 & -1 \end{bmatrix}$　$B = \begin{bmatrix} 1 & 1 & 3 \\ 2 & 3 & 7 \\ 3 & 4 & 9 \end{bmatrix}$

因为

$$AB = \begin{bmatrix} 1 & -3 & 2 \\ -3 & 0 & 1 \\ 1 & 1 & -1 \end{bmatrix} = \begin{bmatrix} 1 & 1 & 3 \\ 2 & 3 & 7 \\ 3 & 4 & 9 \end{bmatrix} = \begin{bmatrix} 1 & 0 & 0 \\ 0 & 1 & 0 \\ 0 & 0 & 1 \end{bmatrix}$$

$$BA = \begin{bmatrix} 1 & 1 & 3 \\ 2 & 3 & 7 \\ 3 & 4 & 9 \end{bmatrix}\begin{bmatrix} 1 & -3 & 2 \\ -3 & 0 & 1 \\ 1 & 1 & -1 \end{bmatrix} = \begin{bmatrix} 1 & 0 & 0 \\ 0 & 1 & 0 \\ 0 & 0 & 1 \end{bmatrix}$$

即 A、B 满足 $AB = BA = E$，所以矩阵 A，B 互逆，并且 $A^{-1} = B$，$B^{-1} = A$

定义 7.3.6　如果 n 阶矩阵 A 的行列式 $|A| \neq 0$，则称 A 是非奇异矩阵，否则称 A 为奇异矩阵。

定理 7.3.4　n 阶矩阵 A 可逆的充要条件是 A 为非奇异的矩阵，并且

$$A^{-1} = \frac{1}{|A|}A^*$$

其中

$$A^* = \begin{bmatrix} A_{11} & A_{21} & \cdots & A_{n1} \\ A_{12} & A_{22} & \cdots & A_{n2} \\ \vdots & \vdots & \cdots & \vdots \\ A_{1n} & A_{2n} & \cdots & A_{nn} \end{bmatrix}$$

称为 A 的伴随矩阵。$A_{ij}(i, j = 1, 2, \cdots n)$ 是 A 的元素 a_{ij} 的代数余子式。

可逆矩阵的性质

（1）可逆矩阵 A 的逆矩阵是唯一的

（2）可逆矩阵 A 的逆矩阵 A^{-1} 也可逆，并且 $(A^{-1})^{-1} = A$

（3）若 n 阶方阵 A，B 均可逆，则 AB 也可逆，并且 $(AB)^{-1} = B^{-1}A^{-1}$

（4）可逆矩阵的转置矩阵 A^T 也可逆，并且 $(A^T)^{-1} = (A^{-1})^T$

（5）非零常数 k 与可逆矩阵 A 的乘积 kA 也可逆，并且

$$(kA)^{-1} = \frac{1}{k}A^{-1}$$

用初等行变换求逆矩阵

对 n 阶可逆矩阵 A，一定存在一组初等矩阵 $p_1, p_2, \cdots, p_s$ 使

$$P_S P_{S-1} \cdots P_2 P_1 A = E$$

等式两边右乘 A^{-1}，有 $p_s p_{s-1} \cdots p_2 p_1 AA^{-1} = EA^{-1} = A^{-1}$

即 $$A^{-1} = P_S P_{S-1} \cdots P_1 E$$

上式表明，通过一系列的初等变换 $p_1, p_2, \cdots, p_s$，把可逆矩阵 A 化为单位矩阵 E，那么同样这一系列的初等变换把单位矩阵 E 化为 A^{-1}。

求逆矩阵的方法：对 $n \times 2n$ 矩阵 $[A|E]$ 实行初等行变换，如果能将 A 化成单位矩阵，则 A 可逆并且 E 就化成了 A 的逆矩阵 A^{-1}；如果 A 不能通过初等行变换化成单位矩阵，则 A 不可逆，当 A 可逆时，这个过程即是：

$$[A|E]_{n \times 2n} \xrightarrow{\text{初等行变换}} [E|A^{-1}]_{n \times 2n}$$

例5 用初等变换的方法求 A 的逆矩阵 A^{-1}，其中

$$A = \begin{bmatrix} 1 & 2 & 3 \\ 2 & 0 & 1 \\ -1 & 1 & 0 \end{bmatrix}$$

解：

$$(A|E) = \begin{bmatrix} 1 & 2 & 3 & 1 & 0 & 0 \\ 2 & 0 & 1 & 0 & 1 & 0 \\ -1 & 1 & 0 & 0 & 0 & 1 \end{bmatrix} \xrightarrow[r_3 + r_1]{r_2 - 2r_1} \begin{bmatrix} 1 & 2 & 3 & 1 & -2 & 1 \\ 0 & -4 & -5 & 0 & 1 & 0 \\ 0 & 3 & 3 & 0 & 0 & 1 \end{bmatrix}$$

$$\xrightarrow[r_3 + \frac{3}{4}r_2]{r_1 + \frac{1}{2}r_2} \begin{bmatrix} 1 & 0 & \frac{1}{2} & 0 & \frac{1}{2} & 0 \\ 0 & -4 & -5 & -2 & 1 & 0 \\ 0 & 0 & -\frac{3}{4} & -\frac{1}{2} & \frac{3}{4} & 1 \end{bmatrix} \xrightarrow[-\frac{4}{3}r_3]{-\frac{1}{4}r_2}$$

$$\begin{bmatrix} 1 & 0 & \frac{1}{2} & 0 & \frac{1}{2} & 0 \\ 0 & 1 & \frac{5}{4} & \frac{1}{2} & -\frac{1}{4} & 0 \\ 0 & 0 & 1 & \frac{2}{3} & 1 & -\frac{3}{4} \end{bmatrix} \xrightarrow[\substack{r_2 - \frac{5}{4}r_3}]{r_1 - \frac{1}{2}r_3} \begin{bmatrix} 1 & 0 & \frac{1}{2} & 0 & \frac{1}{2} & 0 \\ 0 & 1 & \frac{5}{4} & \frac{1}{2} & -\frac{1}{4} & 0 \\ 0 & 0 & 1 & \frac{2}{3} & 1 & -\frac{4}{3} \end{bmatrix}$$

$$\xrightarrow[\substack{r_2 - \frac{5}{4}r_3}]{r_1 - \frac{1}{2}r_3} \begin{bmatrix} 1 & 0 & \frac{1}{2} & 0 & \frac{1}{2} & 0 \\ 0 & 1 & \frac{5}{4} & \frac{1}{2} & -\frac{1}{4} & 0 \\ 0 & 0 & 11 & \frac{2}{3} & 1 & -\frac{3}{4} \end{bmatrix} \xrightarrow[\substack{r_2 - \frac{5}{4}r_3}]{r_1 - \frac{1}{2}r_3}$$

$$\begin{bmatrix} 1 & 0 & 0 & -\frac{1}{3} & 1 & \frac{2}{3} \\ 0 & 1 & 0 & -\frac{1}{3} & 1 & \frac{5}{3} \\ 0 & 0 & 1 & \frac{2}{3} & -1 & -\frac{4}{3} \end{bmatrix}$$

于是

$$A^{-1} = \begin{bmatrix} -\frac{1}{3} & 1 & \frac{2}{3} \\ -\frac{1}{3} & 1 & \frac{5}{3} \\ \frac{2}{3} & -1 & -\frac{4}{3} \end{bmatrix}$$

例6　设矩阵

$$A = \begin{bmatrix} 1 & 2 & 3 \\ 2 & 2 & 1 \\ 3 & 4 & 3 \end{bmatrix} \quad , \quad 求 A^{-1}$$

解：

$$[A \mid E] = \begin{bmatrix} 1 & 2 & 3 & 1 & 0 & 0 \\ 2 & 2 & 1 & 0 & 1 & 0 \\ 3 & 4 & 3 & 0 & 0 & 1 \end{bmatrix} \xrightarrow[\substack{r_3 - 3r_1}]{r_2 - 2r_1} \begin{bmatrix} 1 & 2 & 3 & 1 & 0 & 0 \\ 0 & -2 & -5 & -2 & 1 & 0 \\ 0 & -2 & -6 & -3 & 0 & 1 \end{bmatrix}$$

$$\xrightarrow[\substack{r_3 - r_2}]{r_1 + r_2} \begin{bmatrix} 1 & 0 & -2 & -1 & 1 & 0 \\ 0 & -2 & -5 & -2 & 1 & 0 \\ 0 & 0 & -1 & -1 & -1 & 1 \end{bmatrix} \xrightarrow[\substack{r_2 - 5r_3}]{r_1 - 2r_3} \begin{bmatrix} 1 & 0 & 0 & 1 & 3 & -2 \\ 0 & -2 & 0 & 3 & 6 & -5 \\ 0 & 0 & -1 & -1 & -1 & 1 \end{bmatrix}$$

$$\xrightarrow[\displaystyle r_3 \times (-1)]{\displaystyle r_2 \times \left(-\frac{1}{2}\right)} \begin{bmatrix} 1 & 0 & 0 & 1 & 3 & -2 \\ 0 & 1 & 0 & -\frac{3}{2} & -3 & \frac{5}{2} \\ 0 & 0 & 1 & 1 & 1 & -1 \end{bmatrix}$$

即 $A^{-1} = \begin{bmatrix} 1 & 3 & -2 \\ -\frac{3}{2} & -3 & \frac{5}{2} \\ 1 & 1 & -1 \end{bmatrix}$

四、高斯—约当消元法

1. 若 $A = \begin{bmatrix} a_{11} & a_{12} & \cdots & a_{1n} \\ a_{21} & a_{22} & \cdots & a_{2n} \\ \vdots & \vdots & \vdots & \vdots \\ a_{m1} & a_{m2} & \cdots & a_{mn} \end{bmatrix}$, $X = \begin{bmatrix} x_1 \\ x_2 \\ \vdots \\ x_n \end{bmatrix}$, $B = \begin{bmatrix} b_1 \\ b_2 \\ \vdots \\ b_m \end{bmatrix}$

那么线性方程组

$$\begin{cases} a_{11}x_1 + & a_{12}x_2 + & \cdots + & a_{1n}x_n & = b_1 \\ a_{21}x_1 + & a_{22}x_2 + & \cdots + & a_{2n}x_n & = b_2 \\ \vdots & \vdots & \vdots & \vdots & \vdots \\ a_{m1}x_1 + & a_{m2}x_2 + & \cdots + & a_{mn}x_n & = b_m \end{cases} \tag{1}$$

可以表示为矩阵形式

$$AX = B \tag{2}$$

其中 A 称为方程组（1）的系数矩阵，X 称为未知矩阵，B 称为常数项矩阵，式（2）称为矩阵方程。

$$\bar{A} = \begin{bmatrix} a_{11} & a_{12} & \cdots & a_{1n} & b_1 \\ a_{21} & a_{22} & \cdots & a_{2n} & b_2 \\ \vdots & \vdots & \vdots & \vdots & \vdots \\ a_{m1} & a_{m2} & \cdots & a_{mn} & b_m \end{bmatrix}$$

称为方程（1）的增广矩阵。

用消元法求解线性方程组的基本思想，是利用方程组中方程之间的算术运算，使一部分方程所含未知量的个数减少（消元）。

定理 7.3.5 当方阵 A 的系数行列式 $|A| \neq 0$ 时，都可以用行初等变换化为单位矩阵。

对一个 n 元线性方程组，当它的系数行列式不等于零时，只要对方程组的增广矩阵施以适当的行初等变换，使它变为

$$\begin{bmatrix} 1 & 0 & \cdots & 0 & e_1 \\ 0 & 1 & \cdots & 0 & e_2 \\ \vdots & \vdots & \cdots & \vdots & \vdots \\ 0 & 0 & \cdots & 1 & e_n \end{bmatrix}$$

那么方程组的解为

$$x_1 = e_1 \quad , \quad x_2 = e_2 \quad , \quad \cdots \quad , \quad x_n = e_n$$

这种解方程组的方法称为高斯—约当消元法。

例 7　用高斯—约当消元法解线性方程组

$$\begin{cases} x_1 + 2x_2 - x_3 = -4 \\ x_1 + x_2 + x_3 = 3 \\ 3x_1 - 2x_2 - x_3 = 2 \end{cases}$$

解：$\tilde{A} = \begin{bmatrix} 1 & 2 & -1 & -4 \\ 1 & 1 & 1 & 3 \\ 3 & -2 & -1 & 2 \end{bmatrix} \begin{matrix} r_2 - r_1 \\ \xrightarrow{} \\ r_3 - 3r_1 \end{matrix} \begin{bmatrix} 1 & 2 & -1 & -4 \\ 1 & -1 & 2 & 7 \\ 0 & -8 & 2 & 14 \end{bmatrix} \begin{matrix} r_1 + 2r_2 \\ \xrightarrow{} \\ r_3 - 8r_2 \end{matrix}$

$\begin{bmatrix} 1 & 0 & 3 & 10 \\ 0 & -1 & 2 & 7 \\ 0 & 0 & -14 & -42 \end{bmatrix} \begin{matrix} r_1 - 3r_3 \\ \xrightarrow{} \\ r_2 + 2r_3 \end{matrix} \begin{bmatrix} 1 & 0 & 3 & 10 \\ 0 & 1 & -2 & -7 \\ 0 & 0 & 1 & 3 \end{bmatrix} \begin{matrix} -1 \times r_2 \\ \xrightarrow{} \\ -\dfrac{1}{14} \times r_3 \end{matrix}$

$\begin{bmatrix} 1 & 0 & 0 & 1 \\ 0 & 1 & 0 & -1 \\ 0 & 0 & 1 & 3 \end{bmatrix}$

所以方程组的解是

$$x_1 = 1 , x_2 = -1 , x_3 = 3$$

2. 用逆矩阵解线性方程组

对于矩阵方程

$$AX = B$$

如果存在 A^{-1}，那么 $X = A^{-1}B$

例 3　用逆矩阵解矩阵方程 $AX = B$，其中

$$A = \begin{pmatrix} 2 & 5 \\ 1 & 3 \end{pmatrix} , \qquad B = \begin{pmatrix} 4 & -6 \\ 2 & 1 \end{pmatrix}$$

解：$X = A^{-1}B$

$$= \begin{pmatrix} 2 & 5 \\ 1 & 3 \end{pmatrix}^{-1} \begin{pmatrix} 4 & -6 \\ 2 & 1 \end{pmatrix}$$

$$= \begin{pmatrix} 3 & -5 \\ -1 & 2 \end{pmatrix} \begin{pmatrix} 4 & -6 \\ 2 & 1 \end{pmatrix}$$

$$= \begin{pmatrix} 2 & -23 \\ 0 & 8 \end{pmatrix}$$

例 8　用逆矩阵解线性方程组

$$\begin{cases} x_1 + 2x_2 + 3x_3 = -6 \\ 2x_1 + x_3 = 0 \\ -x_1 + x_2 = 9 \end{cases}$$

解　先求出

$$A^{-1} = \begin{bmatrix} -\dfrac{1}{3} & 1 & \dfrac{2}{3} \\ -\dfrac{1}{3} & 1 & \dfrac{5}{3} \\ \dfrac{2}{3} & -1 & -\dfrac{4}{3} \end{bmatrix}$$

于是

$$X = \begin{bmatrix} -\dfrac{1}{3} & 1 & \dfrac{2}{3} \\ -\dfrac{1}{3} & 1 & \dfrac{5}{3} \\ \dfrac{2}{3} & -1 & -\dfrac{4}{3} \end{bmatrix} \begin{bmatrix} -6 \\ 0 \\ 9 \end{bmatrix} = \begin{bmatrix} 8 \\ 17 \\ -16 \end{bmatrix}$$

所以方程组的解是：$x_1 = 8$，$x_2 = 17$，$x_3 = -16$

习题 7-3

一、选择题：

（1）若三阶行列式 $\begin{vmatrix} x_1 & x_2 & x_3 \\ y_1 & y_2 & y_3 \\ z_1 & z_2 & z_3 \end{vmatrix} = -1$，则三阶行列式

$\begin{vmatrix} -2x_1 & -2x_2 & -2x_3 \\ -2y_1 & -2y_2 & -2y_3 \\ -2z_1 & -2z_2 & -2z_3 \end{vmatrix} = (\quad)$

A. -8 　　　　B. 8 　　　　C. -2 　　　　D. 2

（2）若三阶行列式 $\begin{vmatrix} a_{11} & a_{12} & a_{13} \\ a_{21} & a_{22} & a_{23} \\ a_{31} & a_{32} & a_{33} \end{vmatrix} = 1$，则三阶行列式

$$\begin{vmatrix} 4a_{11} & 5a_{11}+3a_{12} & a_{13} \\ 4a_{21} & 5a_{21}+3a_{22} & a_{23} \\ 4a_{31} & 5a_{31}+3a_{32} & a_{33} \end{vmatrix} = (\qquad)$$

A. 12　　　　　　B. 15　　　　　　C. 20　　　　　　D. 60

(3) 若二阶行列式 $D = \begin{vmatrix} a_{11} & a_{12} \\ a_{21} & a_{22} \end{vmatrix}$，则元素 a_{12} 的代数余子式 $A_{12} = (\qquad)$

A. $-a_{21}$　　　　B. a_{21}　　　　C. $-a_{22}$　　　　D. a_{22}

(4) 当系数（　　）时，齐次线性方程组 $\begin{cases} 3x+2y=0 \\ 2x-3y=0 \\ 2x-y+\lambda z=0 \end{cases}$ 仅有零解。

A. $\lambda \neq 0$　　　B. $\lambda \neq 1$　　　C. $\lambda \neq 2$　　　D. $\lambda \neq 3$

(5) 已知矩阵 A $= \begin{pmatrix} a_{11} & a_{12} & a_{13} \\ a_{21} & a_{22} & a_{23} \end{pmatrix}$，则下列矩阵中（　　）能乘在矩阵 A 的右边。

A. $\begin{pmatrix} b_1 \\ b_2 \\ b_3 \end{pmatrix}$　　B. $(b_1 \quad b_2 \quad b_3)$　　C. $\begin{pmatrix} b_{11} & b_{12} & b_{13} \\ b_{21} & b_{22} & b_{23} \end{pmatrix}$　　D. $\begin{pmatrix} b_{11} & b_{12} \\ b_{21} & b_{22} \end{pmatrix}$

(6) 已知矩阵 $A = (1 \quad 2 \quad 3 \quad 4)$，$B = (1 \quad 2 \quad 3)$，则使得 $A^T B + C$ 有意义的矩阵 C 是（　　）

A. 1 行 3 列　　　B. 3 行 1 列　　　C. 3 行 4 列　　　D. 4 行 3 列

(7) 若矩阵 A、B、C 皆为 n 阶方阵，则下列关系式中（　　）非恒成立。

A. $A+B=B+A$　　　　　　　　B. $(A+B)+C=A+(B+C)$

C. $AB=BA$　　　　　　　　　　D. $(AB)C=A(BC)$

(8) 若矩阵 A、B 皆为 n 阶方阵，则关系式 $(A+B)(A-B) = (\qquad)$ 恒成立。

A. $(A-B)(A+B)$　　　　　　　　B. A^2-B^2

C. $A^2+AB-BA-B^2$　　　　　　D. $A^2-AB+BA-B^2$

(9) 已知矩阵 $A = \begin{pmatrix} 1 & 1 & 1 \\ 2 & 1 & 1 \\ 3 & 2 & x+1 \end{pmatrix}$，若矩阵 A 的秩 $R(A)=2$，则数 $x = (\qquad)$

A. 0　　　　　B. 1　　　　　C. 2　　　　　D. 3

(10) 若矩阵 A、B 皆为 n 阶可逆方阵，则下列关系式中（　　）非恒成立。

A. $(AB)^2 = B^2 A^2$　　　　　　　　B. $(AB)^T = B^T A^T$

C. $|AB| = |B||A|$　　　　　　　　　D. $(AB)^{-1} = B^{-1} A^{-1}$

二、填空题

（1）三阶行列式 $\begin{vmatrix} 0 & a & 0 \\ b & 0 & c \\ 0 & d & 0 \end{vmatrix} = $ _____

（2）已知三阶行列式 $D = \begin{vmatrix} 1 & 2 & 3 \\ 3 & 1 & 2 \\ 2 & 3 & 1 \end{vmatrix}$，则元素 $a_{31} = 2$ 的代数余子式 $A_{31} = $ _____

（3）已知三阶行列式 D 中第 1 行的元素自左向右依次为 -1，1，2，它们的代数余子式分别为 3，4，-5，则三阶行列式 $D = $ _____

（4）已知齐次线性方程组 $\begin{cases} 2x + 3y = 0 \\ 3x + ky = 0 \\ 4x - 5y + z = 0 \end{cases}$ 有非零解，则系数 $k = $ _____

（5）若矩阵 A 与 B 的积 AB 为 3 行 4 列矩阵，则矩阵 A 的行数是 _____

（6）若矩阵 $A = \begin{pmatrix} 1 & -4 & 2 \\ -1 & 4 & -2 \end{pmatrix}$，$B = \begin{pmatrix} 1 & 2 \\ -1 & 3 \\ 5 & -2 \end{pmatrix}$，则积 $C = AB$ 中第 2 行第 1 列元素 $c_{21} = $ _____

（7）若等式 $\begin{pmatrix} 1 & 0 & a \\ 2 & -1 & 0 \\ 0 & 1 & 1 \end{pmatrix}\begin{pmatrix} 1 \\ 0 \\ -1 \end{pmatrix} = \begin{pmatrix} a \\ 2 \\ -1 \end{pmatrix}$ 成立，则元素 $a = $ _____

（8）幂 $\begin{pmatrix} 1 & \lambda \\ 0 & 1 \end{pmatrix}^2 = $ _____

（9）若三阶方阵 A 的逆矩阵 $A^{-1} = \begin{pmatrix} 1 & 2 & 3 \\ 3 & 1 & 2 \\ 2 & 3 & 1 \end{pmatrix}$，则三阶方阵 A 的转置矩阵 A^T 的逆矩阵 $(A^T)^{-1} = $ _____

（10）已知矩阵 A、B、C 皆为 n 阶方阵，若 n 阶方阵 A、B 皆可逆，则矩阵方程 $AXB = C$ 的解 $X = $ _____

三、计算题或解答题

（1）计算三阶行列式 $\begin{vmatrix} 1 & 1 & 1 \\ 1 & 2 & 3 \\ 0 & 1 & 2 \end{vmatrix}$

（2）当元素 x 为何值时，使得三阶行列式 $D = \begin{vmatrix} 5 & 1 & x \\ 4 & x & 0 \\ 1 & 0 & x \end{vmatrix} = 0$

(3) 已知三阶行列式 $\begin{vmatrix} a_1 & b_1 & c_1 \\ a_2 & b_2 & c_2 \\ a_3 & b_3 & c_3 \end{vmatrix} = -2$ ，求三阶行列式 $\begin{vmatrix} 2a_1 & 2b_1 & 2c_1 \\ 2a_2 & 2b_2 & 2c_2 \\ 2a_3 & 2b_3 & 2c_3 \end{vmatrix}$ 的

值。

(4) 计算 $\begin{pmatrix} 1 & 2 & 3 \\ 0 & -1 & 4 \end{pmatrix} + \begin{pmatrix} 2 & -2 & 4 \\ 5 & 1 & -3 \end{pmatrix}$

(5) 计算 $\begin{pmatrix} 1 & -2 \\ 3 & 1 \\ 0 & -1 \end{pmatrix} \begin{pmatrix} 1 & 2 & 1 \\ -2 & 1 & 3 \end{pmatrix}$

(6) 求矩阵 $A = \begin{pmatrix} 1 & 2 & 3 & 4 \\ 1 & -2 & 4 & 5 \\ 1 & 10 & 1 & 2 \end{pmatrix}$ 的秩

(7) 判断三阶方阵 $A = \begin{pmatrix} 1 & 0 & 0 \\ 1 & 2 & 0 \\ 1 & 2 & 3 \end{pmatrix}$ 是否可逆，若可逆，则求出逆矩阵 A^{-1}

(8) 求下列矩阵的逆矩阵

① $A = \begin{bmatrix} 1 & 3 & 3 \\ 1 & 4 & 3 \\ 1 & 3 & 4 \end{bmatrix}$ ，求 A^{-1} ② $B = \begin{bmatrix} 1 & -1 & 1 \\ 2 & 1 & 1 \\ 1 & 2 & 3 \end{bmatrix}$ ，求 B^{-1}

(9) 解下列矩阵方程

① $\begin{bmatrix} 2 & 5 \\ 1 & 3 \end{bmatrix} X = \begin{bmatrix} 4 & -6 \\ 2 & 1 \end{bmatrix}$ ② $X \begin{bmatrix} 2 & 1 & -1 \\ 2 & 1 & 0 \\ 1 & -1 & 1 \end{bmatrix} = \begin{bmatrix} 1 & -1 & 3 \\ 4 & 3 & 2 \end{bmatrix}$

第七章总复习题

一、计算三阶行列式 $\begin{vmatrix} -2 & -4 & 1 \\ 3 & 0 & 3 \\ 5 & 4 & -2 \end{vmatrix}$

二、求行列式 $\begin{vmatrix} -3 & 0 & 4 \\ 5 & 0 & 3 \\ 2 & -2 & 1 \end{vmatrix}$ 中元素 2 和 -2 的代数余子式。

三、设 $A = \begin{pmatrix} 1 & 2 & 1 & 2 \\ 2 & 1 & 2 & 1 \\ 1 & 2 & 3 & 4 \end{pmatrix}$, $B = \begin{pmatrix} 4 & 3 & 2 & 1 \\ -2 & 1 & -2 & 1 \\ 0 & -1 & 0 & -1 \end{pmatrix}$

(1) 计算 $2A + 3B$

（2）若 X 满足 $A + X = B$，求 X

四、求矩阵 $A = \begin{pmatrix} 1 & 2 & -1 \\ 3 & 4 & -2 \\ 5 & -4 & 1 \end{pmatrix}$ 的逆矩阵 A^{-1}

五、用逆矩阵解下列方程

$$\begin{pmatrix} 1 & -1 \\ 4 & 2 \end{pmatrix} X \begin{pmatrix} 2 & 0 \\ -1 & 1 \end{pmatrix} = \begin{pmatrix} 3 & 1 \\ 0 & -1 \end{pmatrix}$$

六、利用逆矩阵及高斯消元法解下列线性方程组

$$\begin{cases} x_1 + 2x_2 + 3x_3 = 1 \\ 2x_1 + 2x_2 + 5x_3 = 2 \\ 3x_1 + 5x_2 + x_3 = 3 \end{cases}$$

七、设矩阵 $A = \begin{pmatrix} 1 & -5 & 6 & -2 \\ 2 & -1 & 3 & -2 \\ -1 & -4 & 3 & 0 \end{pmatrix}$，试计算 A 的全部三阶子式，并求 $R(A)$

八、求下列矩阵的秩

（1）$\begin{bmatrix} 3 & 1 & 0 & 2 \\ 1 & -1 & 2 & -1 \\ 1 & 3 & -4 & 4 \end{bmatrix}$　　　　（2）$\begin{bmatrix} 3 & 1 & 0 & 2 \\ 1 & -1 & 2 & -1 \\ 1 & 3 & -4 & 4 \end{bmatrix}$

第七章测试题

一、计算三阶行列式 $\begin{vmatrix} 1 & -1 & 2 \\ 1 & 1 & 1 \\ 2 & 3 & -1 \end{vmatrix}$

二、计算三阶行列式 $\begin{vmatrix} -ab & ac & ae \\ bd & -cd & de \\ bf & cf & -ef \end{vmatrix}$

三、判断齐次线性方程组 $\begin{cases} 2x_1 + 2x_2 - x_3 = 0 \\ x_1 - 2x_2 + 4x_3 = 0 \\ 5x_1 + 8x_2 - 2x_3 = 0 \end{cases}$ 是否仅有零解

四、设 $A = \begin{pmatrix} 1 & 1 & 1 \\ 1 & 1 & -1 \\ 1 & -1 & 1 \end{pmatrix}$，$B = \begin{pmatrix} 1 & 2 & 3 \\ -1 & -2 & 4 \\ 0 & 5 & 1 \end{pmatrix}$，求 $3AB - 2A$ 及 $A^T B$

五、已知 $A = \begin{pmatrix} 1 & 2 & -1 \\ 3 & 4 & -2 \\ 5 & -4 & 1 \end{pmatrix}$，求 A^{-1}

六、λ 取何值时，下列非齐次线性方程组有唯一解、无解或有无穷解?

$$\begin{cases} \lambda x_1 + x_2 + x_3 = 1 \\ x_1 + \lambda x_2 + x_3 = \lambda \\ x_1 + x_2 + \lambda x_3 = \lambda^2 \end{cases}$$

7. 设 $A = \begin{bmatrix} 1 & 2 & 3 & 1 \\ 2 & -1 & k & 2 \\ 0 & 1 & 1 & 3 \\ 1 & -1 & 0 & 4 \\ 2 & 0 & 2 & 5 \end{bmatrix}$，且 A 的秩为3，求 k

第八章 概率论

概率论是研究随机现象规律的重要工具，本章重点是研究随机变量及分布、随机事件的概率及性质等。

第一节 随机事件及概率

随机试验试验的结果不止一个，试验前并不知道哪一种结果会发生，我们把这类试验称为随机试验。

例如：（1）抛一枚硬币三次，记录出现正面的次数。

（2）记录某寻呼台在一分钟内接到的呼叫次数。

从概率论中所说的试验具有以下特征：

① 试验在相同条件下可以重复进行；

② 每次试验的可能结果不止一个，试验前可以预先知道所有的可能结果；

③ 试验前不能预言这次试验会发生何种具体结果。

具有以上三个特征的试验称为随机试验。

2. 随机事件　随机试验的结果称为随机事件。

例（1）用手向上抛一块石子，必然下落。

（2）向桌面上抛掷一枚硬币，可能正面（有国徽的一面）向上，也可能反面向上。

在某次试验中，必然要发生的事件称为必然事件，用 Ω 表示；可能发生也可能不发生的事件，称为随机事件，常用大写字母 A、B、C 等表示；不可能发生的事件，称为不可能事件，用 ϕ 表示。

随机试验的每一可能结果称为一个基本事件，基本事件是不能再分解的事件，由基本事件组成的事件称为复合事件；一个随机试验的基本事件全体组成的集合，称为基本空间。

例　掷一枚骰子的试验结果有 6 种，即出现 1、2、3、4、5、6 点。

"出现 i 点"（$i = 1, 2, 3, 4, 5, 6$）是随机事件；"出现小于 3 点"，即出现 1 点或 2 点，也是随机事件，但"出现小于 3 点"这一事件由"出现 1 点"和"出现 2 点"组成，是一个复合事件。

3. 事件的关系与运算

（1）包含关系　如果事件 A 发生必然导致事件 B 发生，则称事件 B 包含事件 A，记作 $A \subset B$ 或 $B \supset A$，如图 8—1 （a）。

（2）事件相等　如果事件 $A \subset B$，同时 $B \supset A$，则称事件 A 与事件 B 相等，记作 $A = B$

（3）事件的和（并）　如果事件 A 与事件 B 至少有一个发生，称为事件 A 与 B 的和（并），记作 $A \cup B$，如图 8—1（b）。

（4）事件的积（交）　如果事件 A 与事件 B 同时发生，称为事件 A 与事件 B 的积（交），记作 $A \cap B$（或 AB），如图 8—1（c）。

（5）事件互斥（互不相容）　如果事件 A 与事件 B 不能同时发生，那么事件 A 与事件 B 互斥（或互不相容），记作 $AB = \phi$ 或 $A \cap B = \phi$，如图 8—1（d）。

（6）事件的对立（互逆）　在一次试验中，如果事件 A 与事件 B 不能同时发生，但其中必有一个发生，即 $AB = \phi$ 且 $A \cup B = \Omega$，则称事件 A 与事件 B 对立（或互逆），记作 $A = \bar{B}$ 或 $\bar{A} = B$，也称 $\bar{A}$ 是 A 的逆事件，如图 8—1（e）。

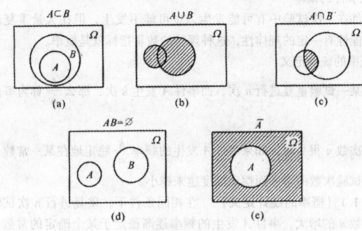

图 8—1

由事件的关系与运算定义，有下列运算规律

1. 交换律　$A \cup B = B \cup A,\ AB = BA$

2. 结合律　$A \cup (B \cup C) = (A \cup B) \cup C$
   $A(BC) = (AB)C$

3. 分配律　$A(B \cup C) = (AB) \cup (AC)$
   $A \cup (BC) = (A \cup B)(A \cup C)$

4. 吸收律　若 $A \subset B$，则 $A \cup B = B$ 且 $AB = A$

5. 德·摩根律　$\overline{A \cup B} = \bar{A} \cap \bar{B},\ \overline{A \cap B} = \bar{A} \cup \bar{B}$

对立事件与互斥事件的联系与区别是：

（1）两事件对立，必定互斥，但互斥末必对立

（2）互斥的概念适用于多个事件，但对立概念只适用于两个事件

（3）两个事件互斥只表明这两个事件不能同时发生，即至多只能发生其中一个，但可以都不发生，而两事件对立则表示它们有且仅有一个发生

例1 设 A_k 表示"第 k 次取到合格品"（$k=1，2，3$），试用符号表示下列事件

（1）三次都取到合格品；

（2）三次中至少有一次取到合格品；

（3）三次中恰有两次取到合格品；

（4）解释 $\overline{A_1}\,\overline{A_2} \cup \overline{A_1}\,\overline{A_3} \cup \overline{A_2}\,\overline{A_3}$ 表示什么事件？

解：（1）三次都取到了合格品：$A_1 A_2 A_3$；

（2）三次中至少有一次取到合格品：$A_1 \cup A_2 \cup A_3$；

（3）三次中恰有两次取到合格品：$A_1 A_2 \overline{A_3} \cup A_1 \overline{A_2} A_3 \cup \overline{A_1} A_2 A_3$；

（4）$\overline{A_1}\,\overline{A_2} \cup \overline{A_1}\,\overline{A_3} \cup \overline{A_2}\,\overline{A_3}$ 表示三次中最多有一次取到合格品。

4. 随机事件的概率

随机事件在一次试验中有可能发生，也可能不发生，但在大量重复试验中事件发生的可能性有一定的规律性，这种规律的数量指标就是概率。

（1）概率的统计定义

如果对某一试验重复进行 n 次，而事件 A 发生 k 次，那么 $\dfrac{k}{n}$ 称为事件 A 发生的频率。

当试验次数 n 很大时，如果事件 A 发生的频率 $\dfrac{k}{n}$ 稳定地在某一常数 P 附近摆动，并且随试验次数的增多而摆动幅度越来越小。

定义 8.1.1（概率的统计定义） 在相同条件下，重复进行 n 次试验，如果随着试验次数 n 的增大，事件 A 发生的频率逐渐稳定于某个确定的常数 p，则称该常数 p 为事件 A 发生的概率，即 $P(A) = p$

例如，在掷一枚硬币的试验中，抛掷 10 次，出现正面向上的次数并不一定是 5 次，但在多次重复试验中"正面向上"的次数越来越接近于试验总次数的一半，即"正面向上"的概率为 0.5。

（2）概率的古典定义（古典概型）

具有以下两个特征的随机试验称为古典概型：

① 每次试验的可能结果是有限个；

② 每个试验结果的出现是等可能的。

定义 8.1.2（概率的古典定义） 在古典概型中，如果一个随机试验的基本空间 Ω 包含有 n 个基本事件，事件 A 包含的基本事件个数为 m，那么事件 A 发生的概率为

$$P(A) = \frac{\text{事件 } A \text{ 包含的基本事件个数}}{\text{基本空间包含的基本事件个数}} = \frac{m}{n}$$

性质1 事件 A 的概率满足 $0 \leqslant P(A) \leqslant 1$

性质2 必然事件 Ω 和不可能事件 Φ 的概率分别为

$$P(\Omega) = 1, P(\Phi) = 0$$

例2 一个盒中装有号码为1、2、3的三个白球，号码为1、2的两个红球，现从盒中任取一个球，（1）写出所有的基本事件，并求出基本事件总数；（2）求"取的是红球"的概率。

解：（1）设 A_i 表示"取到 i 号白球"（$i = 1, 2, 3$），B_i 表示"取到 i 号红球"（$i = 1, 2$），则所有基本事件为 A_1, A_2, A_3, B_1, B_2，基本事件总数 $n = 5$。

（2）设 B 表示"取的是红球"，事件 $B = \{B_1, B_2\}$，$m = 2$，则

$$P(A) = \frac{m}{n} = \frac{2}{5}$$

例3 从一批含有正品和次品的产品中，任意抽取5件产品，记

$A_1 =$ "至少有一件次品"；$A_2 =$ "至少有两件次品"；$A_3 =$ "至多有两件正品"；$A_4 =$ "5件全是正品"。试求：$\overline{A_1}$、$\overline{A_2}$、$\overline{A_3}$、$\overline{A_4}$ 各表示什么事件。

解： 由题意知，抽得的次品数可能为0、1、2、3、4、5，则样本空间为 $\Omega = \{0, 1, 2, 3, 4, 5, \}$，从而

（1）$A_1 =$ "至少有一件次品" $= \{1, 2, 3, 4, 5\}$，

故 $\overline{A_1} = \Omega - A_1 = \{0\} =$ "次品数为0" $=$ "全是正品"；

（2）$A_2 =$ "至少有两件次品" $= \{2, 3, 4, 5\}$

故 $\overline{A_2} = \Omega - A_2 = \{0, 1\} =$ "至多有一件次品" $=$ "至少有4件正品"

（3）$A_3 =$ "至多有两件正品" $=$ "至少有3件次品" $= \{3, 4, 5\}$，

故 $\overline{A_3} = \Omega - A_3 = \{0, 1, 2\} =$ "至多有两件次品" $=$ "至少有3件正品"；

（4）$A_4 =$ "5件全是正品" $=$ "没有次品" $= \{0\}$，

故 $\overline{A_4} = \Omega - A_4 = \{1, 2, 3, 4, 5\} =$ "至少有一件次品" $=$ "至多有4件正品"。

习题 8 - 1

1. 设 A、B、C 为3个事件，试用 A、B、C 表示下列事件：

（1）A_1：A 不发生而 B、C 发生 （2）A_2：A、B、C 都不发生

（3）A_3：A、B、C 都发生 （4）A_4：A、B、C 不都发生

2. 设 A、B、C 为三个随机事件，试用 A、B、C 的运算关系表示下列事件：

（1）$D =$ "A、B、C 至少有一个发生"；

（2）$E =$ "A 发生，而 B 与 C 都不发生"；

（3）$F =$ "A、B、C 中恰有一个发生"；

（4）$G =$ "A、B、C 中恰有两个发生"；

（5）$H =$ "A、B、C 中不多于一个发生"。

3. 甲乙两个人各投篮两次，规则是进球数多者胜，设 A_i 表示甲第 i 次投进，B_i

表示乙第 i 次投进（ $i=1$，2）。试用 A_i、B_i 表示下列事件：

(1) 甲胜   (2) 乙胜   (3) 平局

4. 10 件产品中有 7 件正品，无放回地抽取 3 件，求：

(1) 这 3 件全是正品的概率

(2) 这 3 件恰有 2 件是正品的概率

第二节　概率的基本公式

一、加法公式

1. 互斥事件概率的加法公式

定理 8.2.1（互斥事件概率的加法公式）如果 A、B 为两个互斥事件，则 $A\cup B$ 的概率等于这两个事件概率之和，即

$$P(A\cup B)=P(A)+P(B)$$

证明：　设试验的基本事件总数为 n，事件 A 与事件 B 分别包含 m_1 与 m_2 个基本事件。

因 A 与 B 互斥，所以 A 中包含的基本事件与 B 包含的基本事件各不相同，故 $A+B$ 包含 m_1+m_2 个基本事件，因此

$$P(A+B)=\frac{m_1+m_2}{n}=\frac{m_1}{n}+\frac{m_2}{n}=P(A)+P(B)$$

推论 1　若 $A_1,A_2,\cdots A_n$ 两两互斥，则

$$P(A_1+A_2+\cdots+A_n)=P(A_1)+P(A_2)+\cdots+P(A_n)$$

推论 2　事件 A 的概率等于 1 减去它的对立事件的概率，即

$$P(A)=1-P(\bar{A})$$

例 1　某班学生共有 50 人，学生成绩共分四级：优秀 10 人，良好 15 人，中等 20 人，不及格 5 人，求该班学生成绩的及格率和不及格率。

解：设 $A=\{$优秀$\}$，$B=\{$良好$\}$，$C=\{$中等$\}$，$D=\{$不及格$\}$，

则 $P(A)=\frac{10}{50}$，$P(B)=\frac{15}{50}$，$P(C)=\frac{20}{50}$，$P(D)=\frac{5}{50}$，

因 A，B，C，D 都是互斥的事件，故

$$P(E)=P(A+B+C)=\frac{10}{50}+\frac{15}{50}+\frac{20}{50}=\frac{45}{50}=0.9$$

因 D 与 E 为对立事件，故

$$P(D)=1-P(E)=1-0.9=0.1$$

例 2　盒中有 3 个白球，2 个红球，从中任取两个球，试求至少有一个白球的概率。

解法一：设 $A_1 =$ "两个球中有一个白球"，$A_2 =$ "两个球都是白球"，$A =$ "两个球中至少有一个白球"，则有 $A = A_1 \cup A_2$，从而

$$P(A_1) = \frac{C_3^1 C_3^2}{C_5^2} = \frac{6}{10} = \frac{3}{5}, P(A_2) = \frac{C_3^2 C_2^0}{C_5^2} = \frac{3}{10}$$

因为事件 A_1 与 A_2 互不相容，所以

$$P(A) = P(A_1 \cup A_2) = P(A_1) + P(A_2) = \frac{3}{5} + \frac{3}{10} = \frac{9}{10}$$

解法二：由于 A 的对立事件 $\overline{A} =$ "任取两球都是红球"

$$P(\overline{A}) = \frac{C_2^2}{C_5^2} = \frac{1}{10}$$

所以　　$P(A) = 1 - P(\overline{A}) = 1 - \frac{1}{10} = \frac{9}{10}$

2. 任意事件概率的加法公式

例 3 某大学中文系一年级一班有 50 名同学，在参加学校举行的一次篮球和乒乓球比赛中，有 30 人报名参加篮球比赛，有 15 人报名参加乒乓球比赛，有 10 人报名既参加篮球比赛又参加乒乓球赛，现从该班任选一名同学，问该同学参加篮球或乒乓球比赛的概率。

解：设 A 表示参加篮球比赛的同学，B 表示参加乒乓球比赛的现学，则 A 有 30 人，B 有 15 人，AB 有 10 人，且 $A \cup B$ 表示参加篮球或乒乓球比赛的同学，则由古典概率公式，有

$$p(A \cup B) = \frac{30 + 15 - 10}{50} = \frac{30}{50} + \frac{15}{50} - \frac{10}{50}$$

$$= 0.6 + 0.3 - 0.2$$

即 $P(A \cup B) = P(A) + P(B) - P(AB)$

推论 1（任意事件概率的加法公式）如果 A 与 B 为任意两个事件，则

$$P(A \cup B) = P(A) + P(B) - P(AB)$$

例 4 一贸易公司与甲、乙两厂签订某物资长期供货关系，根据以往的统计，甲厂能按时供货的概率为 0.85，乙厂能按时供货的概率为 0.78，两厂都能按时供货的概率为 0.65，求至少有一厂能按时供货的概率。

解：设事件 A = "甲厂按时供货"，B = "乙厂按时供货"，则 AB = "甲、乙两厂都能按时供货，$A \cup B$ = "至少有一厂能按时供货"

$$P(A \cup B) = P(A) + P(B) - P(AB) = 0.85 + 0.78 - 0.65 = 0.98$$

所以至少有一厂能按时供货的概率是 0.98

例 5 设 A、B 是两个事件，$P(A) = 0.4$，$P(A \cup B) = 0.7$

（1）当 A、B 至不相容时，求 $P(B)$；（2）当 A、B 相互独立时，求 $P(B)$

解：（1）若 A、B 互不相容，即 $A \cap B = \phi$，由概率的性质

$$P\ (A\cup B)\ =P\ (A)\ +P\ (B)\ -P\ (AB)$$
$$=P\ (A)\ +P\ (B)$$

故 $P\ (B)\ =P\ (A\cup B)\ -P\ (A)\ =0.7-0.4=0.3$

（2）若 A、B 相互独立，即 $P\ (A\cap B)\ =P\ (A)\ P\ (B)$，由概率的性质

$$P\ (A\cup B)\ =P\ (A)\ +P\ (B)\ -P\ (AB)$$
$$=P\ (A)\ +P\ (B)\ -P\ (A)\ P\ (B)$$

故 $P\ (B)\ =\dfrac{P\ (A\cup B)\ -P\ (A)}{1-P\ (A)}=\dfrac{0.7-0.4}{0.6}=0.5$

二、条件概率公式

（1）条件概率

条件概率　如果已知道事件 A 发生了，那么在事件 A 发生的条件下，事件 B 发生的概率称为条件概率，记作 $P\ (B|A)$；同样在事件 B 发生的条件下，事件 A 发生的概率也称为条件概率，记作 $P\ (A|B)$。

（2）条件概率的计算公式：

定理8.2.4 设 A、B 为两个随机事件，且事件 A 的概率 $P\ (A)\ >0$，则在事件 A 发生的条件下，事件 B 发生的概率 $P\ (B|A)$ 为

$$P\ (B|A)\ =\frac{P\ (AB)}{P\ (A)}$$

例6 10张奖券中有3张中奖券，其余为欢迎惠顾，某人随机抽取三次，设 A_i 表示"第 i 次抽中"（ $i=1$，2，3）。试问：

（1）第一次抽中的概率；

（2）在第一次未抽中的情况下，第二次抽中的概率；

（3）在第一、二次均未抽中的情况下，第三次抽中的概率；

解：（1） $P(A_1)=\dfrac{C_3^1}{C_{10}^1}=\dfrac{3}{10}$

（2） $P(A_2\mid\overline{A}_1)=\dfrac{C_3^1}{C_9^1}=\dfrac{3}{9}=\dfrac{1}{3}$

（3） $P(A_3\mid\overline{A}_1\overline{A}_2)=\dfrac{C_3^1}{C_8^1}=\dfrac{1}{8}$

例7 某电子零件使用20年的概率为0.8，使用25年的概率为0.4，试求已使用了20年的这种电子零件仍能再用5年的概率。

解：设 $A=$ "使用了20年"，$B=$ "使用了25年". 显然，$B|A=$ "使用了20年仍能再用5年"，因为"使用了25年"一定"使用了20年"，所以 $B\subset A$，于是 $AB=B$，由公式得 $P(B|A)=\dfrac{P(AB)}{P(A)}=\dfrac{P(A)}{P(B)}=\dfrac{0.4}{0.8}=0.5$

所以使用了 20 年的这种电子零件仍能再用 5 年的概率为 0.5

(3) 乘法公式

定理 8.2.5 $P(AB) = P(B)P(A|B)$ $(P(B) > 0)$

或

$$P(AB) = P(A)P(B|A)   (P(A) > 0)$$

可推广到多个事件的乘积。

例 8   袋中有 6 个黄色，4 个白色的乒乓球，作不放回抽样，每次任取一球，取 2 次，求：

(1) 第二次才取到黄色球的概率；

(2) 发现其中之一是黄的，另一个也是黄的概率。

解：设 A = "第一次取到白球"；B = "第二次取到黄球"；C = "第二次才取到黄球"；D = "取两次其中之一是黄的"；E = "两个都是黄的"；F = "其中之一是黄的，另一个也是黄的"

(1) $P(C) = P(AB) = P(A)P(B|A) = \dfrac{4}{10} \times \dfrac{6}{9} = \dfrac{4}{15}$

(2) $P(F) = P(E|D) = \dfrac{P(ED)}{P(D)}$

$$= \dfrac{6}{10} \times \dfrac{5}{9} \div \left[\dfrac{6}{10} \times \dfrac{4}{9} + \dfrac{4}{10} \times \dfrac{6}{9} + \dfrac{6}{10} \times \dfrac{5}{9} \right] = \dfrac{5}{13}$$

例 9   假设一个小孩是男或女是等可能的，若某家庭有三个孩子，在已知至少有一个女孩的条件下，求这个家庭中至少有一个男孩的概率。

解：方法一：在原样本空间中用条件概率的定义求解。

以 "b" 表示男孩，以 "g" 表示女孩，则一个家庭中有三个孩子的样本空间为

$S = \{bbb, bbg, bgb, gbb, bgg, gbg, ggb, ggg\}$ 共 8 个基本事件。

设 A = "三个孩子中至少有一个是女孩"

B = "三个孩子中至少有一个是男孩"

则 $A = \{bbg, bgb, gbb, bgg, gbg, ggb, ggg\}$，共 7 个基本事件

$B = \{bbb, bbg, bgb, gbb, bgg, gbg, ggb\}$，共 7 个基本事件

$AB = \{bbg, bgb, gbb, bgg, gbg, ggb\}$，共 6 个基本事件

则 $P(AB) = \dfrac{6}{8} = \dfrac{3}{4}, P(A) = \dfrac{7}{8}$,

由条件概率的定义得

$P(B|A) = \dfrac{P(AB)}{P(A)} = \dfrac{6}{7}$

方法二：在缩小的样本空间中考虑概率，缩小后的样本空间为

$A = \{bbg, bgb, gbb, bgg, gbg, ggb, ggg\}$，共 7 个基本事件

在此空间中"至少有一个男孩"的事件为

$C = \{bbg, bgb, gbb, bgg, gbg, ggb\}$，共 6 个基本事件

由概率的定义得 $P(B \mid A) = P(C) = \dfrac{6}{7}$

（4）全概率公式

当计算一些比较复杂的事件的概率时，经常把一个复杂事件分解成若干个互不相容的简单事件，再利用概率的乘法公式和加法公式得出最终结果。

定理 8.2.6　若事件 $H_1, H_2, \cdots, H_n$ 满足：

（1）$H_1, H_2, \cdots, H_n$ 两两互不相容且 $P(H_i) > 0$（$i = 1, 2, \cdots, n$）；

（2）$H_1 \cup H_2 \cup \cdots \cup H_n = \Omega$

则对任何事件 A，有

$$P(A) = \sum_{i=1}^{n} P(H_i) P(A \mid H_i)$$

上式称为全概率公式。其中满足定理条件（1）、（2）的事件组 $H_1, H_2, \ldots, H_n$ 通常称为完备事件组。

例 10　100 张彩票中有 7 张有奖彩票，甲先乙后各购买 1 张彩票，问甲、乙中奖的概率是否相同？

解： 设 A 表示甲中奖，从而 $\bar{A}$ 表示甲不中奖，再设 B 表示乙中奖，根据古典概率型计算概率的公式，有 $P(A) = \dfrac{7}{100}$

事件 $A, \bar{A}$ 构成最简单的完备事件，所以对于事件 B，有 $B = AB \cup \bar{A}B$

由全概率公式的特殊情况，有

$$
\begin{aligned}
P(B) &= P(AB \cup \bar{A}B) \\
&= P(AB) + P(\bar{A}B) \\
&= P(A) P(B \mid A) + P(\bar{A}) P(B \mid \bar{A}) \\
&= \frac{7}{100} \times \frac{6}{99} + \frac{93}{100} \times \frac{7}{99} \\
&= \frac{7}{100}
\end{aligned}
$$

所以甲、乙中奖的概率是相同的，皆为 $\dfrac{7}{100}$。

三、事件的独立性

1. 事件的独立性

一般情况下，事件概率 $P(A \mid B)$ 不等于 $P(A)$，也就是说事件 B 已发生影响事件 A 的发生，但在有些问题中，两个事件的发生并不互相影响。例如，在有放回抽样的情况下，每次抽到什么样的产品相互没有影响，就是事件的独立性。

定义 8.2.1 如果事件 A 的发生不影响事件 B 发生的概率，即

$$P(B|A) = P(B)$$

则称事件 B 对事件 A 是独立的，否则就是不独立的。

例如　掷一枚骰子两次，设 A 表示"第一次掷出 2 点"，B 表示"第二次掷出 2 点"，显然 A 与 B 相独立。

容易证明，若事件 B 对事件 A 是独立的，则事件 A 对事件 B 也是独立的，称事件 A 与事件 B 相互独立。

关于两个事件独立的概念，可以推广到有限事件的情形，如果事件 $A_1, A_2, \cdots, A_n$ 中任一事件 $A_i(i = 1, 2, \cdots, n)$ 发生的概率不受其它事件与否的影响，则称事件 $A_1, A_2, \cdots, A_n$ 相互独立。

关于事件独立的几个结论如下：

（1）事件 A 与 B 独立的充分必要条件是 $P(AB) = P(A)P(B)$；

（2）若事件 A 与 B 独立，则 A 与 $\bar{B}$，$\bar{A}$ 与 B，$\bar{A}$ 与 $\bar{B}$ 中的每一对事件都相互独立；

（3）若事件 $A_1, A_2, \cdots, A_n$ 相互独立，则有：

$$P(A_1 A_2 \cdots A_n) = P(A_1)P(A_2) \cdots P(A_n)$$

例 11　某工人看管 3 台独立工作的自动机床，在 1 小时内机床不需要工人看管的概率依次为 0.9，0.8，0.85，求在 1 小时内：

（1）3 台机床都不需要看管的概率；

（2）至少有 1 台机床要看管的概率。

解：　设事件 A_i = "第 i 台机床在 1 小时内不需要看管"（$i = 1$, 2, 3）

则 $A_1 A_2 A_3$ = "3 台机床都不需要看管的概率"，$\overline{A_1 A_2 A_3}$ = "至少有 1 台机床要看管"。

（1）因为事件 $A_1 A_2 A_3$ 是相互独立的，所以

$$P(A_1 A_2 A_3) = P(A_1)P(A_2)P(A_3) = 0.9 \times 0.8 \times 0.85 = 0.612$$

所以 3 台机床都不需要看管的概率为 0.612。

（2）因为 $P(\overline{A_1 A_2 A_3}) = 1 - P(A_1 A_2 A_3) = 1 - 0.612 = 0.388$

所以至少有一台机床需要看管的概率为 0.388。

2. n 次独立重复试验

在一定条件下重复地做 n 次相同试验，如果每次试验的结果都不依赖于其他各次试验的结果，那么就把这 n 次试验叫做 n 次独立试验。例如，对一批产品进行抽样检验，每次抽一件，有放回地抽取 n 次，就是一个 n 次独立试验。

二项概率公式

在 n 次贝努里试验中，如果事件 A 在每次试验中发生的概率为 P，把在这 n 次试验中事件 A 恰好发生 k 次的概率记作 $P_n(k)(0 \le k \le n)$

（贝努里公式）若每次试验中事件 A 发生的概率都是 P，则在 n 次重复独立试

验中，事件 A 恰好发生 k 次的概率为

$$P_n(k) = C_n^k p^k q^{n-k} \qquad (k = 0,1,2,\cdots,n)$$

例 12 某型号电灯泡使用寿命在 1000 小时以上的概率都是 0.2，求三个灯泡在使用了 1000 小时之后最多有一个坏了的概率。

解： 这是一个三重贝努里问题，用 A 表示三个灯泡最多坏一个，它包含都不坏（坏零个）与恰好坏一个两种情况，每个灯泡不坏的概率是 0.2，则坏的概率是 0.8。

$$\begin{aligned}
P(A) &= P_3(0) + P_3(1) \\
&= C_3^0 \times 0.8^0 \times 0.2^3 + C_3^1 \times 0.8^1 \times 0.2^2 \\
&= 0.104
\end{aligned}$$

习题 8 - 2

一、选择题

(1) 设 A、B 为两个事件，若事件 $A \supset B$，则下列结论中（　　）恒成立

A. 事件 A、B 互斥　　　　　　B. 事件 A、$\bar{B}$ 互斥

C. 事件 $\bar{A}$、B 互斥　　　　　　D. 事件 $\bar{A}$、$\bar{B}$ 互斥

(2) 投掷两颗均匀骰子，则出现点数之和等于 6 的概率为（　　）

A. $\dfrac{1}{11}$　　　　B. $\dfrac{5}{11}$　　　　C. $\dfrac{1}{36}$　　　　D. $\dfrac{5}{36}$

(3) 若 A、B 为两个事件，若概率 $P(A) = \dfrac{1}{3}$，

$P(A \mid B) = \dfrac{2}{3}$，$P(\bar{B} \mid A) = \dfrac{3}{5}$，则概率 $P(B) = $（　　）

A. $\dfrac{1}{5}$　　　　B. $\dfrac{2}{5}$　　　　C. $\dfrac{3}{5}$　　　　D. $\dfrac{4}{5}$

(4) 设 A、B 为两个事件，且已知概率 $P(A) > 0$，$P(B) > 0$，若事件 $A \supset B$，则下列等式中（　　）恒成立

A. $P(A+B) = P(A) + P(B)$

B. $P(A-B) = P(A) - P(B)$

C. $P(AB) = P(A)P(B)$

D. $P(B \mid A) = 1$

(5) 设 A、B 为两个事件，若概率 $P(A) = \dfrac{1}{3}$，

$P(B) = \dfrac{1}{4}$，$P(AB) = \dfrac{1}{12}$，则（　　）

A. 事件 A 包含 B　　　　　　B. 事件 A、B 互斥但不对立

C. 事件 A、B 对立　　　　　　D. 事件 A、B 相互独立

（6）设 A、B 为两个事件，且已知概率 $P(A) = \dfrac{3}{5}$，$P(A+B) = \dfrac{7}{10}$，若事件 A、B 相互独立，则概率 $P(B) = （\quad）$

A. $\dfrac{1}{16}$ B. $\dfrac{1}{10}$ C. $\dfrac{1}{4}$ D. $\dfrac{2}{5}$

二、填空题

（1）甲、乙两人各射击一次，设事件 A 表示甲击中目标，事件 B 表示乙击中目标，则甲、乙两人中恰好有一人不击中目标可用事件表示为_____

（2）设 A、B 为两个事件，若概率 $P(A) = \dfrac{1}{4}$，

$P(B) = \dfrac{2}{3}$，$P(AB) = \dfrac{1}{6}$，则概率 $P(A+B) = $_____

（3）若 A、B 为两个事件，且已知概率 $P(A) = 0.4$，

$P(B) = 0.3$，若事件 A、B 互斥，则概率 $P(A+B) = $_____

（4）设 A、B 为两个事件，且已知概率 $P(A) = 0.8$，

$P(B) = 0.4$，若事件 $A \supset B$，则条件概率 $P(B|A) = $_____

（5）设 A、B 为两个事件，且已知概率 $P(\bar{A}) = 0.7$，$P(B) = 0.6$，若事件 A、B 相互独立，则概率 $P(AB) = $_____

（6）设 A、B 为两个事件，若概率 $P(B) = 0.84$，$P(\bar{A}B) = 0.21$，则概率 $P(AB) = $_____

三、解答题

1. 设有 100 件产品，其中有 80 件为合格品，在合格品中有 30 件为一级品，50 件为二级品，求任取一件：

（1）是合格品的概率

（2）已知取得合格品的前提下，该产品是一级品的概率

2. 100 件产品中有 5 件次品，每次取一件，有放回地抽取 3 次，求恰有 2 件是次品的概率。

3. 有一个问题，甲先答，答对的概率为 0.4，如果甲答错，由乙答，答对的概率为 0.5，求问题由乙解答出的概率。

4. 某单位同时装有两种报警系统 A 与 B，当报警系统 A 单独使用时，其有效的概率为 0.9 当报警系统 B 单独使用时，其有效的概率为 0.90；在报警系统 B 有效的条件下，报警系统 A 有效的概率为 0.93，若发生意外时，求（1）这两种报警系统中至少有一种有效的概率；（2）这两种报警系统都失灵的概率。

5. 某工厂有 Ⅰ、Ⅱ、Ⅲ 3 个车间，生产同一种产品，每个车间的产量分别占全厂的 25%，35%，40%，各车间的产品次品率分别为 5%、4%、2%，求从总产品中任意抽取 1 件产品是次品的概率。

第三节　随机变量及分布

　　如果要对某随机试验进行完整的认识，就必须计算出它就某个研究目的而言的所有事件的概率，可以用数来表示事件，随机变量是从随机事件到实数的一个对应关系。

　　由随机试验的结果决定其取值的量叫随机变量，通常用希腊字母 ξ 等表示，也可以用大写英文字母 X、Y 等表示。例如：掷一枚骰子观察点数的试验中，令掷的点数为 ξ，如果"掷得 1 点"，则 $\xi = 1$；如果"掷得 2 点"，则 $\xi = 2$，……，这里的 ξ 就是随机变量。

一、离散型随机变量

1. 离散型随机变量

　　定义 8.3.1 如果随机变量的所有可能取值可以——列举，即所有可能取值为有限个或无限可列个，则称为离散型随机变量.

　　定义 8.3.2 设离散型随机变量 X 的所有可能取值为 $X_1, X_2, \cdots$ 及取这些值的概率为 $P_1, P_2, \cdots$，称其为离散型随机变量 X 的概率分布，简称分布。

　　概率分布的表示方法有两种：

　　（1）公式法：$P(X = x_i) = p_i (i = 1, 2, \cdots)$

　　（2）列表法：

X	1	2	⋯
p	p_1	P_2	⋯

2. 离散型随机变量概率分布的基本性质：

　　性质1　$p_i \geqslant 0$　　$(i = 1, 2, \cdots)$

　　性质2　$p_1 + p_2 + \cdots = 1$

　　离散型随机变量 X 在某范围内取值的概率，等于它在这个范围内一切可能取值对应的概率之和。

　　例1　任抛一枚均匀的骰子，试求：

　　（1）出现不同点的概率分布列；

　　（2）"点数不小于 4"的概率；

　　（3）"点数大于 2 且不超过 5"的概率

　　解　设 $X = \{$出现的点数$\}$ 显然 X 的所有可能的取值为 1, 2, 3, 4, 5, 6, 且

$$P(X = k) = \frac{1}{6} \quad (k = 1, 2, \cdots, 6)$$

（1）X 的分布列为

X	1	2	3	4	5	6
P	$\frac{1}{6}$	$\frac{1}{6}$	$\frac{1}{6}$	$\frac{1}{6}$	$\frac{1}{6}$	$\frac{1}{6}$

（2）$P(X \geqslant 4) = P(X = 4) + P(X = 5) + P(X = 6) = \frac{1}{2}$

（3）$P(2 < X \leqslant 5) = P(X = 3) + P(X = 4) + P(X = 5) = \frac{1}{2}$

3. 常见离散型随机变量及其分布律

（1）二点分布

如果随机变量 X 的分布为：

$$p(X = 1) = p, P(X = 0) = q = 1 - p(0 < p < 1)$$

则称 X 服从二点分布（P 为参数）

（2）二项分布

如果随机变量 X 的分布为：

$$p(X = k) = C_n^k p^k q^{n-k}(k = 0,1,2,\cdots,n), 0 < p < 1, p + q = 1$$

则称 X 服从二项分布（p、q 为参数），记作 $X \sim B(n,p)$

（3）泊松分布

如果随机变量 X 的分布为

$$P(X = i) = \frac{\lambda^i}{i!}e^{-\lambda} \qquad (\lambda > 0, i = 0,1,2,\cdots)$$

则称 X 服从参数为 $\lambda(\lambda > 0)$ 的泊松（Poisson）分布，记作 $X \sim p(\lambda)$

二、连续型随机变量

1. 连续型随机变量

定义 8.3.3 若随机变量 X 的所有可能取值为某一区间，则称 X 为连续型随机变量。

例如：灯泡寿命是一个随机变量，它的可取值范围为大于零的实数是连续型随机变量。

定义 8.3.4 对于连续型随机变量 X，如果存在一个定义在 $(-\infty, +\infty)$ 上的非负可积函数 $f(x)$，使得对任意实数 $a,b(a \leqslant b)$ 有

$$P(a \leqslant X < b) = \int_a^b f(x)\mathrm{d}x$$

则称 $f(x)$ 为 X 的概率密度函数（或概率密度），简称密度函数，其图像叫密度曲线。

根据定积分的特点，概率 $P(a \leqslant X < b)$ 就是区间 $[a,b]$ 上密度曲线下的曲边梯形的面积。

$$P(a \leqslant X < b) = P(a < X \leqslant b) = P(a \leqslant X \leqslant b)$$
$$= P(a < X < b) = \int_a^b f(x)\,\mathrm{d}x$$

2. 密度函数 $f(x)$ 的基本性质

性质 $1: f(x) \geqslant 0 (-\infty < x < +\infty)$

性质 $2: \int_{-\infty}^{+\infty} f(x)\,\mathrm{d}x = 1$

例 2 已知 $X \sim f(x) = \begin{cases} \dfrac{e^x}{2}, & x \leqslant 0 \\ \dfrac{1}{4}, & 0 \leqslant x \leqslant 2 \\ 0, & x > 2 \end{cases}$ 求 $P(-1.5 < X \leqslant 3)$；$P(|X| > 1)$；$P(X = 1)$

解：$P(-1.5 < X \leqslant 3) = \int_{-1.5}^3 f(x)\,\mathrm{d}x = \int_{-1.5}^0 \dfrac{1}{2}e^x\,\mathrm{d}x + \int_0^2 \dfrac{1}{4}\,\mathrm{d}x + \int_2^3 0\,\mathrm{d}x$

$$= \dfrac{1}{2}e^x \Big|_{-1.5}^0 + \dfrac{1}{4}x \Big|_0^2 = 1 - \dfrac{1}{2}e^{-1.5}$$

$P(|X| > 1) = P(X > 1) + P(X < -1) = \int_1^{+\infty} f(x)\,\mathrm{d}x + \int_{-\infty}^{-1} f(x)\,\mathrm{d}x$

$$= \int_1^2 \dfrac{1}{4}\,\mathrm{d}x + \int_{-\infty}^{-1} \dfrac{1}{2}e^x\,\mathrm{d}x = \dfrac{1}{4} + \dfrac{1}{2}e^{-1}$$

$P(X = 1) = 0$

三、分布函数

定义 8.3.5 设 X 是一个随机变量，x 为任意实数，称函数 $F(x) = P(X < x)$ 为 X 的分布函数。对于任意两个实数 $x_1, x_2 (x_1 < x_2)$，随机变量 X 取值区间 $[x_1, x_2)$ 的概率为：

$$P(x_1 \leqslant X < x_2) = P(X < x_2) - P(X < x_1) = F(x_2) - F(x_1)$$

分布函数具有下列性质：

性质 1　$0 \leqslant F(x) \leqslant 1$

性质 2　$F(x)$ 是 x 的非减函数，即对于任何 $x_1 < x_2$，必有 $F(x_1) < F(x_2)$

性质 3　$F(-\infty) = \lim\limits_{x \to -\infty} F(x) = 0, F(+\infty) = \lim\limits_{x \to +\infty} F(x) = 1$

1. 离散型随机变量 X 的分布函数为

$$F(x) = P(X < x) = \sum_{x_k < x} P(x = x_k) = \sum_{x_k < x} p_k$$

其中 $P(X = x_k) = p_k, k = 1.2\cdots$ 是 X 的概率分布

2. 连续型随机变量 X 的分布函数为

$$F(x) = P(X < x) = \int_{-\infty}^{x} f(t)\,\mathrm{d}t$$

例 3　设 ξ 的密度为

$$f(x) = \begin{cases} \dfrac{1}{\pi \sqrt{1-x^2}}, & |x| < 1 \\ 0, & \text{其他} \end{cases}$$　求 ξ 的分布函数。

解： $F(x) = \int_{-\infty}^{x} f(t)\,\mathrm{d}t$

当 $x \leqslant -1$ 时，$F(x) = \int_{-\infty}^{x} 0\,\mathrm{d}x = 0$

当 $-1 < x \leqslant 1$ 时，$F(x) = \int_{-\infty}^{-1} 0\,\mathrm{d}x + \int_{-1}^{x} \dfrac{1}{\pi \sqrt{1-x^2}}\,\mathrm{d}x = \dfrac{1}{\pi}\arcsin x + \dfrac{1}{2}$

当 $x > 1$ 时，

$$F(x) = \int_{-\infty}^{-1} 0\,\mathrm{d}x + \int_{-1}^{1} \dfrac{1}{\pi \sqrt{1-x^2}}\,\mathrm{d}x + \int_{1}^{x} 0\,\mathrm{d}x = \dfrac{1}{\pi}\arcsin x \Big|_{-1}^{1} = 1$$

$$\therefore F(x) = \begin{cases} 0 & x \leqslant -1 \\ \dfrac{1}{\pi}\arcsin x + \dfrac{1}{2} & -1 < x \leqslant 1 \\ 1 & x > 1 \end{cases}$$

四、常见连续型随机变量的分布

1. 均匀分布
如果随机变量 X 具有概率密度函数

$$f(x) = \begin{cases} \dfrac{1}{b-a}, & a \leqslant x \leqslant b \\ 0, & \text{其他} \end{cases}$$

则称 X 在区间 $[a,b]$ 上服从均匀分布，记作 $X \sim U[a,b]$
2. 指数分布
若连续型随机变量 X 的概率密度为

$$f(x) = \begin{cases} \lambda \mathrm{e}^{-\lambda x}, & x > 0 \quad (\lambda > 0) \\ 0, & \text{其他} \end{cases}$$

则称 X 服从参数为 $\lambda(\lambda > 0)$ 的指数分布，记作 $X \sim E(\lambda)$
例 4　仪器装有三只独立工作的同型号电子元件，其寿命（单位：h）都服从同一指数分布，分布密度为

$$f(x) = \begin{cases} \dfrac{1}{600} \mathrm{e}^{-\frac{x}{600}}, & x > 0 \\ 0, & x \leqslant 0 \end{cases}$$

试求：在仪器使用的最初 200h 内，至少有一只电子元件损坏的概率 α

解：把三只元件编号为 1、2、3，

并引进事件：$A_k = \{$在仪器使用的最初 200h 内，第 k 只元件损坏$\}$ $(k = 1,2,3)$

由题设知：$X_k(k = 1,2,3)$ 服从密度为 $f(x)$ 的指数分布，由

$$P(A_k) = P\{X_k > 200\} = \int_{200}^{+\infty} \frac{1}{600}e^{-\frac{x}{600}}dx = e^{-\frac{1}{3}}$$

知所求事件的概率

$$\alpha = P(A_1 \cup A_2 \cup A_3) = 1 - P(\overline{A_1 \cup A_2 \cup A_3})$$
$$= 1 - P(\overline{A_1}\,\overline{A_2}\,\overline{A_3}) = 1 - (e^{-\frac{1}{3}})^3 = 1 - e^{-1}$$

3. 正态分布

（1）正态分布的概念：如果随机变量 X 的密度函数为

$$f(x) = \frac{1}{\sqrt{2\pi}\sigma}e^{-\frac{(x-\mu)^2}{2\sigma^2}} \quad (-\infty < x < +\infty)$$

其中 μ,σ 都是常数 $(-\infty < \mu < +\infty)$，$\sigma > 0$，则称 X 服从以 μ,σ 为参数的正态分布，记作 $X \sim N(\mu,\sigma^2)$，当 $\mu = 0,\sigma = 1$ 时，称 X 服从标准正态分布，作 $X \sim N(0,1)$，其密度函数为

$$f(x) = \frac{1}{\sqrt{2\pi}}e^{-\frac{x^2}{2}} \quad (-\infty < x < +\infty)$$

如果某个随机变量是由大量相互独立的随机因素的综合影响所形成，且每一个因素所起的作用都很小，那么这种随机变量就服从或近似服从正态分布。例如，一群成年男子的体重；一家商店的日销售收入等等，都服从正态分布。

正态分布密度函数的图像称为正态曲线，图像呈"钟型"具有中间大两头小的特点。曲线关于直线 $x = \mu$ 对称，并以 x 轴为渐近线；当 $x = \mu$ 时，曲线处于最高点，即函数取得最大值 $f(\mu) = \frac{1}{\sqrt{2\pi}\sigma}$；在 $x = \mu \pm \sigma$ 处，曲线有两个拐点。（如图 8–2）

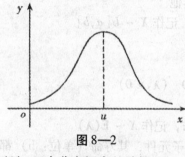

图 8—2

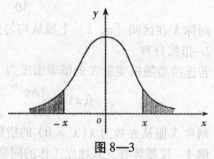

图 8—3

（2）正态分布概率的计算：

如果 $X \sim N(0,1)$，则

$$P(x_1 < X < x_2) = \int_{x_1}^{x_2} \frac{1}{\sqrt{2\pi}}e^{-\frac{t^2}{2}}dt$$

$$= \Phi(x_2) - \Phi(x_1)$$

$$= \int_{-\infty}^{x_2} \frac{1}{\sqrt{2\pi}} e^{-\frac{t^2}{2}} dt - \int_{-\infty}^{x_1} \frac{1}{\sqrt{2\pi}} e^{-\frac{t^2}{2}} dt$$

即 $\qquad P(x_1 < X < x_2) = \Phi(x_2) - \Phi(x_1)$

（如图 8—3）根据标准正态曲线关于直线 $x = 0$ 的对称性以及

$$\int_{-\infty}^{+\infty} \frac{1}{\sqrt{2\pi}} e^{-\frac{t^2}{2}} dt = 1$$

得 $\Phi(-x) = 1 - \Phi(x)$

若 $X \sim N(\mu, \sigma^2)$

则 $P(x_1 < X < x_2) = \Phi(\dfrac{x_2 - \mu}{\sigma}) - \Phi(\dfrac{x_2 - \mu}{\sigma})$

$P(X < x) = \Phi(\dfrac{x - \mu}{\sigma}) \qquad P(X > x) = 1 - \Phi(\dfrac{x - \mu}{\sigma})$

例5 设 $X \sim N(0,1)$，查表求：

(1) $P(0.2 < X < 0.5)$；(2) $P(X > 1.5)$；(3) $P(X < -1.2)$

解： (1) $P(0.2 < X < 0.5) = \Phi(0.5) - \Phi(0.2)$

$= 0.6915 - 0.5793 = 0.1122$

(2) $P(X > 1.5) = 1 - P(X \leqslant 1.5)$

$= 1 - \Phi(1.5) = 1 - 0.9332 = 0.0668$

(3) $P(X < -1.2) = \Phi(-1.2) = 1 - \Phi(1.2)$

$= 1 - 0.8849 = 0.1151$

例6 设 $X \sim N(3, 2^2)$，

(1) 求 $P\{2 < X \leqslant 5\}$，$P\{X > 3\}$；(2) 确定 c 使得 $P\{X > c\} = P\{X \leqslant c\}$

解： (1) $P\{2 < X \leqslant 5\} = \Phi\left(\dfrac{5-3}{2}\right) - \Phi\left(\dfrac{2-3}{2}\right)$

$$= \Phi(1) - \Phi\left(-\frac{1}{2}\right)$$

$$= 0.5328$$

$$P\{X > 3\} = 1 - P\{X \leqslant 3\} = 1 - \Phi\left(\dfrac{3-3}{2}\right)$$

$$= 1 - \frac{1}{2} = \frac{1}{2}$$

(2) 因为 $P\{X > c\} = P\{X \leqslant c\}$

得 $P\{X \leqslant c\} = \dfrac{1}{2}$，$\quad P\{X \leqslant c\} = \Phi\left(\dfrac{c-3}{2}\right) = \dfrac{1}{2} \qquad$ 则 $c = 3$

习题 8 - 3

一、选择题

（1）已知离散型随机变量 X 的概率分布如下表所示

X	-1	0	1	2	4
P	$\frac{1}{10}$	$\frac{1}{5}$	$\frac{1}{10}$	$\frac{1}{5}$	$\frac{2}{5}$

则下列概率计算结果中（　　）正确

A. $P\{X=3\}=0$ 　　　　　　　 B. $P\{X=0\}=0$

C. $P\{X>-1\}=1$ 　　　　　　 D. $P\{X<4\}=1$

（2）设离散型随机变量 X 的所有可能取值为 -1 与 1，且已知离散型随机变量 X 取 -1 的概率为 p（$0<p<1$），取 1 的概率为 q，则数学期望 $E(X^2)=$（　　）

A. 0 　　　　　 B. 1 　　　　　 C. $q-p$ 　　　　 D. $(q-p)^2$

（3）设连续型随机变量 X 的概率密度为

$$\varphi(x)=\begin{cases} \dfrac{k}{1+x^2},x\geq 0 \\ 0 \quad,其它 \end{cases}$$

则常数 $k=$（　　）

A. $\dfrac{1}{\pi}$ 　　　 B. π 　　　 C. $\dfrac{2}{\pi}$ 　　　 D. $\dfrac{\pi}{2}$

二、填空题

（1）设离散型随机变量 X 的概率分布如下表所示：

X	-1	0	1	2
P	C	$2C$	$3C$	$4C$

则常数 $C=$ _____

（2）已知离散型随机变量 X 的概率分布如下表所示：

X	1	2	3
P	$\frac{1}{4}$	$\frac{1}{2}$	$\frac{1}{4}$

则概率 $P\{X<3\}=$ _____

三、解答题

1. 已知某交通路口一分钟通过的汽车数量服从泊松分布，长期观察得知，一分钟内没有汽车通过的概率为 0.2，求在一分钟内多于 3 辆汽车通过的概率。

2. 任抛一枚均匀的骰子，试求

（1）出现不同点的概率分布列；（2）"点数不小于4"的概率；

（3）"总数小于3的概率"； （4）"点数大于2且不起过5"的概率

3. 已知 $X \sim N(0,1)$，求下列事件的概率 $P(X = 0.54)$、$P(X < 2.08)$ $P(X \geqslant -1.09)$、$P(|X| < 1.96)$、$P(|X| > 2.1)$、$P(1.5 < X \leqslant 3.2)$

4. 设 $X \sim N(-1,4^2)$，求 $P(-5 < X \leqslant 2)$、$P(|X+3| > 4)$、$P(|X| < 5)$

5. 某种显像管的使用寿命为 ξ（单位：小时）服从参数 $\lambda = 0.0005$ 的指数分布，计算：

（1）一个显像管使用2000小时没有坏的概率；

（2）使用寿命在2000小时到3000小时之间的概率；

（3）如果一个显像管使用了1000小时没有坏，求可以继续再用2000小时的概率。

第四节　随机变量的数字特征

一、数学期望

1. 数学期望的概念

定义 8.4.1　设离散型随机变量 X 的概率分布为

$$P(X = x_i) = P_i, i = 1,2\cdots$$

如果 $\sum\limits_{i=1}^{\infty} p_i |x_i|p_i$ 存在，则称 $x_1p_1 + x_2p_2 + \cdots = \sum\limits_{i=1}^{\infty} x_ip_i$ 为 X 的数学期望（简称期望或均值），记作 $E(x)$

即

$$E(X) = \sum\limits_{i=1}^{\infty} x_ip_i$$

定义 8.4.2　连续型随机变量 X 的概率密度为 $f(x)$，如果 $\int_{-\infty}^{+\infty} |x|f(x)\,\mathrm{d}x$ 存在，则称积分

$$\int_{-\infty}^{+\infty} xf(x)\,\mathrm{d}x$$

为 X 的数学期望，

记为：

$$E(X) = \sum\limits_{i=1}^{\infty} xf(x)\,\mathrm{d}x$$

即 $E(X) = \int_{-\infty}^{+\infty} xf(x)\,\mathrm{d}x$

例1　甲、乙两工人，在一天中生产的废品数是两个随机变量 X、Y，其概率分而分别是

X	0	1	2	3
P	0.4	0.3	0.2	0.1

Y	0	1	2
P	0.3	0.5	0.2

甲　　　　　　　　　　　　乙

假定两人日产量相等，问谁的技术好？

解若只从分布上来看，很难得出答案，我们分别计算其数学期望，然后根据数学期望的大小来判定技术的高低

$$E(X) = 0 \times 0.4 + 1 \times 0.3 + 2 \times 0.2 + 3 \times 0.1 = 1$$

$$E(Y) = 0 \times 0.3 + 1 \times 0.5 + 2 \times 0.2 = 0.9$$

计算结果说明，在长期生产中，甲平均每天生产废品 1 件，乙平均每天生产废品 0.9 件，可见乙的技术较好

例2 射击比赛，每人射击四次（每次一发），约定全部不中得 0 分，只中一弹得 15 分，中二弹得 30 分，中三弹得 55 分，中四弹得 100 分，甲每次射中率为 $\dfrac{3}{5}$，问他有期望得多少分？

解： 设 η 为"甲击中的枪数"，X 为相应的得分数，由已知 X 的分布列为

η	0	1	2	3	4
X	0	15	30	55	100
P	$C_4^0\left(\dfrac{2}{5}\right)^4$	$C_4^1\left(\dfrac{3}{5}\right)\left(\dfrac{2}{5}\right)^3$	$C_4^2\left(\dfrac{3}{5}\right)^2\left(\dfrac{2}{5}\right)^2$	$C_4^3\left(\dfrac{3}{5}\right)^3\dfrac{2}{5}$	$C_4^4\left(\dfrac{3}{5}\right)^3$

则 $E(X) = 15C_4^1\left(\dfrac{3}{5}\right)\left(\dfrac{2}{5}\right)^3 + 30C_4^2\left(\dfrac{3}{5}\right)^2\left(\dfrac{2}{5}\right)^2 + 55C_4^3\left(\dfrac{3}{5}\right)^3\dfrac{2}{5} + 100C_4^4\left(\dfrac{3}{5}\right)^4$

$$= 44.64$$

2. 期望的性质

（1）设 X 是随机变量，c，b 为常量，则

$$E(c) = c; E(cX) = cE(X); E(cX + b) = cE(X) + b$$

（2）设 X_1 和 X_2 是任意两个随机变量，则

$$E(X_1 + X_2) = E(X_1) + E(X_2)$$

推广：对任意几个随机变量 $x_1, x_2, \cdots, x_n$ 都有

$$E\left(\sum_{i=1}^n X_i\right) = \sum_{i=1}^n E(X_i)$$

（3）若 X_1, X_2 是相互独立的随机变量，则

$$E(X_1 X_2) = E(X_1) + E(X_2)$$

二、方差

1. 方差的定义

定义 8.4.3 设 X 是一个随机变量，它的数学期望 $E(X)$ 存在，如果 $E[X - E(X)]^2$ 存在，则称 $E[X - E(X)]^2$ 为 X 的方差，记为 $D(X)$，即 $D(X) = E[X - E(X)]^2$，而称 $\sqrt{D(X)}$ 为标准差或均方差。

（1）如果 X 是离散型随机变量，概率分布为 $P(X = x_i) = p_i, i = 1,2,\cdots$ 则

$$D(X) = \sum_{i=1}^{\infty} [x_i - E(X)]^2 \cdot p_i$$

（2）如果 X 是连续型随机变量，概率密度函数是 $f(x)$，则

$$D(X) = \int_{-\infty}^{+\infty} [x_i - E(X)]^2 f(x) \mathrm{d}x$$

方差是一个非负数，利用期望的性质可得

$$D(X) = E(X^2) - [E(X)]^2$$

例 3 知随机变量 X 的分布列

X	1	2	3	4
P	0.4	0.1	0.3	0.2

求 $E(X)$，$D(X)$

解：由已知得

$E(X) = 1 \times 0.4 + 2 \times 0.1 + 3 \times 0.3 + 4 \times 0.2 = 2.3$

$E(X^2) = 1^2 \times 0.4 + 2^2 \times 0.1 + 3^2 \times 0.3 + 4^2 \times 0.2 = 6.7$

$D(X) = E(X^2) - (E(X))^2 = 1.41$

例 4 已知随机变量 X 的概率密度为

$$f(x) = \begin{cases} 1 + x, & -1 \leqslant x < 0 \\ 1 - x, & 0 \leqslant x \leqslant 1 \\ 0, & 其他 \end{cases}$$

求 $E(X)$，$D(X)$

解：$E(X) = \int_{-\infty}^{+\infty} x f(x) \mathrm{d}x = \int_{-1}^{0} x(1 + x) \mathrm{d}x + \int_{0}^{1} x(1 - x) \mathrm{d}x = 0$

$E(X^2) = \int_{-\infty}^{+\infty} x^2 f(x) \mathrm{d}x = \int_{-1}^{0} x^2(1 + x) \mathrm{d}x + \int_{0}^{1} x^2(1 - x) \mathrm{d}x = \frac{1}{6}$

$$D(X) = E(X^2) - (E(X))^2 = \frac{1}{6}$$

可得：二点分布的方差：$D(X) = Pq$

二项分布的方差：$D(X) = npq$

泊松分布的方差：$D(X) = \lambda$

2. 方差的性质

设 X 为随机变量，c，b 为常数，则

（1）$D(c) = 0$

（2）$D(cX) = c^2 D(X)$

（3）$D(cX + b) = c^2 D(X)$

（4）如果 X_1 和 X_2 是相互独立的随机变量，则 $D(X_1 + X_2) = D(X_1) + D(X_2)$

例5 已知 $X_1 \sim N(1,2)$，$X_2 \sim N(2,2)$，X_1 与 X_2 相互独立，求 $X_1 - 2X + 3$ 的期望与方差.

解 由已知条件得

$E(X_1) = 1$，$E(X_2) = 2$ $D(X_1) = D(X_2) = 2$

所以 $E(X_1 - 2X_2 + 3) = E(X_1) - 2E(X_2) + E(3)$

$= 1 - 2 \times 2 + 3 = 0$

$D(X_1 - 2X_2 + 3) = D(X_1) + 4D(X_2) + D(3)$

$= 2 + 4 \times 2 + 0 = 10$

习题 8 - 4

1. 设 ξ 是一个随机变量，其概率密度为 $f(x) = \begin{cases} 1 + x, & -1 \leqslant x \leqslant 0 \\ 1 - x, & 0 \leqslant x < 1 \\ 0, & 其他 \end{cases}$，求 $D(\xi)$

2. 设 ξ 服从 $[a,b]$ 上的均匀分布，求 $D(\xi)$

3. 设 A,B 两台自动床、生产同一种标准件、生产 1000 只产品所出的次品数分别用 ξ、η 表示，经过一段时间的考察，ξ、η 的分布列分别是

η	0	1	2	3
P	0.5	0.3	0.2	0

ξ	0	1	2	3
P	0.7	0.1	0.1	0.1

问哪一台机床加工的产品质量好些？

4. 已知 $X \sim E(\lambda)$，求 $E(X)$、$D(X)$。

5. 已知随机变量 X 的分布列

X	1	2	3	4
P	0.4	0.1	0.3	0.2

求 $D(\xi)$

第八章总复习题

1. 设甲、乙两家灯泡厂生产的灯泡的寿命（单位：小时）X 和 Y 的分布律分别为

X	900	1000	1100
P	0.1	0.8	0.1

Y	950	1000	1050
P	0.3	0.4	0.3

试问哪家工厂生产的灯泡质量较好？

2. 设 A、B、C 为三个随机事件，试用 A、B、C 的运算关系表示下列事件：

(1) D = "A、B、C 至少有一个发生"

(2) E = "A 发生，而 B 与 C 都不发生"

(3) F = "A、B、C 中恰有一个发生"

(4) G = "A、B、C 中恰有两个发生"

(5) H = "A、B、C 中不多于一个发生"

3. 两封信随机地投入四个邮筒，求前两个邮筒内没有信的概率及第一个邮筒内只有一封信的概率。

4. 10 个人用轮流抽签的方法，分配 7 张电影票（每张电影票只能分给一个人），试求事件"在第三个人抽中的情况下，第一个人抽中而第二个人没有抽中"的概率。

5. 电灯泡使用时数在 1000 小时以上的概率为 0.2，求三个灯泡在使用 1000 小时以后最多只有一个损坏的概率。

6. 某加油站替公共汽车站代营出租汽车业务，每出租一辆汽车，可从出租公司得到 3 元。因代营业务，每天加油站要多付给职工服务费 60 元。设每天出租汽车数 X 是一个随机变量，它的概率分布如下：

X	10	20	30	40
P	0.15	0.25	0.45	0.15

求因代营业务得到的收入大于当天的额外支出费用的概率。

7. 已知 X 的概率密度函数为

$$f(x) = \begin{cases} 2x, & 0 < x < 1 \\ 0, & \text{其它} \end{cases}$$

求 $P\{X \le 0.5\}$；$P\{X = 0.5\}$；$F(x)$

8. 设随机变量 X 的概率密度为

$$f(x) = \begin{cases} 1 - |1 - x|, & 0 < x < 2 \\ 0, & \text{其它} \end{cases}$$

求 $E(X)$

9. 设随机变量 X 的分布律为

X	α	0	β
P	0.4	γ	0.1

且 $E(X) = 0$，$D(X) = 2$，试求待定系数 α、β、γ，其中 $\alpha < \beta$

10. 10 个产品中有 2 个次品，每次抽取一个，有放回地连抽三次，求其中次品数的分布列。

11. 汽车从出发点至终点，沿路直行经过 3 个十字路口，每个十字路口都设有红绿信号灯，每盏红绿信号灯相互独立，皆以 $\dfrac{2}{3}$ 的概率允许汽车往前通行，以 $\dfrac{1}{3}$ 的概率禁止汽车往前通行，求汽车停止前进时所通过的红绿信号灯盏数 X 的概率分布。

第八章测试题

1. 已知离散型随机变量 X 的概率分布如下表所示：

X	1	2	3
P	$\dfrac{1}{2}$	$\dfrac{1}{4}$	$\dfrac{1}{4}$

试求：（1）数学期望 $E(X)$，（2）方差 $D(X)$

2. 某城镇每天用电量 X 万度是连续型随机变量，其概率密度为

$$\varphi(x) = \begin{cases} kx(1 - x^2), & 0 < x < 1 \\ 0, & \text{其它} \end{cases}$$

试求：（1）常数 k；（2）当每天供电量为 0.8 万度时，供电量不够的概率。

3. 某机构有一个 3 人组成的顾问小组，每位顾问提出正确意见的概率皆为 0.8，现在该机构对某方案的可行性同时分别征求各位顾问意见，并按多数人意见作出决策，求作出正确决策的概率。

4. 随机安排甲、乙、丙三人在一星期内各学习一天，求：

（1）恰好有一人在星期一学习的概率；

（2）三人学习日期不相重的概率。

5. 口袋里装有 6 个黑球与 3 个白球，每次任取 1 个球，不放回取两次，求：

（1）第一次取到黑球且第二次取到白球的概率；

（2）两次取到球的颜色一致的概率。

6. 某菜市场零售某种蔬菜，进货后第一天售出的概率为 0.7，每 $500g$ 售价为 10 元；进货后第二天售出的概率为 0.2，每 $500g$ 售价为 8 元；进货后第三天售出的概率为 0.1，每 $500g$ 售价为 4 元，求任取 $500g$ 蔬菜售价 X 元的数学期望 $E(X)$ 与方差 $D(X)$。

7. 设连续型随机变量 X 的概率密度为

$$\varphi(x) = \begin{cases} cx, & 2 \leq x \leq 4 \\ 0, & 其它 \end{cases}$$

试求：（1）常数 c 值；

（2）概率 $P\{X > 3\}$

8. 设连续型随机变量 X 的概率密度为

$$\varphi(x) = \begin{cases} kx^a, & 0 < x < 1 \\ 0, & 其它 \end{cases} \quad (k > 0, a > 0)$$

已知数学期望 $E(x) = \dfrac{4}{5}$，求常数 k 与 a 的值。

9. 设离散型随机变量 $X \sim B(2, p)$，若概率 $P\{X \geq 1\} = \dfrac{5}{9}$，求：

（1）参数 p 值；

（2）概率 $P\{X = 2\}$；

（3）数学期望 $E(X)$；

（4）方差 $D(X)$

10. 甲、乙两人相互独立向同一目标射击一次，甲击中目标的概率为 0.4，乙击中目标的概率为 0.3，求：

（1）甲、乙两人中恰好有一人击中目标的概率；

（2）甲、乙两人中至少有一人击中目标的概率。

第九章 统计知识

数理统计的任务是以概率论为基础，根据试验所得的数据，对研究对象的客观规律作出合理的估计和推断。本章主要介绍总体、样本、统计量及几个常用统计量的分布等数理统计的基本知识。

第一节 统计量及其分布

一、基本概念

定义9.1.1 若样本 $(x_1, x_2, \cdots, x_n)$ 的函数 $T = g(x_1, x_2, \cdots, x_n)$ 不包含任何未知参数，则称 T 为一个统计量。

统计量是随机变量，如果 $x_1, x_2, \cdots, x_n$ 是一组样本值，则 $g(x_1, x_2, \cdots, x_n)$ 是统计量 $g(X_1, X_2, \cdots X_n)$ 的一个观测值。

1. 常用的统计量

（1）样本均值

$$\bar{x} = \frac{1}{n} \sum_{i=1}^{n} x_i$$

（2）样本方差

$$S^2 = \frac{1}{n-1} \sum_{i=1}^{n} (x_i - \bar{x})^2$$

样本标准差

$$S = \sqrt{\frac{1}{n-1} \sum_{i=1}^{n} (x_i - \bar{x})^2}$$

（3）样本 k 阶原点矩

$$\nu_k = \frac{1}{n} \sum_{i=1}^{n} x_i^{\ k}$$

（4）样本 k 阶中心矩

$$u_k = \frac{1}{n} \sum_{i=1}^{n} (x_i - \bar{x})^k$$

特别地，样本 2 阶中心矩为

$$u_2 = \frac{1}{n} \sum_{i=1}^{n} (x_i - \bar{x})^2 = \frac{1}{n} \sum_{i=1}^{n} x_i^2 - \bar{x}^2 = \sigma^2$$

2. 统计量的分布

定义 9.1.2 设 $T = g(x_1, x_2, \cdots, x_n)$ 为统计量，它的概率分布称为抽样分布。

在统计学中，容量较大的样本叫大样本，否则叫小样本。

（1）统计量 $U = \dfrac{\overline{X} - \mu}{\sigma / \sqrt{n}}$ 的分布

设总体 $X \sim N(\mu, \sigma^2)$，$(X_1, X_2, X_3, \cdots, X_n)$ 是 X 的一个样本，

样本均值 $\overline{X} \sim N\left(\mu, \dfrac{\sigma^2}{n}\right)$

则统计量

$$u = \frac{\overline{X} - \mu}{\dfrac{\sigma}{\sqrt{n}}} = \sqrt{n}\left(\frac{\overline{X} - \mu}{\sigma}\right) \sim N(0,1)$$

（2）统计量 $T = \dfrac{\overline{X} - \mu}{s / \sqrt{n}}$ 的分布

设总体 $X \sim N(\mu, \sigma^2)$，$(X_1, X_2, \cdots, X_n)$ 是 X 的一个样本，样本均值为 $\overline{X}$，样本方差为 S^2，则统计量 $T = \dfrac{\overline{X} - \mu}{s / \sqrt{n}}$ 服从自由度为 $n-1$ 的 T 分布，记作 $T \sim T(n-1)$

T 分布是对称分布，T 分布曲线形态很像标准正态分布，T 分布的密度函数与总体 X 的均值 μ 及方差 σ^2 无关，只与样本容量 n 有关。

（3）统计量 $\chi^2 = \dfrac{(n-1)s^2}{\sigma^2}$ 的分布

设总体 $X \sim N(\mu, \sigma^2)$，$(X_1, X_2, \cdots, X_n)$ 是 X 的一个样本，样本方差为 S^2，则统计量 $\chi^2 = \dfrac{(n-1)s^2}{\sigma^2}$ 服从自由度为 $n-1$ 的 χ^2 分布，记作 $\chi^2 \sim \chi^2(n-1)$。

χ^2 分布是不对称分布，χ^2 分布与标准正态分布、T 分布有明显不同，n 是唯一参数。

（4）统计量 $F = \dfrac{S_1^2}{S_2^2}$ 的分布

如果 $(X_1, X_2, \cdots, X_n)$ 是取自正态总体 $X \sim N(\mu_1, \sigma_1^2)$ 的样本，$(Y_1, Y_2, \cdots, Y_n)$ 是取自正态总体 $Y \sim N(\mu_2, \sigma_2^2)$ 的样本，且 X 与 Y 相互独立，样本方差分别为 S_1^2 和 S_2^2，那么在 $\sigma_1^2 = \sigma_2^2$ 的条件下，则统计量 $F = \dfrac{S_1^2}{S_2^2}$ 服从自由度为 $n_1 - 1$，$n_2 - 1$ 的 F 分布，记作 $F \sim F(n_1 - 1, n_2 - 1)$，其中 $n_1 - 1$ 称为第一自由度，$n_2 - 1$ 称为第二自由度。

F 分布是不对称分布，F 分布与标准正态分布、T 分布有不同，n_1, n_2 是它的两个参数。

第二节　参数估计

统计推断是数理统计中研究的主要内容。统计推断：就是由样本来推断总体，从研究的问题和内容来看。统计推断可以分为参数估计和假设验证两种主要类型。本节主要介绍参数估计。根据样本 $(\xi_1, \xi_2, \cdots \xi_n)$ 所构成的统计量来估计总体 ξ 分布中未知参数或数字特征，这类统计方法称为参数估计。

1. 参数的点估计

由于样本不同程度地反映总体的信息，所以用样本数字特征作为总体相应的数字特征的点估计量，这种方法称为数字特征法。

例灯泡厂生产的灯泡，它的寿命是随机变量 X。要从总体上了解灯泡的质量，就要对它的均值 $E(X)$ 和方差 $D(X)$ 做出估计。

以样本均值 $\bar{X}$ 作为总体均值 μ 的点估计，即 $\hat{\mu} = \bar{x} = \dfrac{1}{n} \sum_{i=1}^{n} x_i$ 为 μ 的点估计值。

以样本方差 S^2 作为总体方差 σ^2 的点估计，即 $\hat{\sigma}^2 = S^2 = \dfrac{1}{n-1} \sum_{i=1}^{n} (X_i - \bar{X})^2$

$\hat{\sigma}^2 = s^2 = \dfrac{1}{n-1} \sum_{i=1}^{n} (x_i - \bar{x})^2$ 为 σ^2 的点估计值。

2. 区间估计

（1）置信区间的概念

前面学习了参数的点估计，但估计只是近似值必有误差，点估计不能给出估计的精度，对于未知参数 θ，除了对 θ 的值作出估计外，希望估计出一个范围，且知道这个范围包含参数 θ 的真值的可靠程度。这个范围通常用区间表示，所以称为参数的区间估计。

定义 9.2.1　设 θ 为总体的未知参数，$\hat{\theta}_1 = \hat{\theta}_1(x_1, x_2, \cdots, x_n)$，$\hat{\theta}_2 = \hat{\theta}_2(x_1, x_2, \cdots, x_n)$ 是由样本 $x_1, x_2, \cdots, x_n$ 定出的两个统计量，若对于给定的概率 $1 - \alpha (0 < \alpha < 1)$，有

$$P(\hat{\theta}_1 \leqslant \theta \leqslant \hat{\theta}_2) = 1 - \alpha$$

则随机区间 $(\hat{\theta}_1, \hat{\theta}_2)$ 称为参数 θ 的置信度为 $1 - \alpha$ 的置信区间，$\hat{\theta}_1$ 称为置信下限，$\hat{\theta}_2$ 称为置信上限，$1 - \alpha$ 称为置信度（置信水平）。

当取置信度 $1 - \alpha = 0.95$ 时，参数 θ 的 0.95 的置信区间的意思是：由样本 $(X_1, X_2, \cdots, X_n)$ 所确定的一个置信区间 $[\hat{\theta}_1(X_1, X_2, \cdots, X_n), \hat{\theta}_2(X_1, X_2, \cdots, X_n)]$ 中

含 θ 真值的可能性为 95%。

（1）正态总体均值的区间估计

1）总体方差 σ^2 已知，求总体均值 μ 的 $1-\alpha$ 的置信区间

设 $U = \dfrac{\bar{x} - \mu}{\sigma/\sqrt{n}} \sim N(0,1)$，$\bar{X} \sim N(\mu, \dfrac{\sigma^2}{n})$（图 9 - 1）

由于 $U \sim N(0,1)$，因而有

$P\{|U| \leqslant U_{\frac{\alpha}{2}}\} = 1 - \alpha$

给定 $1-\alpha$，查标准正态分布表得 $U_{\frac{\alpha}{2}}$

$$|U| \leqslant U_{\frac{\alpha}{2}}$$

$$-U_{\frac{\alpha}{2}} \leqslant U \leqslant U_{\frac{\alpha}{2}},$$

$$\bar{x} - U_{\frac{\alpha}{2}}\frac{\sigma}{\sqrt{n}} \leqslant \mu \leqslant \bar{x} + U_{\frac{\alpha}{2}}\frac{\sigma}{\sqrt{n}}$$

所以

$$P\left\{\bar{x} - U_{\frac{\alpha}{2}}\frac{\sigma}{\sqrt{n}} \leqslant \mu \leqslant \bar{x} + U_{\frac{\alpha}{2}}\frac{\sigma}{\sqrt{n}}\right\} = 1 - \alpha$$

则 μ 的置信度 $1-\alpha$ 的置信区间为

$$\left[\bar{x} - U_{\frac{\alpha}{2}}\frac{\sigma}{\sqrt{n}}, \bar{x} + U_{\frac{\alpha}{2}}\frac{\sigma}{\sqrt{n}}\right]$$

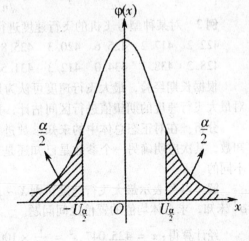

图 9 - 1

例 1 从大批彩色显像管中随机抽取 100 只，其平均寿命为 10000 小时，可以认为显像管的寿命服从正态分布。已知均方差 $\sigma = 40$ 小时，以置信度 0.95 求出整批显象管平均寿命 μ 的置信区间。

分析：求置信区间时，应根据已知条件，选择合适的统计量。

解：设 X 表示彩色显像管的寿命，则 $X \sim N(\mu, 40^2)$。从中抽取样本容量为 $n = 100$ 的样本，且样本均值 $\bar{x} = 10000$。因此，这是一个方差 σ^2 已知，求总体均值 u 的置信区间的问题，由于 $1-\alpha = 0.95$，则 $\dfrac{\alpha}{2} = 0.025$，查标准正态分布表得 $u_{0.025} = 1.96$，故总体均值 μ 的置信度为 0.95 的置信区间为

$$\left(\bar{x} - U_{\frac{\alpha}{2}}\frac{\sigma}{\sqrt{n}}, \bar{x} + U_{\frac{\alpha}{2}}\frac{\sigma}{\sqrt{n}}\right)$$

$$= (10000 - 1.96 \times \frac{40}{\sqrt{100}}, 10000 + 1.96 \times \frac{40}{\sqrt{100}})$$

$$= (99992.16, 10007.84)$$

2）总体方差 σ^2 未知，求总体均值 μ 的 $1 - \alpha$ 的置信区间

设总体 X 服从正态分布 $N(\mu, \sigma^2)$，

$$T = \frac{(\overline{X} - \mu)}{S/\sqrt{n}} \sim T(n-1) \text{（图9-2）}$$

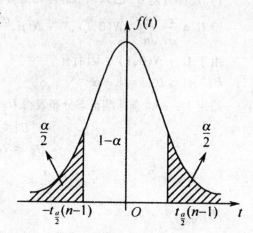

给定 $1 - \alpha$，查自由度为 $n-1$ 的 t 分布表得 $t_{\frac{\alpha}{2}}$

样本标准差

$$s = \sqrt{\frac{1}{n-1} \sum_{i=1}^{n} (x_i - \overline{x})^2}$$

$$P\{|t| \leqslant t_{\frac{\alpha}{2}}(n-1)\} = 1 - \alpha$$

μ 的置信区间 $1 - \alpha$ 的置信区间为

图9-2

$$\left[\overline{X} - t_{\frac{\alpha}{2}}(n-1) \frac{s}{\sqrt{n}}, \overline{X} + t_{\frac{\alpha}{2}}(n-1) \frac{s}{\sqrt{n}} \right]$$

例2 对某种型号飞机的飞行速度进行 15 次试验，测得最大飞行速度如下

422.2　417.2　425.6　420.3　425.8　423.1　418.7

428.2　438.3　434.0　412.3　431.5　413.5　441.3　423.0

根据长期经验，最大飞行速度可认为是服从正态分布的，试就上述试验数据，对最大飞行速度的期望值进行区间估计，其中显著水平 $a = 0.05$

分析：在对正态总体中的未知参数进行区间估计时，先应明确是对哪一个未知数，其次应明确另一个参数是已知还是未知，因为这两种情况使用的统计量是不同的。

解：以 X 表示最大飞行速度，则 $X \sim N(\mu, 0^2)$，σ^2 未知，因此本题是一个方差 σ^2 未知，求总体均值的置信区间问题。

经计算得：$\overline{x} = 425.047, s^2 = \frac{1}{14} \times 1006.34$

对 $\frac{\alpha}{2} = 0.025$，查自由度为 $n-1 = 14$ 的 t 分布表，得 $t_{\frac{\alpha}{2}} = t_{0.025} = 2.145$

于是

$$\overline{x} - t_{\frac{\alpha}{2}} \sqrt{\frac{s^2}{n-1}} = 425.047 - 2.145 \sqrt{1006.34/14^2}$$

$$= 420.187$$

$$\overline{x} + t_{\frac{\alpha}{2}} \sqrt{\frac{s^2}{n-1}} = 425.047 - 2.145 \sqrt{1006.34/14^2}$$

=429. 907

故得 u 的置信度为 0.95 的置信区间为（420.187，429.907）

（3）正态总体方差的置信区间

因统计量

$$\chi^2 = \frac{(n-1)S^2}{\sigma^2} \sim \chi^2(n-1)$$

对于给定的置信度 $1-\alpha$ ，

$$P[\chi^2 < \lambda_1] = P[\chi^2 > \lambda_2] = \frac{\alpha}{2}$$

得 $\quad\quad P[\chi^2 > \lambda_1] = 1 - \frac{\alpha}{2}, P[\chi^2 > \lambda_2] = \frac{\alpha}{2}$

查自由度为 $n-1$ 的 χ^2 分布表，确定临界值 λ_1 和 λ_2

由于 $P[\chi^2 < \lambda_1] = P[\chi^2 > \lambda_2] = \frac{\alpha}{2}$ ，得 $P[\lambda_1 \le \chi^2 \le \lambda_2] = 1 - \alpha$

所以 $\quad\quad P\left[\lambda_1 \le \frac{(n-1)S^2}{\sigma^2} \le \lambda_2\right] = 1 - \alpha$

则 $\quad\quad P\left[\frac{(n-1)S^2}{\lambda_2} \le \sigma^2 \le \frac{(n-1)S^2}{\lambda_1}\right] = 1 - \alpha$

得置信区间为 $\quad\quad \left[\frac{(n-1)S^2}{\lambda_2}, \frac{(n-1)S^2}{\lambda_1}\right]$

例3 某自动包装机包装洗衣粉，其重量服从正态分布，今随机抽查 12 袋测得其重量（单位：g）分别为 1001，1004，1004，1000，997，999，1004，1000，996，1002，998，999

（1）求平均袋重 μ 的点估计值；

（2）求 μ 的置信度为 95% 的置信区间；

（3）求 σ^2 的置信度为 95% 的置信区间；

（4）若已知 $\sigma^2 = 9$ ，求 μ 的 95% 的置信区间。

解（1） $\quad \hat{\mu} = \overline{X} = \frac{1}{n}\sum_{i=1}^{n}X_i$

$$= \frac{1}{12}(1001 + 1004 + \cdots + 999)$$

$$= 1000.25$$

（2）σ^2 未知，则 μ 的置信度为 $1-\alpha$ 的置信区间是

$$\left(\overline{X} - t_{\frac{\alpha}{2}}(n-1)\frac{S}{\sqrt{n}}, \overline{X} + t_{\frac{\alpha}{2}}(n-1)\frac{S}{\sqrt{n}}\right)$$

依题意

$$1 - \alpha = 0.95, \alpha = 0.05$$

$$t_{\frac{\alpha}{2}}(n-1) = t_{0.025}(n-1)$$

$$= t_{0.025}(11) = 2.201$$

得

$$t_{\frac{\alpha}{2}}(n-1) \frac{S}{\sqrt{n}} = 1.673$$

故的置信度为 95% 的置信区间是 $(998.577, 1001.923)$

（3）μ 未知，σ^2 的置信度为 $1 - a = 95\%$ 的置信区间是

$$\left[\frac{(n-1)S^2}{\chi^2_{\frac{\alpha}{2}}(n-1)}, \frac{(n-1)S^2}{\chi^2_{1-\frac{\alpha}{2}}(n-1)} \right]$$

查表得

$$\chi^2_{\frac{\alpha}{2}}(n-1) = \chi^2_{0.025}(11) = 21.92$$

$$\chi^2_{1-\frac{\alpha}{2}}(n-1) = \chi^2_{0.975}(11) = 3.816$$

故 σ^2 的置信度为 95% 的置信区间是 $(3.479, 19.982)$

（4）当 $\sigma^2 = 9$ 已知时，关于 μ 的置信度为 95% 的置信区间是

$$\left(\overline{X} - \frac{\sigma}{\sqrt{n}} Z_{\frac{\alpha}{2}}, \overline{X} + \frac{\sigma}{\sqrt{n}} Z_{\frac{\alpha}{2}} \right)$$

查表得

$$Z_{\frac{\alpha}{2}} = Z_{0.025} = 1.96, \frac{\sigma}{\sqrt{n}} Z_{\frac{\alpha}{2}} = 1.697$$

故 μ 的置信度为 95% 的置信区间是 $(998.553, 1001.14)$

习题 9 - 1

1. 已知某种灯泡的寿命服从正态分布，现从这种灯泡中任意抽取 5 只作寿命试验，测得其寿命值如下（单位：小时）：1050 1100 1120 1250 1280 试求这批灯泡寿命的均值服从置信水平为 0.90 的置信区间。

2. 已知某正态总体的标准差为 $3cm$，从中抽取 40 个个体，测得样本均值为 $642cm$，试给出总体均值服从置信水平为 0.95 的置信区间。

3. 从某总体中抽取容量为 10 的样本，测得样本值如下：50 52 53 51 54 49 55 50 52 51，试计算样本均值及样本方差。

第三节 假设检验

（一）假设检验的基本思想方法

假设检验的推断原理是：小概率原理。在概率论中，称"概率很小的事件在

一次试验中几乎是不可能发生的"为小概率事件的实际不可能原理。

方法是：具有概率意义的反证法

（1）提出原假设：

假设检验中需要检验内容即为原假设，用 H_0 表示

（2）检验统计量

对检验统计量要构造一个包含参数的且已知分布的样本的函数，正态分布总体常用的检验统计量为 U, T, χ^2, F，并称相应的检验为 U 检验法，T 检验法，χ^2 检验法，F 检验法

（3）确定拒绝域

利用检验统计量做一个小概率事件。在原假设 H_0 成立时，当小概率事件在一次实验中没有发生，这时我们没有理由拒绝 H_0，应接受原假设，这时，统计量的取值区间即为接收域；反之，小概率事件在一次实验中发生了，这与"小概率事件原理"相矛盾，从而应拒绝原假设 H_0，此时检验概率量的取值范围成为拒绝域。视拒绝域的情况分为单侧检验（如图 9-3）与双侧检验（如图 9-4），拒绝域、接受域的分界点称为临界值。在给定的 α 下（此时 α 称为检验水平，或显著性水平），如 $\alpha = 0.05$，查分布表得统计量的临界值 $\theta_{\frac{\alpha}{2}}, \theta_{1-\frac{\alpha}{2}}$ 由 $P[\theta > \theta_{\frac{\alpha}{2}}] + P[\theta < \theta_{1-\frac{\alpha}{2}}] = \alpha$，事件 $A = [\theta > \theta_{\frac{\alpha}{2}}] \cup [\theta < \theta_{1-\frac{\alpha}{2}}]$ 为小概率事件，称 $(-\infty, \theta_{1-\frac{\alpha}{2}}) \cup (\theta_{\frac{\alpha}{2}}, +\infty)$ 为拒绝域，α 通常取 0.05，0.01 等。其中 $\theta_{\frac{\alpha}{2}}, \theta_{1-\frac{\alpha}{2}}$ 又分别称上临界值与下临界值。

（4）根据计算出的统计量 θ 的观察值，如果事件 A 发生则拒绝 H_0，否则接受原假设 H_0，并作出实际问题的合理解释。

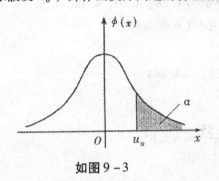

如图 9-3　　　　　　　　　　如图 9-4

（二）假设检验的几种基本方法

1. U 检验法

设总体 $X \sim N(\mu, \sigma^2)$，其中方差 σ^2 为已知，从中抽取容量为 n 的样本，利用标准正态分布检验正态总体均值 $\mu = \mu_0$ 的 U 检验法的步骤如下：

（1）提出假设 $H_0: \mu = \mu_0$

（2）检验统计量 U

$$U = \frac{\bar{X} - \mu_0}{\sigma / \sqrt{n}} \sim N(0,1)$$

由给定的样本值，计算出统计量 U 的值 μ

（3）由题目给定的检验水平 α

$P(|U| > u_{\frac{\alpha}{2}}) = \alpha$，查正态分布表，确定临界值 $u_{\frac{\alpha}{2}}$

（4）作出判断

若 $|u| > u_{\frac{\alpha}{2}}$，则否定假设 H_0

若 $|u| \leqslant u_{\frac{\alpha}{2}}$，则接受假设 H_0

从图 9 - 4 知，对于变量 u 而言，拒绝域是区间 $[u_{-\frac{\alpha}{2}}, u_{\frac{\alpha}{2}}]$ 之外的两侧，此检验称为双侧检验。

单边检验的步骤如下：

（1）提出假设 $H_0 : \mu \leqslant \mu_0 (\mu \geqslant \mu_0)$

（2）检验统计量：当总体方差 σ^2 已知时，统计量为

$$U = \frac{\bar{X} - \mu_0}{\sigma / \sqrt{n}}$$

（3）由题目给定的检验水平 a，查正态分布表，确定临界值 u_a

（4）作出判断：

若 $u > u_a (u < -u_a)$，则拒绝假设 H_0

若 $u \leqslant u_a (u \geqslant -u_a)$，则接受假设 H_0

例 1 已知某炼铁厂的铁水含碳量在正常情况下服从正态分布 N（4.55，0.108^2）。现在测了五炉铁水，其含碳量分别为 4.28，4.40，4.42，4.35，4.37 问：如果标准差不改变，总体平均值有无变化？（$\alpha = 0.05$）

解： 由题设 $\sigma^2 = 0.108^2$，且

$$\bar{X} = \frac{1}{5}(4.28 + 4.40 + 4.42 + 4.35 + 4.37) = 4.364$$

检验假设　$H_0 : \mu = \mu_0 = 4.55$

选取统计量　$U = \dfrac{\bar{X} - \mu_0}{\sqrt{\dfrac{\sigma^2}{n}}} = \dfrac{4.364 - 4.55}{\sqrt{\dfrac{0.108^2}{5}}} = -3.85$

查标准正态分布表，$\sigma = 0.05$，有

$\Phi(1.96) = 1 - \dfrac{\alpha}{2} = 0.975$

$Z_{\frac{\alpha}{2}} = Z_{0.025} = 1.96$

因为 $|U| = 3.85 > Z_{\frac{\alpha}{2}}$，故拒绝 H_0，即在 $\alpha = 0.05$ 下，认为含碳量比原来有显著变化。

2. t 检验法

设总体 $X \sim N(\mu, \sigma^2)$，从中抽取容量为 n 的样本，样本均值为 $\overline{X}$，样本方差为 S^2，在方差 σ^2 未知的情况下，利用 t 分布检验均值 $\mu = \mu_0$ 的 t 检验法的步骤如下：

（1）提出假设 $H_0 : \mu = \mu_0$

（2）检验统计量 t

$$t = \frac{\overline{X} - \mu_0}{S/\sqrt{n}} \sim t(n-1)$$

由给定的样本值，计算 t 的值。

（3）由题目给定的检验水平 a，

$P(|t| > t_{\frac{a}{2}}(n-1) = a$，查 t 分布表，确定临界值 $t_{\frac{a}{2}}(n-1)$

（4）作出判断：

若 $|t| > t_{\frac{a}{2}}(n-1)$，则否定假设 H_0

若 $|t| \leqslant t_{\frac{a}{2}}(n-1)$，则接受假设 H_0

未知总体方差时对总体均值 μ 的单边检验的步骤与上面类型，对于给定的检验水平 α：当假设 H_0 为 $\mu \leqslant \mu_0$ 时，有 $P((t > t_a(n-1)) \leqslant a$，即拒绝域为 $t > t_a(n-1)$；当假设 H_0 为 $\mu \geqslant \mu_0$ 时，有 $P((t < -t_a(n-1)) \leqslant a$，即拒绝域为 $t < -t_a(n-1)$。

例 2　一自动车床加工零件的长度服从正态分布 $N(\mu, \sigma^2)$，车床正常时，加工零件长度均值为 10.5，经过一段时间生产后，要检验这车床是否工作正常，为此抽取该车床加工的 31 个零件，测得数据如下：

零件长度	10.1	10.3	10.6	11.2	11.5	11.8	12.0
频数	1	3	7	10	6	3	1

如果加工零件长度方差不变，问此车床工作是否正常？（$\alpha = 0.05$）

解：车床工作是否正常，归结为在 $\alpha = 0.05$ 水平，检验假设 $H_0 : \mu = \mu_0 = 10.5$，$H_1 : \mu \neq \mu_0 = 10.5$ 这是一个正态总体方差未知，对 μ 的假设检验问题，当 H_0 为真时，

$$t = \frac{\overline{x} - \mu_0}{S/\sqrt{n}} \sim t(n-1)$$

按　　　　　　　　　　$P\{|t| > t_{\frac{a}{2}}(n-1)\} = \alpha$

查 t 分布表，确定临界值　　　$t_{\frac{a}{2}}(n-1)$

故 H_0 的拒绝域为　　　　　　$|t| > t_{\frac{a}{2}}(n-1)$

令　$n = 31$，算出　　　　$\overline{X} = 11.08, S = 0.516$，

从而 $\quad |t| = \dfrac{|\overline{X} - \mu_0|}{S/\sqrt{n}} = \dfrac{|11.08 - 10.5|}{0.516/\sqrt{31}} = 6.26$

查 t 分布表得 $t_{\frac{a}{2}}(n-1) = t_{0.025}(30) = 2.0423$

因 $\quad |t| = 6.26 > t_{0.025}(30) = 2.0423$

故拒绝 H_0，即可认为该车床工作不正常。

3. χ^2 检验法

设总体 $X \sim N(\mu, \sigma^2)$，从中抽取容量为 n 的样本，样本方差 S^2，在均值 μ 未知的情况下，利用 χ^2 分布检验方差 $\sigma^2 = \sigma_0^2$ 的 χ^2 检验法的步骤如下：

（1）提出假设 $H_0 : \sigma^2 = \sigma_0^2$

（2）检验统计量 χ^2：

$$\chi^2 = \dfrac{(n-1)S^2}{\sigma_0^2} \sim \chi^2(n-1)$$

由给定的样本值计算 χ^2 的值。

（3）由题目给定的检验水平 a，

$$P(\chi^2 > \chi_{\frac{a}{2}}^2(n-1)) = P(\chi^2 < \chi_{1-\frac{a}{2}}^2(n-1)) = \dfrac{a}{2}$$

查 χ^2 分布表，确定出临界值 $\chi_{\frac{a}{2}}^2(n-1)$ 与 $\chi_{1-\frac{a}{2}}^2(n-1)$

（4）作出判断：

若 $\chi^2 > \chi_{\frac{a}{2}}^2(n-1)$ 或 $\chi^2 < \chi_{1-\frac{a}{2}}^2(n-1)$，则否定假设 H_0

若 $\chi_{1-\frac{a}{2}}^2(n-1) \leqslant \chi^2 \leqslant \chi_{\frac{a}{2}}^2(n-1)$，则接受假设 H_0

在单边检验中，假设 $H_0 : \sigma^2 \leqslant \sigma_0^2$ 的拒绝域为 $\chi^2 > \chi_{\frac{a}{2}}^2(n-1)$；

假设 $H_0 : \sigma^2 \geqslant \sigma_0^2$ 的拒绝域为 $\chi^2 < \chi_{1-a}^2(n-1)$

例 3 包糖机某日开工了 12 包糖，称得重量（单位：克）分别为

$$506 \quad 500 \quad 495 \quad 488 \quad 504 \quad 486$$
$$505 \quad 513 \quad 521 \quad 520 \quad 512 \quad 485$$

假设包装机正常工作时，重量服从正态 N（500，10^2），检验总体方差有无显著变化（$\alpha = 0.05$）

解：依题意，这是双侧检验问题，应得

$H_0 : \sigma^2 = \sigma_0^2 = 100$

样本方差 $s^2 = 12.5^2 = 156.25$，则

$$\chi^2 = \dfrac{(n-1)s^2}{\sigma_0^2} = \dfrac{11 \times 156.25}{100} = 17.1875$$

当 $\alpha = 0.05$ 时，

$$\chi_{1-\frac{a}{2}}^2(n-1) = \chi_{0.975}^{2}(11) = 3.816$$

$$\chi_{\frac{a}{2}}^2(n-1) = \chi_{0.025}^{2}(11) = 21.920$$

因为 $\chi^2_{0.975}(11) < \chi^2 < \chi^2_{0.025}(11)$，

所以 接受 H_0；即没有理由认为总体方差异于 100

4. F 检验法

设总体 $X \sim N(\mu_1, \sigma_1{}^2)$，$Y \sim N(\mu_2, \sigma_2{}^2)$，从 X，Y 中分别抽取容量为 n_1、n_2 的样本，样本方差分别为 S_1^2、S_2^2，在未知均值 μ_1，μ_2 的情况下，利用 F 分别检验方差 $\sigma_1^2 = \sigma_2^2$ 的 F 检验法的步骤如下：

(1) 提出假设 $H_0 : \sigma_1{}^2 = \sigma_2^2$

(2) 检验统计量：

$$F = \frac{S_1^2}{S_2^2} \sim F(n_1 - 1, n_2 - 1)$$

由给定的样本值，计算 F 的值。

(3) 由题目给定的检验水平 α，

$$P(F > F_{\frac{\alpha}{2}}(n_1 - 1, n_2 - 1)) = P(F < F_{1-\frac{\alpha}{2}}(n_1 - 1, n_2 - 1)) = \frac{\alpha}{2}$$

查 F 分布表，确定临界值

$$F_{\frac{\alpha}{2}}(n_1 - 1, n_2 - 1) \text{ 及 } F_{1-\frac{\alpha}{2}}(n_1 - 1, n_2 - 1) = \frac{1}{F_{\frac{\alpha}{2}}(n_2 - 1, n_1 - 1)}$$

(4) 作出判断：

若 $F > F_{\frac{\alpha}{2}}(n_1 - 1, n_2 - 1)$ 或 $F < F_{1-\frac{\alpha}{2}}(n_1 - 1, n_2 - 1)$，则否定假设 H_0

若 $F_{1-\frac{\alpha}{2}}(n_1 - 1, n_2 - 1) \leqslant F \leqslant F_{\frac{\alpha}{2}}(n_1 - 1, n_2 - 1)$，则接受假设 H_0

一个正态总体的有关检验

原假设 H_0	条件	检验法	选用统计量	统计量分布	在显著水平 α 下，H_0 的拒绝域
$\mu = \mu_0$ (μ_0 为常数)	σ^2 已知	U	$U = \dfrac{\bar{X} - \mu_0}{\sigma/\sqrt{n}}$	$N(0,1)$	$(-\infty, -U_{\frac{\alpha}{2}}) \cup (U_{\frac{\alpha}{2}}, +\infty)$
	σ^2 未知	T	$T = \dfrac{\bar{X} - \mu_0}{S/\sqrt{n}}$	$t(n-1)$	$(-\infty, -T_{\frac{\alpha}{2}}(n-1)) \cup (T_{\frac{\alpha}{2}}(n-1), +\infty)$
$\sigma^2 = \sigma_0{}^2$ (σ_0^2 为常数)	μ 未知	χ^2	$\chi^2 = \dfrac{(n-1)s^2}{\sigma^2}$	$\chi^2(n-1)$	$(0, \chi^2_{1-\frac{\alpha}{2}}(n-1)) \cup (\chi^2_{\frac{\alpha}{2}}(n-1), +\infty)$

习题 9-2

1. 从方差为 150^2 的正态总体中随机抽取容量为 26 的样本，算得 $\overline{X} = 1637$，问在显著性水平为 0.05 的情况下能否认为这批产品的均值为 1600？

2. 正常人的脉博平均为 72 次/分，今对某种疾病患者 10 人测其脉博为（单位：次/分）54 68 65 77 70 64 69 72 62 71 设患者的脉博次数 X 服从正态分布，试问患者的脉博与正常人有无显著差异？（$a = 0.05$）

3. 某种导线的电阻服从正态分布 $N(\mu, 0.005^2)$，今从新生产的产品中抽取 9 根，测其电阻得 $S = 0.008$ 欧姆，在显著水平 $a = 0.05$ 下，能否认为这批导线电阻的方差较正常时显著地偏大了？

第九章总复习题

（一）填空题

1. 设随机变量 $\xi \sim N(u, \sigma^2)$，则 $E(\xi) = $ _____ ，$D(\xi) = $ _____

2. 总体 $X \sim N(u, \sigma^2)$，当 σ^2 未知时，对 $H_0: \mu = \mu_0$ 的检验，利用 _____ 检验法，选用的统计量为 _____

3. 总体 $X \sim N(u, \sigma^2)$，当 σ^2 已知时，对 $H_0: \mu = \mu_0$ 的检验，利用检验法，选用的统计量为 _____

4. 设总体 $X \sim N(u, \sigma^2)$，设样本 $X_1, \cdots, X_n$ 为来自该总体，$\overline{X}$ 为样本均值，则 $D(\overline{X}) = $ _____

5. 设 $X_1, X_2, \cdots, X_n$ 为总体 X 的一个样本，$E(X) = u$，$D(X) = \sigma^2$，$\overline{X}$ 为样本均值，则有 $E(\overline{X}) = $ _____ ，$D(\overline{X}) = $ _____

6. 查表求：$x_{0.975}^2(8) = $ _____ ，$t_{0.05}(10) = $ _____ ，$F_{0.1}(4.5) = $ _____ ，$x_{0.025}^2(18) = $ _____ ，$F_{0.95}(25.7) = $ _____ ，$t_{0.99}(14) = $ _____

7. u 检验和 t 检验都是关于 _____ 的假设检验，当 _____ 已知时，用 u 检验，当 _____ 未知时，用 t 检验。

8. 在 u 检验时，用统计量 $U = \dfrac{\overline{X} - \mu_0}{\sigma_0 / \sqrt{n}}$，若 $H_0: \mu = \mu_0$ 时，用 _____ 检验，它的拒绝域为 _____ ；若 $H_0: \mu \geqslant \mu_0$ 时，用 _____ 检验，它的拒绝域为 _____

9. 设 $\xi \sim N(\mu_1, \sigma^2)$，$\eta \sim N(\mu_2, \sigma^2)$，则 ξ, η 相互独立，其样本容量为 n_1 与 n_2，样本方差分别为 s_1^2, s_2^2，则统计量 $F = \dfrac{s_1^2}{s_2^2}$ 服从 $F(n_1 - 1, n_2 - 1)$ 的条件是 _____

10. 设一组观察值为 4, 6, 4, 3, 5, 4, 5, 8, 4, 则样本均值为 _____ __, 样本方差为 _____

11. 假设检验的步骤为: (1) _____ (2) _____ (3) _____ (4) _____ (5) _____

12. 设 X_1, X_2, $\cdots X_n$ 为来自总体 $X \sim N(\mu, \sigma^2)$ 的样本, 已知 σ^2 为常数, 要检验假设 $H_0 : \mu = \mu_0$(μ_0 为已知常数) 时, 选用的统计量为____, 当 H_0 成立时, 该统计量服从____分布。

(二) 选择题

1. 在假设检验中, 检验的显著性水平 α 的意义是 (　　)

A. 假设 H_0 成立, 经检验被拒绝的概率

B. 假设 H_0 成立, 经检验不被拒绝的概率

C. 假设 H_0 不成立, 经检验被拒绝的概率

D. 假设 H_0 不成立, 经检验不能被拒绝的概率

2. 在假设检验中, 记 H_0 为原假设, 则称 (　　) 为第一类错误

A. H_0 为真, 接受 H_0　　　　　　B. H_0 不真, 拒绝 H_0

C. H_0 为真, 拒绝 H_0　　　　　　D. H_0 不真, 接受 H_0

3. 对显著水平 α 检验结果而言, 犯第一类 (去真) 错误的概率 P (拒绝 H_0 | H_0 为真) = (　　)

· A. 不是 α　　　B. $1 - \alpha$　　　C. 大于 α　　　D. 小于或等于 α

4. 设总体 X 服从正态分布 $N(\mu, \sigma^2)$, 其中 μ 已知, σ^2 未知, X_1, X_2, X_3 是取自总体 X 的一个样本, 则非统计量是 (　　)

A. $\frac{1}{3}(X_1 + X_2 + X_3)$　　　　　　B. $X_1 + X_2 + X_3$

C. $\max(X_1, X_2, X_3)$　　　　　　D. $\frac{1}{\sigma^2}(X_1 + X_2 + X_3)$

5. 在对总体的假设检验中, 若给定显著性水平为 α, 则犯第一类错误的概率为 (　　)

A. $1 - \alpha$　　　B. α　　　C. $\frac{\alpha}{2}$　　　D. 不能确定

(三) 解答题

1. 从正态总体中抽取容量为 9 的样本, 样本均值为 $\overline{X} = 12$, 样本标准差为 S = 3, 在置信水平 0.95 下求 μ 和 σ^2 的置信区间。

2. 在正态总体 N ($52, 6.3^2$) 中, 随机抽取一容量为 36 的样本, 求样本均值落在 50.8 至 53.8 之间的概率。

3. 假定初生婴儿 (男孩) 的体重服从正态分布, 随机抽取 12 名新生婴儿, 测得其体重为 3100, 2520, 3000, 3000, 3600, 3160, 3560, 3320, 2880, 2600,

3400，2540（单位：g），试以95%的置信度估计新生男婴的平均体重。

4. 分别使用金球和铂球测定引力常数（单位：$10^{-11}m^3kg^{-1}s^{-2}$）

（1）用金球测定观察值为 6.683　6.681　6.676　6.678　6.679　6.672

（2）用铂球测定观察值为 6.661　6.661　6.667　6.667　6.664

设测定值总体为 $N(\mu,\sigma^2)$，μ,σ^2 均为未知，试变（1），（2）两种情况分别求 μ 的置信度为 0.9 的置信区间，并求 σ^2 的置信度为 0.9 的置信区间。

5. 某车间的白糖包装机包装机量 $X \sim N(\mu_0,\sigma^2)$，其中，$\mu_0 = 500$ 克，σ^2 未知。一天开工后为检验包装量是否正常，抽取了已装好的糖 9 袋，算得样本均值 $\bar{x} = 504$ 克，样本标准差为 $S = 5$ 克，试确定包装机工作是否正常？（显著性水平 $\alpha = 0.01$）

6. 根据长期经验分析，某磁砖厂生产的磁砖的抗断强度 $X \sim N(\mu,\sigma^2)$，现从该厂的产品中随机抽取 6 块，测得其抗断强度（单位：$10^6 Pa$）如下：

$$3.256 \quad 2.966 \quad 3.164 \quad 3.000 \quad 3.187 \quad 3.103$$

假设 σ^2 未知，检验这批瓷砖的平均抗断强度为 $3.250 \times 10^6 Pa$ 是否成立？（取 $\alpha = 0.05$）

7. 调查 144 人中每个人的吸烟量，计算得到样本均值为 12 支，假定吸烟量服从正态分布，已知 $\sigma = 4$，求平均吸烟量 μ 的置信区间（置信水平为 0.99）。

第九章测试题

1. 从总体 X 中任意抽取一个容量为 10 的样本，样本值为

4.5，2.0，1.0，1.5，3.5，4.5，6.5，5.0，3.5，4.0，

试分别计算样本均值 $\bar{x}$ 及样本方差 S^2。

2. 从自动机床加工同类零件中抽取 16 件，测量长度值为（单位：mm）

12.15　12.12　12.01　12.28　12.09　12.16　12.03　12.01

12.06　12.13　12.07　12.11　12.08　12.01　12.03　12.06

求方差 σ^2 的置信度 0.95 的置信区间。

3. 某厂生产钢筋，某标准强度为 52（单位：Pa），今抽取 6 炉样本，测得其样本为：

$$48.5 \quad 49.0 \quad 53.5 \quad 49.5 \quad 56.0 \quad 52.5$$

已知钢筋强度 x 服从正态分布，试判断这批产品是否合格？（$\alpha = 0.05$）

4. 根据对过去几年考试成绩的统计，某校高等数学考试成绩分布接近于正态分布 $N(78.5，7.62)$，今年某班 40 名学生的高等数学考试成绩如下：

81　77　70　73　65　79　85　86　78　68

74　85　67　74　83　86　76　74　65　79

77　71　64　60　80　86　79　83　88　83

　　　　　66　74　66　73　83　77　81　88　74　79

问该班学生的高等数学水平与历届学生相比如何?

5. 某手表厂生产的新款手表的走时误差服从正态分布,检验员随机从装配线上抽取 9 只进行检测,测得结果如下:

　　−40　　3.1　　2.5　　−2.9　　0.9　　1.1　　2.0　　−3.0　　2.8

求该手表置信水平为 0.95 的走时误差均值 μ 和方差 σ^2 的置信区间。

6. 某车间生产滚珠,从长期实践中知道,滚珠直径 X 服从正态分布,从某天产品里随机抽取 6 个,测得直径 (单位: mm) 分别为: 14.6, 15.1, 14.9, 14.8, 15.2, 15.1,若总体方差 $\sigma^2 = 0.06$,求总体均值 μ 的置信区间 ($\alpha = 0.05$, $\alpha = 0.01$)

7. 用某仪器间接测量某高炉内的温度 (单位: $^{\circ}C$),重复测量 5 次,得: 1250,1265,1245,1260,1275,求温度真值的置信度为 95% 的置信区间。

8. 超市销售一种新产品,统计前 6 天的销售量,分别为 (单位:个):

　　　　　　　42　36　38　45　39　40

求这个新产品平均每天的销售量、方差和标准差。

9. 用某仪器间接测量温度,重复测量 5 次,得:

1250° 1265° 1245° 1260° 1275°。

求温度真值的置信度 95 % 的置信区间。

附录一　基本初等函数的图形

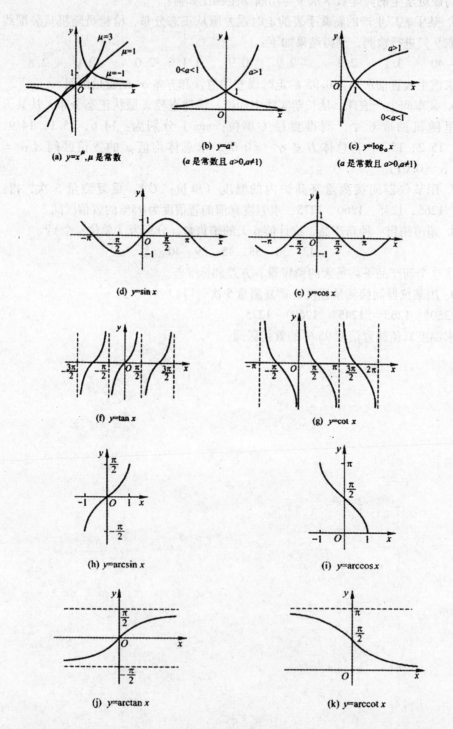

(a) $y=x^{\mu}$, μ 是常数

(b) $y=a^{x}$
(a 是常数且 $a>0,a\neq1$)

(c) $y=\log_{a}x$
(a 是常数且 $a>0,a\neq1$)

(d) $y=\sin x$

(e) $y=\cos x$

(f) $y=\tan x$

(g) $y=\cot x$

(h) $y=\arcsin x$

(i) $y=\arccos x$

(j) $y=\arctan x$

(k) $y=\text{arccot}\,x$

附录二　简易积分表

（一）含有 $a+bx$ 的积分

1. $\int \dfrac{\mathrm{d}x}{a+bx} = \dfrac{1}{b}\ln|a+bx| + c$

2. $\int (a+bx)^n \mathrm{d}x = \dfrac{(a+bx)^{n+1}}{b(n+1)} + c\,(n\neq -1)$

3. $\int \dfrac{x\mathrm{d}x}{a+bx} = \dfrac{1}{b^2}[a+bx-a\ln|a+bx|] + c$

4. $\int \dfrac{x^2\mathrm{d}x}{a+bx} = \dfrac{1}{b^3}\left[\dfrac{1}{2}(a+bx)^2 - 2a(a+bx) + a^2\ln|a+bx|\right] + c$

5. $\int \dfrac{\mathrm{d}x}{x(a+bx)} = -\dfrac{1}{a}\ln\left|\dfrac{a+bx}{x}\right| + c$

6. $\int \dfrac{\mathrm{d}x}{x^2(a+bx)} = -\dfrac{1}{ax} + \dfrac{b}{a^2}\ln\left|\dfrac{a+bx}{x}\right| + c$

7. $\int \dfrac{x\mathrm{d}x}{(a+bx)^2} = \dfrac{1}{b^2}\left[\ln|a+bx| + \dfrac{a}{a+bx}\right] + c$

8. $\int \dfrac{x^2\mathrm{d}x}{(a+bx)^2} = \dfrac{1}{b^3}\left[a+bx-2a\ln|a+bx| - \dfrac{a^2}{a+bx}\right] + c$

9. $\int \dfrac{\mathrm{d}x}{x(a+bx)^2} = \dfrac{1}{a(a+bx)} - \dfrac{1}{a^2}\ln\left|\dfrac{a+bx}{x}\right| + c$

（二）含有 $\int \sqrt{a+bx}$ 的积分

10. $\int \sqrt{a+bx}\,\mathrm{d}x = \dfrac{2}{3b}\sqrt{(a+bx)^3} + c$

11. $\int x\sqrt{a+bx}\,\mathrm{d}x = -\dfrac{2(2a-3bx)\sqrt{(a+bx)^3}}{15b^2} + c$

12. $\int \sqrt{a+bx}\,\mathrm{d}x = \dfrac{2(8a^2-12abx+15b^2x^2)\sqrt{(a+bx)^3}}{105b^3} + c$

13. $\int \dfrac{x\mathrm{d}x}{\sqrt{a+bx}} = -\dfrac{2(2a-bx)}{3b^2}\sqrt{a+bx} + c$

14. $\int \dfrac{x^2\mathrm{d}x}{\sqrt{a+bx}} = \dfrac{2(8a^2-4abx+3b^2x^2)}{15b^3}\sqrt{a+bx} + c$

15. $\int \dfrac{\mathrm{d}x}{x\sqrt{a+bx}} = \begin{cases} \dfrac{1}{\sqrt{a}}\ln\left|\dfrac{\sqrt{a+bx}-\sqrt{a}}{\sqrt{a+bx}+\sqrt{a}}\right| + c\,(a>0) \\[3mm] \dfrac{2}{-\sqrt{a}}\arctan\sqrt{\dfrac{a+bx}{-a}} + c\,(a<0) \end{cases}$

16. $\int \dfrac{\mathrm{d}x}{x^2 \sqrt{a+bx}} = -\dfrac{\sqrt{a+bx}}{ax} - \dfrac{b}{2a}\int \dfrac{\mathrm{d}x}{x \sqrt{a+bx}}$

17. $\int \dfrac{\sqrt{a+bx}}{x}\mathrm{d}x = 2\sqrt{a+bx} + a\int \dfrac{\mathrm{d}x}{x \sqrt{a+bx}}$

（三）含有 $a^2 \pm x^2$ 的积分

18. $\int \dfrac{\mathrm{d}x}{a^2+x^2} = \dfrac{1}{a}\arctan \dfrac{x}{a} + c$

19. $\int \dfrac{\mathrm{d}x}{(x^2+a^2)^n} = \dfrac{x}{2(n-1)a^2(x^2+a^2)^{n-1}} + \dfrac{2n-3}{2(n-1)a^2}\int \dfrac{\mathrm{d}x}{(x^2+a^2)^{n-1}}$

20. $\int \dfrac{\mathrm{d}x}{a^2-x^2} = \dfrac{1}{2a}\ln \left| \dfrac{a+x}{a-x} \right| + c$

21. $\int \dfrac{\mathrm{d}x}{x^2-a^2} = \dfrac{1}{2a}\ln \left| \dfrac{x-a}{x+a} \right| + c$

（四）含有 $a^2 \pm bx^2$ 的积分

22. $\int \dfrac{\mathrm{d}x}{a+bx^2} = \dfrac{1}{\sqrt{ab}}\arctan \sqrt{\dfrac{b}{a}}x + c(a>0, b>0)$

23. $\int \dfrac{\mathrm{d}x}{a-bx^2} = \dfrac{1}{2\sqrt{ab}}\ln \left| \dfrac{\sqrt{a}+\sqrt{b}x}{\sqrt{a}-\sqrt{b}x} \right| + c(a>0, b>0)$

24. $\int \dfrac{\mathrm{d}x}{a+bx^2} = \dfrac{1}{2b}\ln |a+bx^2| + c$

25. $\int \dfrac{x^2\mathrm{d}x}{a+bx^2} = \dfrac{x}{b} - \dfrac{a}{b}\int \dfrac{\mathrm{d}x}{a+bx^2}$

26. $\int \dfrac{\mathrm{d}x}{x(a+bx)^2} = \dfrac{1}{2a}\ln \left| \dfrac{x^2}{a+bx^2} \right| + c$

27. $\int \dfrac{\mathrm{d}x}{x^2(a+bx)} = -\dfrac{1}{ax} - \dfrac{b}{a}\int \dfrac{\mathrm{d}x}{a+bx^2}$

28. $\int \dfrac{\mathrm{d}x}{(a+bx^2)^2} = \dfrac{x}{2a(a+bx^2)} + \dfrac{1}{2a}\int \dfrac{\mathrm{d}x}{a+bx^2}$

（五）含有 $\sqrt{x^2 \pm a^2}$ 的积分

29. $\int \sqrt{x^2 \pm a^2}\,\mathrm{d}x = \dfrac{x}{2}\sqrt{x^2 \pm a^2} \pm \dfrac{a^2}{2}\ln \left| x + \sqrt{x^2 \pm a^2} \right| + c$

30. $\int \sqrt{(x^2 \pm a^2)^3}\,\mathrm{d}x = \dfrac{x}{8}(2x^2 \pm 5a^2)\sqrt{x^2 \pm a^2} + \dfrac{3a^4}{8}\ln \left| x + \sqrt{x^2 \pm a^2} \right| + c$

31. $\int x\sqrt{x^2 \pm a^2}\,\mathrm{d}x = \dfrac{\sqrt{(x^2 \pm a^2)^3}}{3} + c$

32. $\int x^2 \sqrt{x^2 \pm a^2}\,\mathrm{d}x = \dfrac{x}{8}(2x^2 \pm a^2)\sqrt{x^2 \pm a^2} - \dfrac{a^4}{8}\ln \left| x + \sqrt{x^2 \pm a^2} \right| + c$

33. $\int \dfrac{\mathrm{d}x}{\sqrt{(x^2 \pm a^2)^3}} = \ln \left| x + \sqrt{x^2 \pm a^2} \right| + c$

34. $\int \dfrac{\mathrm{d}x}{\sqrt{(x^2 \pm a^2)^3}} = \pm \dfrac{x}{a^2 \sqrt{x^2 \pm a^2}} + c$

35. $\int \dfrac{x\mathrm{d}x}{\sqrt{x^2 \pm a^2}} = \sqrt{x^2 \pm a^2} + c$

36. $\int \dfrac{x^2 \mathrm{d}x}{\sqrt{x^2 \pm a^2}} = \dfrac{x}{2} \sqrt{x^2 \pm a^2} \pm \dfrac{a^2}{2} \ln \left| x + \sqrt{x^2 \pm a^2} \right| + c$

37. $\int \dfrac{x^2 \mathrm{d}x}{\sqrt{(x^2 \pm a^2)^3}} = - \dfrac{x}{\sqrt{x^2 \pm a^2}} + \ln \left| x + \sqrt{x^2 \pm a^2} \right| + c$

38. $\int \dfrac{\mathrm{d}x}{x \sqrt{x^2 \pm a^2}} = \dfrac{1}{a} \ln \dfrac{|x|}{a + \sqrt{x^2 \pm a^2}} + c$

39. $\int \dfrac{\mathrm{d}x}{x \sqrt{x^2 - a^2}} = \dfrac{1}{a} \arccos \dfrac{a}{x} + c$

40. $\int \dfrac{\mathrm{d}x}{x^2 \sqrt{x^2 \pm a^2}} = \pm \dfrac{\sqrt{x^2 \pm a^2}}{a^2 x} + c$

41. $\int \dfrac{\sqrt{x^2 + a^2}}{x} \mathrm{d}x = \sqrt{x^2 + a^2} - a\ln \dfrac{a + \sqrt{x^2 + a^2}}{|x|} + c$

42. $\int \dfrac{\sqrt{x^2 - a^2}}{x} \mathrm{d}x = \sqrt{x^2 - a^2} - a\arccos \dfrac{a}{x} + c$

43. $\int \dfrac{\sqrt{x^2 \pm a^2}}{x^2} \mathrm{d}x = - \dfrac{\sqrt{x^2 \pm a^2}}{x} + \ln \left| x + \sqrt{x^2 \pm a^2} \right| + c$

（六）含有 $\sqrt{a^2 - x^2}$ 的积分

44. $\int \dfrac{\mathrm{d}x}{\sqrt{a^2 - x^2}} = \arcsin \dfrac{x}{a} + c$

45. $\int \dfrac{\mathrm{d}x}{\sqrt{(a^2 - x^2)^3}} = \dfrac{x}{a^2 \sqrt{a^2 - x^2}} + c$

46. $\int \dfrac{x\mathrm{d}x}{\sqrt{a^2 - x^2}} = - \sqrt{a^2 - x^2} + c$

47. $\int \dfrac{x\mathrm{d}x}{\sqrt{(a^2 - x^2)^3}} = \dfrac{1}{\sqrt{a^2 - x^2}} + c$

48. $\int \dfrac{x^2 \mathrm{d}x}{\sqrt{a^2 - x^2}} = - \dfrac{x}{2} \sqrt{a^2 - x^2} + \dfrac{a^2}{2} \arcsin \dfrac{x}{a} + c$

49. $\int \sqrt{a^2 - x^2}\, \mathrm{d}x = \dfrac{x}{2} \sqrt{a^2 - x^2} + \dfrac{a^2}{2} \arcsin \dfrac{x}{a} + c$

50. $\int \sqrt{(a^2-x^2)^3}\,dx = \dfrac{x}{8}(5a^2-2x^2)\sqrt{a^2-x^2} + \dfrac{3a^4}{8}\arcsin\dfrac{x}{a} + c$

51. $\int x\sqrt{a^2-x^2}\,dx = -\dfrac{\sqrt{(a^2-x^2)^3}}{3} + c$

52. $\int x^2\sqrt{a^2-x^2}\,dx = \dfrac{x}{8}(2x^2-a^2)\sqrt{a^2-x^2} + \dfrac{a^4}{8}\arcsin\dfrac{x}{a} + c$

53. $\int \dfrac{x^2\,dx}{\sqrt{(a^2-x^2)^3}} = \dfrac{x}{\sqrt{a^2-x^2}} - \arcsin\dfrac{x}{a} + c$

54. $\int \dfrac{dx}{x\sqrt{a^2-x^2}} = \dfrac{1}{a}\ln\left|\dfrac{x}{a+\sqrt{a^2-x^2}}\right| + c$

55. $\int \dfrac{dx}{x^2\sqrt{a^2-x^2}} = -\dfrac{\sqrt{a^2-x^2}}{a^2x} + c$

56. $\int \dfrac{\sqrt{a^2-x^2}}{x}\,dx = \sqrt{a^2-x^2} - a\ln\left|\dfrac{a+\sqrt{a^2-x^2}}{x}\right| + c$

57. $\int \dfrac{\sqrt{a^2-x^2}}{x^2}\,dx = -\dfrac{\sqrt{a^2-x^2}}{x} - \arcsin\dfrac{x}{a} + c$

（七）含有 $a+bx\pm cx^2$ 的积分（$c>0$）

58. $\int \dfrac{dx}{a+bx+cx^2} = \begin{cases} \dfrac{2}{\sqrt{4ac-b^2}}\arctan\dfrac{2cx+b}{\sqrt{4ac-b^2}} + c & (b^2<4ac) \\[3mm] \dfrac{1}{\sqrt{b^2-4ac}}\ln\left|\dfrac{2cx+b-\sqrt{b^2-4ac}}{2cx+b+\sqrt{b^2-4ac}}\right| + c & (b^2>4ac) \end{cases}$

59. $\int \dfrac{dx}{\sqrt{a+bx+cx^2}} = \dfrac{1}{\sqrt{c}}\ln\left|2cx+b+2\sqrt{c}\sqrt{a+bx+cx^2}\right| + c$

60. $\int \sqrt{a+bx+cx^2}\,dx = \dfrac{2cx+b}{4c}\sqrt{a+bx\pm cx^2} - \dfrac{b^2-4ac}{8\sqrt{c^3}}\ln$

$\left|2cx+b+2\sqrt{c}\sqrt{a+bx+cx^3}\right| + c$

61. $\int \dfrac{x\,dx}{\sqrt{a+bx+cx^2}} = \dfrac{\sqrt{a+bx+cx^2}}{c} - \dfrac{b}{2\sqrt{c^3}}\ln\left|2cx+b+2\sqrt{c}\sqrt{a+bx+cx^2}\right| + c$

62. $\int \dfrac{dx}{\sqrt{a+bx+cx^2}} = \dfrac{1}{\sqrt{c}}\arcsin\dfrac{2cx-b}{\sqrt{b^2+4ac}} + c$

63. $\int \sqrt{a+bx-cx^2}\,dx = \dfrac{2cx-b}{4c}\sqrt{a+bx-cx^2} + \dfrac{b^2+4ac}{8\sqrt{c^3}}\arcsin\dfrac{2cx-b}{\sqrt{b^2+4ac}} + c$

64. $\int \dfrac{x\,dx}{\sqrt{a+bx-cx^2}} = -\dfrac{\sqrt{a+bx-cx^2}}{c} + \dfrac{b}{2\sqrt{c^3}}\arcsin\dfrac{2cx-b}{\sqrt{b^2+4ac}} + c$

（八）含有 $\sqrt{\dfrac{a \pm x}{b \pm x}}$ 的积分和含有 $\sqrt{(x-a)(b-x)}$ 的积分

65. $\displaystyle\int \sqrt{\frac{a+x}{b+x}}\mathrm{d}x = \sqrt{(a+x)(b+x)} + (a-b)\ln(\sqrt{a+x} + \sqrt{b+x}) + c$

66. $\displaystyle\int \sqrt{\frac{a-x}{b+x}}\mathrm{d}x = \sqrt{(a-x)(b+x)} + (a+b)\arcsin\sqrt{\frac{x+b}{a+b}} + c$

67. $\displaystyle\int \sqrt{\frac{a+x}{b-x}}\mathrm{d}x = -\sqrt{(a+x)(b-x)} - (a+b)\arcsin\sqrt{\frac{b-x}{a+b}} + c$

68. $\displaystyle\int \frac{\mathrm{d}x}{\sqrt{(x-a)(b-x)}} = 2\arcsin\sqrt{\frac{x-a}{b-a}} + c$

（九）含有三角函数的积分

69. $\displaystyle\int \sin x\mathrm{d}x = -\cos x + c$

70. $\displaystyle\int \cos x\mathrm{d}x = \sin x + c$

71. $\displaystyle\int \tan x\mathrm{d}x = -\ln|\cos x| + c$

72. $\displaystyle\int \cot x\mathrm{d}x = \ln|\sin x| + c$

73. $\displaystyle\int \sec x\mathrm{d}x = \ln|\sec x + \tan x| + c = \ln\left|\tan\left(\frac{\pi}{4} + \frac{x}{2}\right)\right| + c$

74. $\displaystyle\int \csc x\mathrm{d}x = \ln|\csc x - \cot x| + c = \ln\left|\tan\frac{x}{2}\right| + c$

75. $\displaystyle\int \sec^2 x\mathrm{d}x = \tan x + c$

76. $\displaystyle\int \csc^2 x\mathrm{d}x = -\cot x + c$

77. $\displaystyle\int \sec x\tan x\mathrm{d}x = \sec x + c$

78. $\displaystyle\int \csc x\cot x\mathrm{d}x = -\csc x + c$

79. $\displaystyle\int \sin^2 x\mathrm{d}x = \frac{x}{2} - \frac{1}{4}\sin 2x + c$

80. $\displaystyle\int \cos^2 x\mathrm{d}x = \frac{x}{2} + \frac{1}{4}\sin 2x + c$

81. $\displaystyle\int \sin^n x\mathrm{d}x = -\frac{\sin^{n-1}x\cos x}{n} + \frac{n-1}{n}\int \sin^{n-2}x\mathrm{d}x$

82. $\displaystyle\int \cos^n x\mathrm{d}x = \frac{\cos^{n-1}x\sin x}{n} + \frac{n-1}{n}\int \cos^{n-2}x\mathrm{d}x$

83. $\displaystyle\int \frac{\mathrm{d}x}{\sin^n x} = -\frac{1}{n-1}\frac{\cos x}{\sin^{n-1} x} + \frac{n-2}{n-1}\int \frac{\mathrm{d}x}{\sin^{n-2} x}$

84. $\displaystyle\int \frac{\mathrm{d}x}{\cos^n x} = \frac{1}{n-1}\frac{\sin x}{\cos^{n-1} x} + \frac{n-2}{n-1}\int \frac{\mathrm{d}x}{\cos^{n-2} x}$

85. $\displaystyle\int \cos^m \sin^n x\,\mathrm{d}x = \frac{\cos^{m-1} x \sin^{n+1} x}{m+n} + \frac{m-1}{m+n}\int \cos^{m-2} x\sin^n x\,\mathrm{d}x$

$\displaystyle\qquad\quad = -\frac{\sin^{n-1} x\cos^{m+1} x}{m+n} + \frac{n-1}{m+n}\int \cos^m x\sin^{n-2} x\,\mathrm{d}x$

86. $\displaystyle\int \sin mx\cos nx\,\mathrm{d}x = -\frac{\cos(m+n)x}{2(m+n)} - \frac{\cos(m-n)x}{2(m-n)} + c \ (m\neq n)$

87. $\displaystyle\int \sin mx\sin nx\,\mathrm{d}x = -\frac{\sin(m+n)x}{2(m+n)} + \frac{\sin(m-n)x}{2(m-n)} + c \ (m\neq n)$

88. $\displaystyle\int \cos mx\cos nx\,\mathrm{d}x = \frac{\sin(m+n)x}{2(m+n)} + \frac{\sin(m-n)x}{2(m-n)} + c \ (m\neq n)$

89. $\displaystyle\int \frac{\mathrm{d}x}{a+b\sin x} = \begin{cases} \dfrac{2}{\sqrt{a^2-b^2}}\arctan\dfrac{a\tan\frac{x}{2}+b}{\sqrt{a^2-b^2}} + c \ (a^2>b^2) \\[4mm] \dfrac{1}{\sqrt{b^2-a^2}}\ln\left| \dfrac{a\tan\frac{x}{2}+b-\sqrt{b^2-a^2}}{a\tan\frac{x}{2}+b+\sqrt{b^2-a^2}} \right| + c \ (a^2<b^2) \end{cases}$

90. $\displaystyle\int \frac{\mathrm{d}x}{a+b\cos x} = \begin{cases} \dfrac{2}{\sqrt{a^2-b^2}}\arctan\left(\sqrt{\dfrac{a-b}{a+b}}\tan\dfrac{x}{2}\right) + c \ (a^2>b^2) \\[4mm] \dfrac{1}{\sqrt{b^2-a^2}}\ln\left| \dfrac{\sqrt{b^2-a^2}\tan\frac{x}{2}+b+a}{\sqrt{b^2-a^2}\tan\frac{x}{2}-b-a} \right| + c\,(a^2<b^2) \end{cases}$

91. $\displaystyle\int \frac{\mathrm{d}x}{a^2\cos^2 + b^2\sin^2 x} = \frac{1}{ab}\arctan\left(\frac{b\tan x}{a}\right) + c$

92. $\displaystyle\int \frac{\mathrm{d}x}{a^2\cos^2 - b^2\sin^2 x} = \frac{1}{2ab}\ln\left| \frac{b\tan x + a}{b\tan x - a} \right| + c$

93. $\displaystyle\int x\sin ax\,\mathrm{d}x = \frac{1}{a^2}\sin ax - \frac{1}{a}x\cos ax + c$

94. $\displaystyle\int x^n\sin ax\,\mathrm{d}x = -\frac{x^n}{a}\cos ax + \frac{n}{a}\int x^{n-1}\cos ax\,\mathrm{d}x$

95. $\displaystyle\int x\cos ax\,\mathrm{d}x = \frac{1}{a^2}\cos ax + \frac{1}{a}x\sin ax + c$

96. $\displaystyle\int x^n\cos ax\,\mathrm{d}x = \frac{x^n}{a}\sin ax - \frac{n}{a}\int x^{n-1}\sin ax\,\mathrm{d}x$

（十）含有反三角函数的积分

97. $\displaystyle\int \arcsin\frac{x}{a}\mathrm{d}x = x\arcsin\frac{x}{a} + \sqrt{a^2 - x^2} + c$

98. $\displaystyle\int \arcsin\frac{x}{a}\mathrm{d}x = (\frac{x^2}{2} - \frac{a^2}{4})\arcsin\frac{x}{a} + \frac{x}{4}\sqrt{a^2 - x^2} + c$

99. $\displaystyle\int x^2\arcsin\frac{x}{a}\mathrm{d}x = \frac{x^3}{3}\arcsin\frac{x}{a} + \frac{1}{9}(x^2 + 2a^2)\sqrt{a^2 - x^2} + c$

100. $\displaystyle\int \frac{\arcsin\dfrac{x}{a}}{x^2}\mathrm{d}x = -\frac{1}{x}\arcsin\frac{x}{a} - \frac{1}{a}\ln\left|\frac{a + \sqrt{a^2 - x^2}}{x}\right| + c$

101. $\displaystyle\int \arccos\frac{x}{a}\mathrm{d}x = x\arccos\frac{x}{a} - \sqrt{a^2 - x^2} + c$

102. $\displaystyle\int \arccos\frac{x}{a}\mathrm{d}x = (\frac{x^2}{2} - \frac{a^2}{4})\arccos\frac{x}{a} - \frac{x}{4}\sqrt{a^2 - x^2} + c$

103. $\displaystyle\int \arccos\frac{x}{a}\mathrm{d}x = \frac{x^3}{3}\arccos\frac{x}{a} - \frac{1}{9}(x^2 + 2a^2)\sqrt{a^2 - x^2} + c$

104. $\displaystyle\int \frac{\arccos\dfrac{x}{a}}{x^2}\mathrm{d}x = -\frac{1}{x}\arccos\frac{x}{a} + \frac{1}{a}\ln\left|\frac{a + \sqrt{a^2 - x^2}}{x}\right| + c$

105. $\displaystyle\int \arctan\frac{x}{a}\mathrm{d}x = x\arctan\frac{x}{a} - \frac{a}{2}\ln(a^2 + x^2) + c$

106. $\displaystyle\int x\arctan\frac{x}{a}\mathrm{d}x = \frac{1}{2}(x^2 + a^2)\arctan\frac{x}{a} - \frac{ax}{2} + c$

107. $\displaystyle\int x^2\arctan\frac{x}{a}\mathrm{d}x = \frac{x^3}{3}\arctan\frac{x}{a} - \frac{a^2 x}{6} + \frac{a^3}{6}\ln(a^2 + x^2) + c$

108. $\displaystyle\int x^n\arctan\frac{x}{a}\mathrm{d}x = \frac{x^{n+1}}{n+1}\mathrm{actan}\frac{x}{a} - \frac{a}{n+1}\int \frac{x^{n+1}}{a^2 + x^2}\mathrm{d}x (n \neq -1)$

109. $\displaystyle\int \frac{\arctan\dfrac{x}{a}}{x^2}\mathrm{d}x = -\frac{1}{x}\arctan\frac{x}{a} - \frac{1}{2a}\ln\frac{a^2 + x^2}{x^2} + c$

（十一）含有指数函数的积分

110. $\displaystyle\int a^x\mathrm{d}x = \frac{a^x}{\ln a} + c$

111. $\displaystyle\int \mathrm{e}^{ax}\mathrm{d}x = \frac{\mathrm{e}^{ax}}{a} + c$

112. $\displaystyle\int \mathrm{e}^{ax}\sin bx\mathrm{d}x = \frac{\mathrm{e}^{ax}(a\sin bx - b\cos bx)}{a^2 + b^2} + c$

113. $\displaystyle\int \mathrm{e}^{ax}\cos bx\mathrm{d}x = \frac{\mathrm{e}^{ax}(b\sin bx + a\cos bx)}{a^2 + b^2} + c$

114. $\int x e^{ax} dx = \dfrac{e^{ax}}{a^2}(ax - 1) + c$

115. $\int x^n e^{ax} dx = \dfrac{x^n e^{ax}}{a} - \dfrac{n}{a} \int x^{n-1} e^{ax} dx$

116. $\int x^n a^{mx} dx = \dfrac{x^n a^{mx}}{m \ln a} - \dfrac{n}{m \ln a} \int x^{n-1} a^{mx} dx$

117. $\int e^{ax} \sin^n bx \, dx = \dfrac{e^{ax} \sin^{n-1} bx}{a^2 + b^2 n^2}(a \sin bx - nb \cos bx) + \dfrac{n(n-1) b^2}{a^2 + b^2 n^2} \int e^{ax} \sin^{n-2} bx \, dx$

118. $\int e^{ax} \cos^n bx \, dx = \dfrac{e^{ax} \cos^{n-1} bx}{a^2 + b^2 n^2}(a \cos bx + nb \sin bx) + \dfrac{n(n-1) b^2}{a^2 + b^2 n^2} \int e^{ax} \cos^{n-2} bx \, dx$

（十二）含有对数函数的积分

119. $\int \ln x \, dx = x \ln x - x + c$

120. $\int \dfrac{dx}{x \ln x} + \ln|\ln x| + c$

121. $\int x^n \ln x \, dx = x^{n+1} \left[\dfrac{\ln x}{n+1} - \dfrac{1}{(n+1)^2} \right] + c$

122. $\int \ln^n x \, dx = x \ln^n x - n \int \ln^{n-1} x \, dx$

123. $\int x^m \ln^n x \, dx = \dfrac{x^{m+1}}{m+1} \ln^n x - \dfrac{n}{m+1} \int x^m \ln^{n-1} x \, dx$

附表一　标准正态分布表

$$\Phi(x) = \int_{-\infty}^{x} \frac{1}{\sqrt{2\pi}} e^{-\frac{x^2}{2}} dx$$

x	0.00	0.01	0.02	0.03	0.04	0.05	0.06	0.07	0.08	0.09
0.0	0.500	5040	5080	5120	5160	5199	5239	5279	5319	5359
0.1	5398	5438	5478	5517	5557	5596	5636	5675	5714	5753
0.2	5793	5832	5871	5910	5948	5987	6026	6064	6103	6141
0.3	6179	6217	6255	6293	6331	6368	6406	6443	6480	6517
0.4	6554	6591	6628	6664	6700	6737	6772	6808	6844	6879
0.5	6915	6950	6985	7019	7054	7088	7123	7157	7190	7224
0.6	7257	7291	7324	7357	7389	7422	7454	7486	7517	7549
0.7	7580	7611	7642	7673	7703	7734	7764	7794	7823	7852
0.8	7881	7910	7939	7967	7995	8023	8051	8078	8106	8133
0.9	8159	8186	8212	8238	8264	8289	8315	8340	8365	8389
1.0	8413	8437	8461	8485	8508	8581	8554	8577	8599	8621
1.1	8643	8665	8686	8708	8729	8749	8770	8790	8810	8830
1.2	8849	8869	8888	8907	8925	8944	8962	8980	8997	9015
1.3	9032	9049	9066	9082	9099	9115	9131	9147	9162	9177
1.4	9191	9207	9222	9236	9251	9265	9279	9292	9306	9319
1.5	9322	9345	9357	9370	9382	9394	9406	9418	9429	9441
1.6	9452	9463	9474	9484	9495	9505	9515	9525	9535	9545
1.7	9554	9564	9573	9582	9591	9599	9608	9616	9625	9633
1.8	9641	9649	9656	9664	9671	9678	9686	9693	9699	9706
1.9	9713	9719	9726	9732	9738	9744	9750	9756	9761	9767
2.0	9772	9778	9783	9788	9793	9798	9803	9808	9812	9817
2.1	9821	9826	9830	9834	9838	9842	9846	9850	9854	9857
2.2	9861	9865	9868	9871	9875	9878	9881	9884	9887	9890
2.3	9893	9896	9898	9901	9904	9906	9909	9911	9913	9916
2.4	9918	9920	9922	9925	9927	9929	9931	9932	9934	9936
2.5	9938	9940	9941	9943	9945	9946	9948	9949	9951	9952
2.6	9953	9955	9956	9957	9959	9960	9961	9962	9963	9964
2.7	9965	9966	9967	9968	9969	9970	9971	9972	9973	9974
2.8	9974	9975	9976	9977	9977	9978	9979	9980	9981	9981
2.9	9981	9982	9982	9983	9984	9984	9985	9985	9986	9986

x	0.0	0.1	0.2	0.3	0.4	0.5	0.6	0.7	0.8	0.9
3.0	0.99865	0.99903	0.99931	0.99952	0.99966	0.99977	0.99984	0.99989	0.99993	0.99995
4.0	0.999968	0.999979	06999987	0.999991	0.999995	0.999997	0.999998	0.999999	0.999999	0.9999995

附表二 χ² 分布表

本表给出了满足 $P\{x^2(n) > x_\alpha^2(n)\} = \alpha$ 的 $x_\alpha^2(n)$ 值，n 为自由度。

n \ α	0.995	0.975	0.95	0.05	0.025	0.005
1	—	0.001	0.004	3.841	5.024	7.879
2	0.010	0.051	0.103	5.991	7.378	10.597
3	0.072	0.216	0.352	7.815	9.348	12.838
4	0.207	0.484	0.711	9.488	11.143	14.860
5	0.412	0.831	1.145	11.071	12.833	16.750
6	0.676	1.237	1.635	12.592	14.449	18.548
7	0.989	1.690	2.167	14.067	16.013	20.278
8	1.344	2.180	2.733	15.507	17.535	21.955
9	1.735	2.700	3.325	16.919	19.023	23.589
10	2.156	3.247	3.940	18.307	20.483	25.188
11	2.603	3.816	4.575	19.675	21.920	26.757
12	3.074	4.404	5.226	21.026	23.337	28.299
13	3.565	5.009	5.892	22.362	24.736	29.819
14	4.075	5.629	6.571	23.685	26.119	31.319
15	4.601	6.262	7.261	24.996	27.488	32.801
16	5.142	6.908	7.962	26.296	28.845	34.267
17	5.697	7.564	8.672	27.587	30.191	35.718
18	6.265	8.231	9.390	28.869	31.526	37.156
19	6.844	8.907	10.117	30.144	32.852	38.582
20	7.434	9.591	10.851	31.410	34.170	39.997
21	8.034	10.283	11.591	32.671	35.479	41.401
22	8.643	10.982	12.338	33.924	36.781	42.796
23	9.260	11.689	13.091	35.172	38.076	44.181
24	9.886	12.401	13.848	36.415	39.364	45.559
25	10.520	13.120	14.611	37.652	40.646	46.928
26	11.160	13.844	15.379	38.885	41.923	48.290
27	11.808	14.573	16.151	40.113	43.194	49.645
28	12.461	15.308	16.928	41.337	44.461	50.993
29	13.121	16.047	17.708	42.557	45.722	52.336
30	13.787	16.791	18.493	43.773	46.979	53.672

附表三　t 分布表

本表给出了满足 $P\{t(n) > t_\alpha(n)\} = \alpha$ 的 $t_\alpha(n)$ 值。

n \ α	0.25	0.10	0.05	0.025	0.01	0.005
1	1.0000	3.0777	6.3138	12.7062	31.8207	63.6574
2	0.8165	1.8856	2.9200	4.3027	6.9646	9.9248
3	0.7649	1.6377	2.3534	3.1824	4.5407	5.8409
4	0.7407	1.5332	2.1318	2.7764	3.7469	4.6041
5	0.7267	1.4759	2.0150	2.5706	3.3649	4.0322
6	0.7176	1.4398	1.9432	2.4469	3.1427	3.7074
7	0.7111	1.4149	1.8946	2.3646	2.9980	3.4995
8	0.7064	1.3968	1.8595	2.3060	2.8965	3.3554
9	0.7027	1.3803	1.8331	2.2622	2.8214	3.2498
10	0.6998	1.3722	1.8125	2.2281	2.7638	3.1693
11	0.6974	1.3634	1.7959	2.2010	2.7181	3.1058
12	0.6955	1.3562	1.7823	2.1788	2.6810	3.0545
13	0.6938	1.3502	1.7709	2.1604	2.6503	3.0123
14	0.6924	1.3450	1.7613	2.1448	2.6245	2.9768
15	0.6912	1.3406	1.7531	2.1315	2.6025	2.9467
16	0.6901	1.3368	1.7459	2.1199	2.5835	2.9208
17	0.6892	1.3334	1.7396	2.1098	2.5669	2.8982
18	0.6884	1.3304	1.7341	2.1009	2.5524	2.8784
19	0.6876	1.3277	1.7291	2.0930	2.5395	2.8609
20	0.6870	1.3253	1.7247	2.0860	2.5280	2.8453
21	0.6864	1.3232	1.7207	2.0796	2.5177	2.8314
22	0.6858	1.3212	1.7171	2.0739	2.5083	2.8188
23	0.6853	1.3195	1.7139	2.0687	2.4999	2.8073
24	0.6848	1.3178	1.7109	2.0639	2.4922	2.7969
25	0.6844	1.3163	1.7081	2.0595	2.4851	2.7874
26	0.6840	1.3150	1.7056	2.0555	2.4786	2.7787
27	0.6837	1.3137	1.7033	2.0518	2.4727	2.7707
28	0.6834	1.3125	1.7011	2.0484	2.4671	2.7633
29	0.6830	1.3114	1.6991	2.0452	2.4620	2.7564
30	0.6828	1.3104	1.6973	2.0423	2.4573	2.7500
31	0.6825	1.3095	1.6955	2.0395	2.4528	2.7440
32	0.6822	1.3086	1.6939	2.0369	2.4487	2.7385
33	0.6820	1.3077	1.6924	2.0345	2.4448	2.7333
34	0.6818	1.3070	1.6909	2.0322	2.4411	2.7284
35	0.6816	1.3062	1.6896	2.0301	2.4377	2.7238
36	0.6814	1.3055	1.6883	2.0281	2.4345	2.7195
37	0.6812	1.3049	1.6871	2.0262	2.4314	2.7154
38	0.6810	1.3042	1.6860	2.0244	2.4286	2.7116
39	0.6808	1.3036	1.6849	2.0227	2.4258	2.7079
40	0.6807	1.3031	1.6839	2.0211	2.4233	2.7045
41	0.6805	1.3025	1.6829	2.0195	2.4208	2.7012
42	0.6804	1.3020	1.6820	2.0181	2.4185	2.6981
43	0.6802	1.3016	1.6811	2.0167	2.4163	2.6951
44	0.6801	1.3011	1.6802	2.0154	2.4141	2.6923
45	0.6800	1.3006	1.6794	2.0141	2.4121	2.6896

附表四　F 分布表

$$P\{F(n_1, n_2) > F_\alpha(n_1, n_2)\} = \alpha$$

$$\alpha = 0.10$$

n_2 \ n_1	1	2	3	4	5	6	7	8	9	10	12	15	20	24	30	40	60	120	∞
1	39.86	49.50	53.59	55.83	57.24	58.20	58.91	59.44	59.86	60.19	60.71	61.22	61.74	62.00	62.26	62.53	62.79	63.06	63.33
2	8.53	9.00	9.16	9.24	9.29	9.33	9.35	9.37	9.38	9.39	9.41	9.42	9.44	9.45	9.46	9.47	9.47	9.48	9.49
3	5.54	5.46	5.39	5.34	5.31	5.28	5.27	5.25	5.24	5.23	5.22	5.20	5.18	5.18	5.17	5.16	5.15	5.14	5.13
4	4.54	4.32	4.19	4.11	4.05	4.01	3.98	3.95	3.94	3.92	3.90	3.87	3.84	3.83	3.82	3.80	3.79	3.78	3.76
5	4.06	3.78	3.62	3.52	3.45	3.40	3.37	3.34	3.32	3.30	3.27	3.24	3.21	3.19	3.17	3.16	3.14	3.12	3.10
6	3.78	3.46	3.29	3.18	3.11	3.05	3.01	2.98	2.96	2.94	2.90	2.87	2.84	2.82	2.80	2.78	2.76	2.74	2.72
7	3.59	3.26	3.07	2.96	2.88	2.83	2.78	2.75	2.72	2.70	2.67	2.63	2.59	2.58	2.56	2.54	2.51	2.49	2.47
8	3.46	3.11	2.92	2.81	2.73	2.67	2.62	2.59	2.56	2.54	2.50	2.46	2.42	2.40	2.38	2.36	2.34	2.32	2.29
9	3.36	3.01	2.81	2.69	2.61	2.55	2.51	2.47	2.44	2.42	2.38	2.34	2.30	2.28	2.25	2.23	2.21	2.18	2.16
10	3.29	2.92	2.73	2.61	2.52	2.46	2.41	2.38	2.35	2.32	2.28	2.24	2.20	2.18	2.16	2.13	2.11	2.08	2.06
11	3.23	2.86	2.66	2.54	2.45	2.39	2.34	2.30	2.27	2.25	2.21	2.17	2.12	2.10	2.08	2.05	2.03	2.00	1.97
12	3.18	2.81	2.61	2.48	2.39	2.33	2.28	2.24	2.21	2.19	2.15	2.10	2.06	2.04	2.01	1.99	1.96	1.93	1.90
13	3.14	2.76	2.56	2.43	2.35	2.28	2.23	2.20	2.16	2.14	2.10	2.05	2.01	1.98	1.96	1.93	1.90	1.88	1.85
14	3.10	2.73	2.52	2.39	2.31	2.24	2.19	2.15	2.12	2.10	2.05	2.01	1.96	1.94	1.91	1.89	1.86	1.83	1.80
15	3.07	2.70	2.49	2.36	2.27	2.21	2.16	2.12	2.09	2.06	2.02	1.97	1.92	1.90	1.87	1.85	1.82	1.79	1.76
16	3.05	2.67	2.46	2.33	2.24	2.18	2.13	2.09	2.06	2.03	1.99	1.94	1.89	1.87	1.84	1.81	1.78	1.75	1.72
17	3.03	2.64	2.44	2.31	2.22	2.15	2.10	2.06	2.03	2.00	1.96	1.91	1.86	1.84	1.81	1.78	1.75	1.72	1.69
18	3.01	2.62	2.42	2.29	2.20	2.13	2.08	2.04	2.00	1.98	1.93	1.89	1.84	1.81	1.78	1.75	1.72	1.69	1.66
19	2.99	2.61	2.40	2.27	2.18	2.11	2.06	2.02	1.98	1.96	1.91	1.86	1.81	1.79	1.76	1.73	1.70	1.67	1.63
20	2.97	2.59	2.38	2.25	2.16	2.09	2.04	2.00	1.96	1.94	1.89	1.84	1.79	1.77	1.74	1.71	1.68	1.64	1.61
21	2.96	2.57	2.36	2.23	2.14	2.08	2.02	1.98	1.95	1.92	1.87	1.83	1.78	1.75	1.72	1.69	1.66	1.62	1.59
22	2.95	2.56	2.35	2.22	2.13	2.06	2.01	1.97	1.93	1.90	1.86	1.81	1.76	1.73	1.70	1.67	1.64	1.60	1.57

续　表

n_1 \ n_2	∞	120	60	40	30	24	20	15	12	10	9	8	7	6	5	4	3	2	1
23	1.55	1.59	1.62	1.66	1.69	1.72	1.74	1.80	1.84	1.89	1.92	1.95	1.99	2.05	2.11	2.21	2.34	2.55	2.94
24	1.53	1.57	1.61	1.64	1.67	1.70	1.73	1.78	1.83	1.88	1.91	1.94	1.98	2.04	2.10	2.19	2.33	2.54	2.93
25	1.52	1.56	1.59	1.63	1.66	1.69	1.72	1.77	1.82	1.87	1.89	1.93	1.97	2.02	2.09	2.18	2.32	2.53	2.92
26	1.50	1.54	1.58	1.61	1.65	1.68	1.71	1.76	1.81	1.86	1.88	1.92	1.96	2.01	2.08	2.17	2.31	2.52	2.91
27	1.49	1.53	1.57	1.60	1.64	1.67	1.70	1.75	1.80	1.85	1.87	1.91	1.95	2.00	2.07	2.17	2.30	2.51	2.90
28	1.48	1.52	1.56	1.59	1.63	1.66	1.69	1.74	1.79	1.84	1.87	1.90	1.94	2.00	2.06	2.16	2.29	2.50	2.89
29	1.47	1.51	1.55	1.58	1.62	1.65	1.68	1.73	1.78	1.83	1.86	1.89	1.93	1.99	2.06	2.15	2.28	2.50	2.89
30	1.46	1.50	1.54	1.57	1.61	1.64	1.67	1.72	1.77	1.82	1.85	1.88	1.93	1.98	2.05	2.14	2.28	2.49	2.88
40	1.38	1.42	1.47	1.51	1.54	1.57	1.61	1.66	1.71	1.76	1.79	1.83	1.87	1.93	2.00	2.09	2.23	2.44	2.84
60	1.29	1.35	1.40	1.44	1.48	1.51	1.54	1.60	1.66	1.71	1.74	1.77	1.82	1.87	1.95	2.04	2.18	2.39	2.79
120	1.19	1.26	1.32	1.37	1.41	1.45	1.48	1.55	1.60	1.65	1.68	1.72	1.77	1.82	1.90	1.99	2.13	2.35	2.75
∞	1.00	1.17	1.24	1.30	1.34	1.38	1.42	1.49	1.55	1.60	1.63	1.67	1.72	1.77	1.85	1.94	2.08	2.30	2.71

$\alpha = 0.05$

n_1 \ n_2	∞	120	60	40	30	24	20	15	12	10	9	8	7	6	5	4	3	2	1
1	254.3	253.3	252.2	251.1	250.1	249.1	248.0	245.9	243.9	241.9	240.5	238.9	236.8	234.0	230.2	224.6	215.7	199.5	161.4
2	19.50	19.49	19.48	19.47	19.46	19.45	19.45	19.43	19.41	19.40	19.38	19.37	19.35	19.33	19.30	19.25	19.16	19.00	18.51
3	8.53	8.55	8.57	8.59	8.62	8.64	8.66	8.70	8.74	8.79	8.81	8.85	8.89	8.94	9.01	9.12	9.28	9.55	10.13
4	5.63	5.66	5.69	5.72	5.75	5.77	5.80	5.86	5.91	5.96	6.00	6.04	6.09	6.16	6.26	6.39	6.59	6.94	7.71
5	4.36	4.40	4.43	4.46	4.50	4.53	4.56	4.62	4.68	4.74	4.77	4.82	4.88	4.95	5.05	5.19	5.41	5.79	6.61
6	3.67	3.70	3.74	3.77	3.81	3.84	3.87	3.94	4.00	4.06	4.10	4.15	4.21	4.28	4.39	4.53	4.76	5.14	5.99
7	3.23	3.27	3.30	3.34	3.38	3.41	3.44	3.51	3.57	3.64	3.68	3.73	3.79	3.87	3.97	4.12	4.35	4.74	5.59
8	2.93	2.97	3.01	3.04	3.08	3.12	3.15	3.22	3.28	3.35	3.39	3.44	3.50	3.58	3.69	3.84	4.07	4.46	5.32
9	2.71	2.75	2.79	2.83	2.86	2.90	2.94	3.01	3.07	3.14	3.18	3.23	3.29	3.37	3.48	3.63	3.86	4.26	5.12

续 表

n_1 \ n_2	1	2	3	4	5	6	7	8	9	10	12	15	20	24	30	40	60	120	∞
10	4.96	4.10	3.71	3.48	3.33	3.22	3.14	3.07	3.02	2.98	2.91	2.85	2.77	2.74	2.70	2.66	2.62	2.58	2.54
11	4.84	3.98	3.59	3.36	3.20	3.09	3.01	2.95	2.90	2.85	2.79	2.72	2.65	2.61	2.57	2.53	2.49	2.45	2.40
12	4.75	3.89	3.49	3.26	3.11	3.00	2.91	2.85	2.80	2.75	2.69	2.62	2.54	2.51	2.47	2.43	2.38	2.34	2.30
13	4.67	3.81	3.41	3.18	3.03	2.92	2.83	2.77	2.71	2.67	2.60	2.53	2.46	2.42	2.38	2.34	2.30	2.25	2.21
14	4.60	3.74	3.34	3.11	2.96	2.85	2.76	2.70	2.65	2.60	2.53	2.46	2.39	2.35	2.31	2.27	2.22	2.18	2.13
15	4.54	3.68	3.29	3.06	2.90	2.79	2.71	2.64	2.59	2.54	2.48	2.40	2.33	2.29	2.25	2.20	2.16	2.11	2.07
16	4.49	3.63	3.24	3.01	2.85	2.74	2.66	2.59	2.54	2.49	2.42	2.35	2.28	2.24	2.19	2.15	2.11	2.06	2.01
17	4.45	3.59	3.20	2.96	2.81	2.70	2.61	2.55	2.49	2.45	2.38	2.31	2.23	2.19	2.15	2.10	2.06	2.01	1.96
18	4.41	3.55	3.16	2.93	2.77	2.66	2.58	2.51	2.46	2.41	2.34	2.27	2.19	2.15	2.11	2.06	2.02	1.97	1.92
19	4.38	3.52	3.13	2.90	2.74	2.63	2.54	2.48	2.42	2.38	2.31	2.23	2.16	2.11	2.07	2.03	1.98	1.93	1.88
20	4.35	3.49	3.10	2.87	2.71	2.60	2.51	2.45	2.39	2.35	2.28	2.20	2.12	2.08	2.04	1.99	1.95	1.90	1.84
21	4.32	3.47	3.07	2.84	2.68	2.57	2.49	2.42	2.37	2.32	2.25	2.18	2.10	2.05	2.01	1.96	1.92	1.87	1.81
22	4.30	3.44	3.05	2.82	2.66	2.55	2.46	2.40	2.34	2.30	2.23	2.15	2.07	2.03	1.98	1.94	1.89	1.84	1.78
23	4.28	3.42	3.03	2.80	2.64	2.53	2.44	2.37	2.32	2.27	2.20	2.13	2.05	2.01	1.96	1.91	1.86	1.81	1.76
24	4.26	3.40	3.01	2.78	2.62	2.51	2.42	2.36	2.30	2.25	2.18	2.11	2.03	1.98	1.94	1.89	1.84	1.79	1.73
25	4.24	3.39	2.99	2.76	2.60	2.49	2.40	2.34	2.28	2.24	2.16	2.09	2.01	1.96	1.92	1.87	1.82	1.77	1.71
26	4.23	3.37	2.98	2.74	2.59	2.47	2.39	2.32	2.27	2.22	2.15	2.07	1.99	1.95	1.90	1.85	1.80	1.75	1.69
27	4.21	3.35	2.96	2.73	2.57	2.46	2.37	2.31	2.25	2.20	2.13	2.06	1.97	1.93	1.88	1.84	1.79	1.73	1.67
28	4.20	3.34	2.95	2.71	2.56	2.45	2.36	2.29	2.24	2.19	2.12	2.04	1.96	1.91	1.87	1.82	1.77	1.71	1.65
29	4.18	3.33	2.93	2.70	2.55	2.43	2.35	2.28	2.22	2.18	2.10	2.03	1.94	1.90	1.85	1.81	1.75	1.70	1.64
30	4.17	3.32	2.92	2.69	2.53	2.42	2.33	2.27	2.21	2.16	2.09	2.01	1.93	1.89	1.84	1.79	1.74	1.68	1.62
40	4.08	3.23	2.84	2.61	2.45	2.34	2.25	2.18	2.12	2.08	2.00	1.92	1.84	1.79	1.74	1.69	1.64	1.58	1.51
60	4.00	3.15	2.76	2.53	2.37	2.25	2.17	2.10	2.04	1.99	1.92	1.84	1.75	1.70	1.65	1.59	1.53	1.47	1.39
120	3.92	3.07	2.68	2.45	2.29	2.17	2.09	2.02	1.96	1.91	1.83	1.75	1.66	1.61	1.55	1.50	1.43	1.35	1.25
∞	3.84	3.00	2.60	2.37	2.21	2.10	2.01	1.94	1.88	1.83	1.75	1.67	1.57	1.52	1.46	1.39	1.32	1.22	1.00

α = 0.025

n_1 \ n_2	1	2	3	4	5	6	7	8	9	10	12	15	20	24	30	40	60	120	∞
1	647.8	799.5	864.2	899.6	921.8	937.1	948.2	956.7	963.3	968.6	976.7	984.9	993.1	997.2	1001	1006	1010	1014	1018
2	38.51	39.00	39.17	39.25	39.30	39.33	39.36	39.37	39.39	39.40	39.41	39.43	39.45	39.46	39.46	39.47	39.48	39.49	39.50
3	17.44	16.04	15.44	15.10	14.88	14.73	14.62	14.54	14.47	14.42	14.34	14.25	14.17	14.12	14.08	14.04	13.99	13.95	13.90
4	12.22	10.65	9.98	9.60	9.36	9.20	9.07	8.98	8.90	8.84	8.75	8.66	8.56	8.51	8.46	8.41	8.36	8.31	8.26
5	10.01	8.43	7.76	7.39	7.15	6.98	6.85	6.76	6.68	6.62	6.52	6.43	6.33	6.28	6.23	6.18	6.12	6.07	6.02
6	8.81	7.26	6.60	6.23	5.99	5.82	5.70	5.60	5.52	5.46	5.37	5.27	5.17	5.12	5.07	5.01	4.96	4.90	4.85
7	8.07	6.54	5.89	5.52	5.29	5.12	4.99	4.90	4.82	4.76	4.67	4.57	4.47	4.42	4.36	4.31	4.25	4.20	4.14
8	7.57	6.06	5.42	5.05	4.82	4.65	4.53	4.43	4.36	4.30	4.20	4.10	4.00	3.95	3.89	3.84	3.78	3.73	3.67
9	7.21	5.71	5.08	4.72	4.48	4.32	4.20	4.10	4.03	3.96	3.87	3.77	3.67	3.61	3.56	3.51	3.45	3.39	3.33
10	6.94	5.46	4.83	4.47	4.24	4.07	3.95	3.85	3.78	3.72	3.62	3.52	3.42	3.37	3.31	3.26	3.20	3.14	3.08
11	6.72	5.26	4.63	4.28	4.04	3.88	3.76	3.66	3.59	3.53	3.43	3.33	3.23	3.17	3.12	3.06	3.00	2.94	2.88
12	6.55	5.10	4.47	4.12	3.89	3.73	3.61	3.51	3.44	3.37	3.28	3.18	3.07	3.02	2.96	2.91	2.85	2.79	2.72
13	6.41	4.97	4.35	4.00	3.77	3.60	3.48	3.39	3.31	3.25	3.15	3.05	2.95	2.89	2.84	2.78	2.72	2.66	2.60
14	6.30	4.86	4.24	3.89	3.66	3.50	3.38	3.29	3.21	3.15	3.05	2.95	2.84	2.79	2.73	2.67	2.61	2.55	2.49
15	6.20	4.77	4.15	3.86	3.58	3.41	3.29	3.20	3.12	3.06	2.96	2.86	2.76	2.70	2.64	2.59	2.52	2.46	2.40
16	6.12	4.69	4.08	3.73	3.50	3.34	3.22	3.12	3.05	2.99	2.89	2.79	2.68	2.63	2.57	2.51	2.45	2.38	2.32
17	6.04	4.62	4.01	3.66	3.44	3.28	3.16	3.06	2.98	2.92	2.82	2.72	2.62	2.56	2.50	2.44	2.38	2.32	2.25
18	5.98	4.56	3.95	3.61	3.38	3.22	3.10	3.01	2.93	2.87	2.77	2.67	2.56	2.50	2.44	2.38	2.32	2.26	2.19
19	5.92	4.51	3.90	3.56	3.33	3.17	3.05	2.96	2.88	2.82	2.72	2.62	2.51	2.45	2.39	2.33	2.27	2.20	2.13
20	5.87	4.46	3.86	3.51	3.29	3.13	3.01	2.91	2.84	2.77	2.68	2.57	2.46	2.41	2.35	2.29	2.22	2.16	2.09
21	5.83	4.42	3.82	3.48	3.25	3.09	2.97	2.87	2.80	2.73	2.64	2.53	2.42	2.37	2.31	2.25	2.18	2.11	2.04
22	5.79	4.38	3.78	3.44	3.22	3.05	2.93	2.84	2.76	2.70	2.60	2.50	2.39	2.33	2.27	2.21	2.14	2.08	2.00
23	5.75	4.35	3.75	3.41	3.18	3.02	2.90	2.81	2.73	2.67	2.57	2.47	2.36	2.30	2.24	2.18	2.11	2.04	1.97
24	5.72	4.32	3.72	3.38	3.15	2.99	2.87	2.78	2.70	2.64	2.54	2.44	2.33	2.27	2.21	2.15	2.08	2.01	1.94
25	5.69	4.29	3.69	3.35	3.13	2.97	2.85	2.75	2.68	2.61	2.51	2.41	2.30	2.24	2.18	2.12	2.05	1.98	1.91

续 表

n_2 \ n_1	1	2	3	4	5	6	7	8	9	10	12	15	20	24	30	40	60	120	∞
26	5.66	4.27	3.67	3.33	3.10	2.94	2.82	2.73	2.65	2.59	2.49	2.39	2.28	2.22	2.16	2.09	2.03	1.95	1.88
27	5.63	4.24	3.65	3.31	3.08	2.92	2.80	2.71	2.63	2.57	2.47	2.36	2.25	2.19	2.13	2.07	2.00	1.93	1.85
28	5.61	4.22	3.63	3.29	3.06	2.90	2.78	2.69	2.61	2.55	2.45	2.34	2.23	2.17	2.11	2.05	1.98	1.91	1.83
29	5.59	4.20	3.61	3.27	3.04	2.88	2.76	2.67	2.59	2.53	2.43	2.32	2.21	2.15	2.09	2.03	1.96	1.89	1.81
30	5.57	4.18	3.59	3.25	3.03	2.87	2.75	2.65	2.57	2.51	2.41	2.31	2.20	2.14	2.07	2.01	1.94	1.87	1.79
40	5.42	4.05	3.46	3.13	2.90	2.74	2.62	2.53	2.45	2.39	2.29	2.18	2.07	2.01	1.94	1.88	1.80	1.72	1.64
60	5.29	3.93	3.34	3.01	2.79	2.63	2.51	2.41	2.33	2.27	2.17	2.06	1.94	1.88	1.82	1.74	1.67	1.58	1.48
120	5.15	3.80	3.23	2.89	2.67	2.52	2.39	2.30	2.22	2.16	2.05	1.94	1.82	1.76	1.69	1.61	1.53	1.43	1.31
∞	5.02	3.69	3.12	2.79	2.57	2.41	2.29	2.19	2.11	2.05	1.94	1.83	1.71	1.64	1.57	1.48	1.39	1.27	1.00

$\alpha = 0.01$

n_2 \ n_1	1	2	3	4	5	6	7	8	9	10	12	15	20	24	30	40	60	120	∞
1	4052	4999	5403	5625	5764	5859	5928	5982	6022	6056	6106	6157	6209	6235	6261	6287	6313	6339	6366
2	98.50	99.00	99.17	99.25	99.30	99.33	99.36	99.37	99.39	99.40	99.42	99.43	99.45	99.46	99.47	99.47	99.48	99.49	99.50
3	34.12	30.82	29.46	28.71	28.24	27.91	27.67	27.49	27.35	27.23	27.05	26.87	26.69	26.60	26.50	26.41	26.32	26.22	26.13
4	21.20	18.00	16.69	15.98	15.52	15.21	14.98	14.80	14.66	14.55	14.37	14.20	14.02	13.93	13.84	13.75	13.56	13.56	13.46
5	16.26	13.27	12.06	11.39	10.97	10.67	10.46	10.29	10.16	10.05	9.89	9.72	9.55	9.47	9.38	9.29	9.20	9.11	9.02
6	13.75	10.92	9.78	9.15	8.75	8.47	8.26	8.10	7.98	7.87	7.72	7.56	7.40	7.31	7.23	7.14	7.06	6.97	6.88
7	12.25	9.55	8.45	7.85	7.46	7.19	6.99	6.84	6.72	6.62	6.47	6.31	6.16	6.07	5.99	5.91	5.82	5.74	5.65
8	11.26	8.65	7.59	7.01	6.63	6.37	6.18	6.03	5.91	5.81	5.67	5.52	5.36	5.28	5.20	5.12	5.03	4.95	4.86
9	10.56	8.02	6.99	6.42	6.06	5.80	5.61	5.47	5.35	5.26	5.11	4.96	4.81	4.73	4.65	4.57	4.48	4.40	4.31
10	10.04	7.56	6.55	5.99	5.64	5.39	5.20	5.06	4.94	4.85	4.71	4.56	4.41	4.33	4.25	4.17	4.08	4.00	3.91
11	9.65	7.21	6.22	5.67	5.32	5.07	4.89	4.74	4.63	4.54	4.40	4.25	4.10	4.02	3.94	3.86	3.78	3.69	3.60
12	9.33	6.93	5.95	5.41	5.06	4.82	4.64	4.50	4.39	4.30	4.16	4.01	3.86	3.78	3.70	3.62	3.54	3.45	3.36

续表

n_1 \ n_2	1	2	3	4	5	6	7	8	9	10	12	15	20	24	30	40	60	120	∞
13	9.07	6.70	5.74	5.21	4.86	4.62	4.44	4.30	4.19	4.10	3.96	3.82	3.66	3.59	3.51	3.43	3.34	3.25	3.17
14	8.86	6.51	5.56	5.04	4.69	4.46	4.28	4.14	4.03	3.94	3.80	3.66	3.51	3.43	3.35	3.27	3.18	3.09	3.00
15	8.68	6.36	5.42	4.89	4.56	4.32	4.14	4.00	3.89	3.80	3.67	3.52	3.37	3.29	3.21	3.13	3.05	2.96	2.87
16	8.53	6.23	5.29	4.77	4.44	4.20	4.03	3.89	3.78	3.69	3.55	3.41	3.26	3.18	3.10	3.02	2.93	2.84	2.75
17	8.40	6.11	5.18	4.67	4.34	4.10	3.93	3.79	3.68	3.59	3.46	3.31	3.16	3.08	3.00	2.92	2.83	2.75	2.65
18	8.29	6.01	5.09	4.58	4.25	4.01	3.84	3.71	3.60	3.51	3.37	3.23	3.08	3.00	2.92	2.84	2.75	2.66	2.57
19	8.18	5.93	5.01	4.50	4.17	3.94	3.77	3.63	3.52	3.43	3.30	3.15	3.00	2.92	2.84	2.76	2.67	2.58	2.49
20	8.10	5.85	4.94	4.43	4.10	3.87	3.70	3.56	3.46	3.37	3.23	3.09	2.94	2.86	2.78	2.69	2.61	2.52	2.42
21	8.02	5.78	4.87	4.37	4.04	3.81	3.64	3.51	3.40	3.31	3.17	3.03	2.88	2.80	2.72	2.64	2.55	2.46	2.36
22	7.95	5.72	4.82	4.31	3.99	3.76	3.59	3.45	3.35	3.26	3.12	2.98	2.83	2.75	2.67	2.58	2.50	2.40	2.31
23	7.88	5.66	4.76	4.26	3.94	3.71	3.54	3.41	3.30	3.21	3.07	2.93	2.78	2.70	2.62	2.54	2.45	2.35	2.26
24	7.82	5.61	4.72	4.22	3.90	3.67	3.50	3.36	3.26	3.17	3.03	2.89	2.74	2.66	2.58	2.49	2.40	2.31	2.21
25	7.77	5.57	4.68	4.18	3.85	3.63	3.46	3.32	3.22	3.13	2.99	2.85	2.70	2.62	2.54	2.45	2.36	2.27	2.17
26	7.72	5.53	4.64	4.14	3.82	3.59	3.42	3.29	3.18	3.09	2.96	2.81	2.66	2.58	2.50	2.42	2.33	2.23	2.13
27	7.68	5.49	4.60	4.11	3.78	3.56	3.39	3.26	3.15	3.06	2.93	2.78	2.63	2.55	2.47	2.38	2.29	2.20	2.10
28	7.64	5.45	4.57	4.07	3.75	3.53	3.36	3.23	3.12	3.03	2.90	2.75	2.60	2.52	2.44	2.35	2.26	2.17	2.06
29	7.60	5.42	4.54	4.04	3.73	3.50	3.33	3.20	3.09	3.00	2.87	2.73	2.57	2.49	2.41	2.33	2.23	2.14	2.03
30	7.56	5.39	4.51	4.02	3.70	3.47	3.30	3.17	3.07	2.98	2.84	2.70	2.55	2.47	2.39	2.30	2.21	2.11	2.01
40	7.31	5.18	4.31	3.83	3.51	3.29	3.12	2.99	2.89	2.80	2.66	2.52	2.37	2.29	2.20	2.11	2.02	1.92	1.80
60	7.08	4.98	4.13	3.65	3.34	3.12	2.95	2.82	2.72	2.63	2.50	2.35	2.20	2.12	2.03	1.94	1.84	1.73	1.60
120	6.85	4.79	3.95	3.48	3.17	2.96	2.79	2.66	2.56	2.47	2.34	2.19	2.03	1.95	1.86	1.76	1.66	1.53	1.38
∞	6.63	4.61	3.78	3.32	3.02	2.80	2.64	2.51	2.41	2.32	2.18	2.04	1.88	1.79	1.70	1.59	1.47	1.32	1.00

$\alpha = 0.005$

n_2 \ n_1	1	2	3	4	5	6	7	8	9	10	12	15	20	24	30	40	60	120	8
1	16211	20000	21615	22500	23056	23437	23715	23925	24091	24224	24426	24630	24836	24940	25044	25148	25253	25359	25465
2	198.5	199.0	199.2	199.2	199.3	199.3	199.4	199.4	199.4	199.4	199.4	199.4	199.4	199.5	199.5	199.5	199.5	199.5	199.5
3	55.55	49.80	47.47	46.19	45.39	44.84	44.43	44.13	43.88	43.09	43.39	43.08	42.78	42.62	42.47	42.31	42.15	41.99	41.83
4	31.33	26.28	24.26	23.15	22.46	21.97	21.62	21.35	21.14	20.97	20.70	20.44	20.17	20.03	19.89	19.75	19.61	19.47	19.32
5	22.78	18.31	16.53	15.56	14.94	14.51	14.20	13.96	13.77	13.62	13.38	13.15	12.90	12.78	12.66	12.53	12.40	12.27	12.14
6	18.63	14.54	12.92	12.03	11.46	11.07	10.79	10.57	10.39	10.25	10.03	9.81	9.59	9.47	9.36	9.24	9.12	9.00	8.88
7	16.24	12.40	10.88	10.05	9.52	9.16	8.89	8.68	8.51	8.38	8.18	7.97	7.75	7.65	7.53	7.42	7.31	7.19	7.68
8	14.69	11.04	9.60	8.81	9.30	7.95	7.69	7.50	7.34	7.21	7.01	6.81	6.61	6.50	6.40	6.29	6.18	6.06	5.95
9	13.61	10.11	8.72	7.96	7.47	7.13	6.88	6.69	6.54	6.42	6.23	6.03	5.83	5.73	5.62	5.52	5.41	5.30	5.19
10	12.83	9.43	8.08	7.34	6.87	6.54	6.30	6.12	5.97	5.85	5.66	5.47	5.27	5.17	5.07	4.97	4.86	4.75	4.64
11	12.23	8.91	7.60	6.88	6.42	6.10	5.86	5.68	5.54	5.42	5.24	5.05	4.86	4.76	4.65	4.55	4.44	4.34	4.23
12	11.75	8.51	7.23	6.52	6.07	5.76	5.52	5.35	5.20	5.09	4.91	4.72	4.53	4.43	4.33	4.23	4.12	4.01	3.90
13	11.37	8.19	6.93	6.23	5.79	5.48	5.25	5.08	4.94	4.82	4.64	4.46	4.27	4.17	4.07	3.97	3.87	3.76	3.65
14	11.06	7.92	6.68	6.00	5.56	5.26	5.03	4.86	4.72	4.60	4.43	4.25	4.06	3.96	3.86	3.76	3.66	3.55	3.44
15	10.80	7.70	6.48	5.80	5.37	5.07	4.85	4.67	4.54	4.42	4.25	4.07	3.88	3.79	3.69	3.58	3.48	3.37	3.26
16	10.58	7.51	6.30	5.64	5.21	4.91	4.69	4.52	4.38	4.27	4.10	3.92	3.73	3.64	3.54	3.44	3.33	3.22	3.11
17	10.38	7.35	6.16	5.50	5.07	4.78	4.56	4.39	4.25	4.14	3.97	3.79	3.61	3.51	3.41	3.31	3.21	3.10	2.98
18	10.22	7.21	6.03	5.37	4.96	4.66	4.44	4.28	4.14	4.03	3.86	3.68	3.50	3.40	3.30	3.20	3.10	2.99	2.87
19	10.07	7.09	5.92	5.27	4.85	4.56	4.34	4.18	4.04	3.93	3.76	3.59	3.40	3.31	3.21	3.11	3.00	2.89	2.78
20	9.94	6.99	5.82	5.17	4.76	4.47	4.26	4.09	3.96	3.85	3.68	3.50	3.32	3.22	3.12	3.02	2.92	2.81	2.69

续表

n_1 / n_2	1	2	3	4	5	6	7	8	9	10	12	15	20	24	30	40	60	120	∞
21	9.83	6.89	5.73	5.09	4.68	4.39	4.18	4.01	3.88	3.77	3.60	3.43	3.24	3.15	3.05	2.95	2.84	2.73	2.61
22	9.73	6.81	5.65	5.02	4.61	4.32	4.11	3.94	3.81	3.70	3.54	3.36	3.18	3.08	2.98	2.88	2.77	2.66	2.55
23	9.63	6.73	5.58	4.95	4.54	4.26	4.05	3.88	3.75	3.64	3.47	3.30	3.12	3.02	2.92	2.82	2.71	2.60	2.48
24	9.55	6.66	5.52	4.89	4.49	4.20	3.99	3.83	3.69	3.59	3.42	3.25	3.06	2.97	2.87	2.77	2.66	2.55	2.43
25	9.48	6.60	5.46	4.84	4.43	4.15	3.94	3.78	3.64	3.54	3.37	3.20	3.01	2.92	2.82	2.72	2.61	2.50	2.38
26	9.41	6.54	5.41	4.79	4.38	4.10	3.89	3.73	3.60	3.49	3.33	3.15	2.97	2.87	2.77	2.67	2.56	2.45	2.33
27	9.34	6.49	5.36	4.74	4.34	4.06	3.85	3.69	3.56	3.45	3.28	3.11	2.93	2.83	2.73	2.63	2.52	2.41	2.29
28	9.28	6.44	5.32	4.70	4.30	4.02	3.81	3.65	3.52	3.41	3.25	3.07	2.89	2.79	2.69	2.59	2.48	2.37	2.25
29	9.23	6.40	5.28	4.66	4.26	3.98	3.77	3.61	3.48	3.38	3.21	3.04	2.86	2.76	2.66	2.56	2.45	2.33	2.21
30	9.18	6.35	5.24	4.62	4.23	3.95	3.74	3.58	3.45	3.34	3.18	3.01	2.82	2.73	2.63	2.52	2.42	2.30	2.18
40	8.83	6.07	4.98	4.37	3.99	3.71	3.51	3.35	3.22	3.12	2.95	2.78	2.60	2.50	2.40	2.30	2.18	2.06	1.93
60	8.49	5.79	4.73	4.14	3.76	3.49	3.29	3.13	3.01	2.90	2.74	2.57	2.39	2.29	2.19	2.08	1.96	1.83	1.69
120	8.18	5.54	4.50	3.92	3.55	3.28	3.09	2.93	2.81	2.71	2.54	2.37	2.19	2.09	1.98	1.87	1.75	1.61	1.43
∞	7.88	5.30	4.28	3.72	3.35	3.09	2.90	2.74	2.62	2.52	2.36	2.19	2.00	1.90	1.79	1.67	1.53	1.36	1.00

主要参考文献

［1］候凤波．应用数学（理工类）（经济类）．北京：科学出版社，2007

［2］项宝杰，王路．高等应用数学（上、下）．昆明：云南大学出版社，2004

［3］李崇孝．高等数学（上）．昆明：云南科技出版社，1993

［4］阎章杭，程传蕊，张荣．高等数学与应用数学．北京：化学工业出版社，2003

［5］同济大学数学教研室．高等数学．2版．北京：高等教育出版社．1986

［6］赵益坤，侯静，胡顺田．高等数学应用基础．北京：化学工业出版社，2005

［7］阎国辉．概率论与数理统计教与学参考．3版．北京：中国致公出版社，2005

［8］雷燕，杨蛟．应用数学．昆明：云南大学出版社，2010

［9］雷燕，杨蛟．应用数学教材辅导与习题解析．昆明：云南大学出版社，2011

图书在版编目（CIP）数据

高等应用数学：三校生版／李庆芹，雷燕主编．——
昆明：云南大学出版社，2011
ISBN 978 - 7 - 5482 - 0608 - 8

Ⅰ．①高… Ⅱ．①李… ②雷… Ⅲ．①应用数学 - 高
等学校—教材 Ⅳ．①O29

中国版本图书馆 CIP 数据核字（2011）第 197616 号

高等应用数学（三校生版）

李庆芹　雷　燕　主编

组织策划：伍　奇　孙吟峰
责任编辑：石　可
封面设计：夏雪梅
出版发行：云南大学出版社
印　　装：昆明理工大学印务包装有限公司
开　　本：787mm×1092mm　1/16
印　　张：16
字　　数：397 千
版　　次：2011 年 11 月第 1 版
印　　次：2011 年 11 月第 1 次印刷
书　　号：ISBN 978 - 7 - 5482 - 0608 - 8
定　　价：32.00 元

地　　址：昆明市翠湖北路 2 号云南大学英华园内（邮编：650091）
发行电话：0871 - 5033244　5031071
网　　址：http://www.ynup.com
E - mail：market@ynup.com